Android

 开发基础教程

邓文渊　主编

文渊阁工作室　编著

武海军　改编

人民邮电出版社

北　京

图书在版编目（CIP）数据

Android开发基础教程 / 邓文渊主编. -- 北京：人
民邮电出版社，2014.1（2017.2重印）
ISBN 978-7-115-32616-4

Ⅰ. ①A… Ⅱ. ①邓… Ⅲ. ①移动终端－应用程序－
程序设计－教材 Ⅳ. ①TN929.53

中国版本图书馆CIP数据核字(2013)第206129号

内 容 提 要

本书全面介绍了 Android 开发的核心技术，并用实例贯穿所讲的知识点，主要内容包括：Android 基本界面组件、消息显示相关组件、下拉列表、图片相关界面组件、ListView 界面组件、功能表菜单组件、Intent 的使用、Activity 的生命周期、数据的保存、SQLite 数据库、时间服务的相关组件、播放音频和视频、Google 地图应用等技术，并通过大量实例的演示，力争让读者达到学以致用的目的。

本书适合 Android 初学者、开发工程师，以及大中专院校相关专业的师生用书和培训机构的教材。

◆ 主　　编　邓文渊
　　编　　著　文渊阁工作室
　　改　　编　武海军
　　责任编辑　张　涛
　　责任印制　程彦红　焦志炜

◆ 人民邮电出版社出版发行　　北京市丰台区成寿寺路 11 号
　　邮编　100164　电子邮件　315@ptpress.com.cn
　　网址　http://www.ptpress.com.cn
　　固安县铭成印刷有限公司印刷

◆ 开本：787×1092　1/16
　　印张：20.25
　　字数：488 千字　　　　　　2014 年 1 月第 1 版
　　印数：6 601－6 900 册　　　2017 年 2 月河北第 8 次印刷
　　著作权合同登记号　图字：01-2012-6704 号

定价：45.00 元

读者服务热线：(010)81055410　印装质量热线：(010)81055316
反盗版热线：(010)81055315

广告经营许可证：京东工商广字第 8052 号

前　言

随着智能手机的普及，移动设备系统之间的大战是在不停进行着。在今年 Android 系统的市场占有率已正式超越 iOS 系统，成为全球最多人使用的移动设备系统。Android 系统功能强大，几乎所有移动设备的功能都能设计，是学习移动设备程序设计者的首选。本书以浅显的文字、生动的插图、丰富的示例、详尽的原理解说，通过"做中学"的过程，达到易读、易懂、易学的目的。"即使不熟悉 Java 语言基础，也不曾接触过手机程序设计的初学者，也能进入 Android 程序设计殿堂"是本书的撰写宗旨。

本书的示例都经过精挑细选，兼顾由浅入深的原理及趣味性和实用性，并以步骤引导的方式，按部就班引导用户操作，详细阐述各项原理，非常适合初学者学习。建议读者不只是要"读"，也要实际动手"做"，最好还要停下来"思考"其中的原理，如此就能以最短的时间得到最大的收获。

对于一些操作上的技巧，如模拟器的创建及使用、Eclipse 集成开发环境自动完成功能、产生代码段等，除在书中以图示、操作步骤详尽说明外，并录制操作的视频文件供读者参考。另外视频教学内容还包括文字叙述较难完整呈现的单元，如程序调试、创建自己的数据库类、执行自定义的 Activity 等，是学习 Android 程序的另一利器。在这次的改版中，除了 Android4 开发环境介绍与示例说明外，针对 Google 刚推出的 Google Play 商店进行了上架与使用的说明。

曾在网络论坛上见到这样一个问题：学 Android 的人已经这么多，现在学不会太迟吗？一位智者说：太多人都一直在等机会做一些完美的事，结果一事无成。如果你现在就开始，将会很快就学习到原来毫无所知的新技能。就从本书进入 Android 的神奇世界吧！机会永远留给准备好的人。

学习资源说明

为了确保您使用本书学习 Android 的完整效果，并能快速练习或查看示例效果，本书提供了相关的学习配套供读者练习与参考程序下载地址：http://pan.baidu.com/s/1BWnUK。

1. 示例程序：本书将各章的完成文件根据章节名称放在各文件夹中。

2. 扩展练习：在每一章的最后，作者会针对各章的重点内容提供相关的扩展练习。因为各章的内容特性不同，除了第 1、第 2 及第 10 章为选择题或问答题的形式外，其余皆为操作题。在<扩展练习>文件夹中，作者会提供每一章扩展练习的参考答案。除了列示在书上的题目外，在文件夹中还会包含相关的其他题目，以供运用。

注意事项

本内容是提供给读者自我练习以及学校培训机构用于教学时练习之用，版权分属于文渊阁工作室与提供原始程序文件的各公司所有，请勿复制本程序做其他用途。

目　　录

第1章　敲开 Android 的开发大门

Android 是 Google 公司基于 Linux 平台开放源代码的崭新手机及平板电脑的操作系统。"工欲善其事，必先利其器"，要学习 Android 应用程序，如果取得功能强大的开发工具，可以使学习事半功倍。

学习重点

- Android 是什么
- 搭建 Android 开发环境
- 安装 Java 开发工具包
- 配置 Eclipse 集成开发环境
- 安装 Android 开发工具插件
- 安装 Android 软件开发工具包
- Android 模拟器简介

1.1　Android 是什么

Android 是 Google 公司基于 Linux 平台开放源代码的崭新手机操作系统，同时 Google 公司在推出 Android 系统后，紧接着砸下数千万美元举办了 Android 应用程序开发者大赛，使得 Android 迅速吸引大量程序员的竞相学习。

目前使用 Android 系统的手机数量已超越 iPhone 系统，成为全球使用量最大的手机系统。随着 Android 手机的快速普及，对于 Android 应用的需求势必越来越大，其所拥有的市场商机也将日益庞大。

1.1.1　Android 简介

Android 的原意为"机器人"，Google 将 Android 的标志设为绿色机器人，不但表达字面意义，且表示 Android 系统是符合环保概念，是一个轻薄短小、功能强大的移动系统，号称是第一个真正为手机打造的开放且完整的系统。

对硬件制造商来说，Android 是开放的平台，只要厂商有足够能力，可以在 Android 系统中任意加入自己开发的特殊功能，这样就不受限于操作系统。同时 Android 是免费的平台，如果制造商采用 Android 系统，就不必每出售一台手机，就要缴一份版权费给系统商，可大幅节省成本，也不必担心系统商调高手机系统使用费用。

对于应用程序开发者而言，Android 提供完善的开发环境，支持各种先进的绘图、网络、相机等处理能力，方便开发者编写应用软件。市面上手机的型号及规格繁多，Android 开发的程序可兼容不同规格的移动设备，不需开发者费心。最有利的是 Google 建立了 Android 市场（Android

Market），让开发者可以发布自己的应用，同时也是一个很好的获利渠道。

对移动设备用户来说，Android 是一个功能强大的操作系统。用户申请一个 Google 账号（大部分用户原来就有）之后，当用户更换手机时，即使是不同厂商的手机，只要它是使用 Android系统，就可将原手机的各种信息如联系人、电子邮件等无缝转移到新手机中。

1.1.2　Android 历史

Android 起源于 2007 年 11 月，Google 联合三星、宏达电、摩托罗拉等 33 家手机制造商、手机芯片厂商、软硬件供货商及多家移动运营商共同组成开放手持设备联盟（OHA），发布开放手机软硬件平台，命名为 Android。这些参与者承诺会以 Android 平台来开发新的手机业务。稍后Google 公布了 Android 软件开发工具（SDK）的相关文件及操作系统、驱动程序的源代码，表现了 Google 要将 Android 平台变成人人可以自由修改，以制作完全符合自己需要的系统的决心。

2008 年是 Android 快速发展的一年，每隔几天就有新的版本及新的功能发布。Google 公司在发布 Android 软件开发工具的同时，举办了总奖金高达 1000 万美元的 Android 开发者大赛（Android Developers Contest，ADC），鼓励程序设计者研究 Android 系统，编写高度创意、实用的手机应用软件。到 2008 年 12 月时，华硕、索尼、GARMIN 等厂商也加入开放手持设备联盟，几乎世界上的大手机厂商都加入了使用 Android 的行列。

2009 年 4 月，Google 提出 Android SDK1.5 版及 Android 开发工具 ADT0.9 版，新增支持多语言、软键盘、多种输入法等功能，而且多语言只需在指定文件夹中建立该语言文件即可，制作非常方便，让 Android 系统正式国际化。

2009 年 6 月，宏达电（HTC）生产的英雄机（Hero）使用自行定制的"Sense UI"界面（如图 1-1 所示），开启了 Android 手机的新纪元。这种自定义风格的用户界面，为 Android 系统创造了不同的风格，和更好的用户体验，并且摆脱了 Android 千篇一律的外貌，让各家厂商拥有自己的特色，也为产品树立特有的风格。接着各厂商纷纷推出自己研发的用户界面，例如，Motorola公司的 MotoBlur UI、Sony Ericsson 公司的 Rachael UI 等。

Google 持续加强 Android 系统的功能，例如 Android2.0 开放蓝牙、多点触摸等，尤其是加入导航功能的影响极大，因为其结合 Google 地图、语音识别等特性，性能甚至超过了专业导航软件，推出之后造成全球数家导航软件厂商股价大跌。

2011 年 1 月发布的 Android3.0 是适合平板电脑使用的操作系统，加入了特别为平板电脑设计的程序模块，宣告 Android 系统正式踏入平板电脑领域。

2011 年 10 月发布 Android4.0，不但新增许多超炫功能，而且适用手机及平板电脑，预计会激起一波 Android 手机的高潮。

▲图 1-1　英雄机的自定义界面

1.1.3　Android 特点

Android 系统为何能在短短三四年间席卷全球？因其具备如下许多优势。

● 开放源代码：Google 公司公布 Android 系统的核心源代码，并且提供 SDK 让程序设计者可以通过标准 API 存取核心功能，编写各种应用软件，再使用 Android 市场机制快速将软件传播到全世界。如果认为 Android 的功能不足或界面不够美观，也可自己修改以符合自己的需求。

● 多任务系统：Android 系统可同时执行多个应用程序，是完整的多任务环境。Android 同时具备独特的"通知"机制，应用程序在后台执行，必要时可以产生通知来引起用户注意。例如：开车使用导航装置时，如果有电话进来铃声会响起，可以接听电话，同时导航系统仍在运行。

● 虚拟键盘：Android 从 1.5 版开始同时支持实体键盘及虚拟键盘，可以满足不同用户在不同场合的需求。虚拟键盘（如图 1-2 左图所示）可在任何要输入文字的应用程序中使用，包括电子邮件、浏览器、字处理等。目前许多智能手机已没有实体键盘，完全以虚拟键盘方式输入。

▲虚拟键盘

▲手机浏览器

▲图 1-2 虚拟键盘手机浏览器

● 超强网络功能：Android 使用以 Webkit 为核心的 WebView 组件，应用程序想内嵌 HTML、JavaScript 等高级网页功能，都可轻易达成。Android 内建的浏览器也是以 Webkit 为核心，能加快显示速度，尤其在包含大量 JavaScript 指令及复杂的网页应用时，更可以体验其绝佳性能（如图1-2 右图所示）。

● 集成开发环境：目前最常使用的开发环境为 Eclipse、ADT 加上 Android SDK，不但具备舒适的程序编写环境，而且有相当强大的调试能力，大幅提高编写应用程序的效率。最方便的地方是 Google 开发了完善的模拟器（如图 1-3 所示），编写程序后可直接在模拟器上执行，而不需要每次都大费周章的安装到实体机上测试，这样可节省大量程序修改测试的时间。

▲图 1-3 Android 模拟器

● 充分表现个性：现在的潮流是崇尚个性的表现，哪家厂商的手机界面能符合多数人的时尚，其业绩就能创造傲人的成果，苹果公司的 iPhone、iPad 即是成功的例子。Android 系统可使用 Widget来实现桌面个性化，其默认安装了 5 个桌面 Widget，分别为数字时钟、日历、音乐播放器、相框及搜索页面，厂商及个人用户皆可修改美化这些界面，充分表现自己的时尚气息。

当然，Android 还有众多令人嘱目的优势，无法一一罗列。总之，这是一个值得深入学习探讨的系统，越早窥其殿堂，就越有机会在此领域占一席之地。

1.1.4　Android4.0 新功能

Android4.0 的代号为冰淇淋三明治（Ice Cream Sandwich）（如图 1-4 所示），是否感觉甜蜜又可口呢？其功能正如其名，Android4.0 整合了手机及平板电脑，一个系统可以在两种设备上使用，让两种设备有一致的软件界面。

▲图 1-4　矗立在 Google 总部前的 Ice Cream Sandwich 模型

Android4.0 重要的新功能如下。

- 内建网络用量统计：Android4.0 内建网络用量统计工具，可帮用户统计 3G 或 Wi-Fi 使用的数据量，用户也可以设置警告用量，在每月网络用量即将用尽时，通知用户。而在用量统计中，用户还能看到每个应用程序所使用的数据量，让你知道是哪个程序用网络用得最凶。

- 新的语音识别引擎：可连续语音输入一整段文字，用户甚至还可以在输入的过程中暂停一下。语音识别引擎会在有可能听写错误的文字下画上灰色底线，之后用户可点一下这些字，并从系统的建议字中选择正确的文字。

- 强大的相机功能：Android4.0 支持无延迟快门，看到的刹那就是拍摄出来的结果；另外在每张照片拍摄之间的间隔时间也大幅缩短，此外相机也支持持续自动对焦的功能。相机界面支持智能全景拍摄功能，只要按一次快门并旋转相机，相机就会自动拍摄出完整的全景照片。

- 脸部识别解锁功能：只要先在设置中注册自己的脸，当要解锁手机时，系统就会自动启动摄像头，并用脸部辨识功能辨识自己的脸，比对成功才可解锁。如果比对不成功，还是可以使用 PIN 或是触控图案的方式解锁。

- 网络增强功能：Android4.0 在浏览器部分，可以与桌面版 Chrome 浏览器同步书签，在浏览网页时，用户也可以选择观看桌面版或者是移动版。此外浏览器支持脱机浏览功能，可下载一份网站的复制，让你即使不在线也能观看。

1.2　搭建 Android 开发环境

"工欲善其事，必先利其器"，要学习 Android 应用程序，如果取得功能强大的开发工具，可使学习事半功倍。Google 已经为 Android 应用程序开发提供了跨平台的集成开发环境，最重要的是它完全免费，用户只要具有网络连接功能，就能随时上网将最新的开发工具下载回来安装。

目前智能手机的价格不菲，学习 Android 程序开发是否一定要有一部安装 Android 系统的手机呢？Google 开发环境中为用户准备了功能完善的模拟器，此模拟器可执行实体机上的绝大多数功能，所以 Android 程序学习者即使没有 Android 实体机，仍然可以正常学习开发 Android 应用程序。

1.2.1　准备工作

1. Android 开发环境

Android 开发环境可在 Windows XP 以上、Mac OS X 10.5.8 以上或 Linux 等操作系统中安装，本书以 Windows7 系统为例说明安装步骤，后面章节的示例也以此系统进行演示操作。

2. Android 开发环境所需要的工具包

因 Android 程序是以 Java 语言所编写，所以要安装 Java 开发工具；而编辑环境是使用 Eclipse 工具包执行，故需要 Eclipse 完整工具包再加上 Android 开发工具及插件就构成了 Android 开发环境（如图 1-5 所示）。

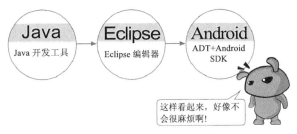

▲图 1-5　Android 开发环境构成

各项工具包的名称与下载网址整理如下。

工 具 包	下载网址
Java 开发工具包 （Java Development Kit, JDK）	http://www.oracle.com/technetwork/ java/javase/downloads/index.html
Eclipse 集成开发环境 （Integrated Development Environment, IDE）	http://www.eclipse.org
Eclipse 专用的 Android 开发工具插件 （ADT Plugin for Eclipse）	https://dl-ssl.google.com/android/eclipse
Android 软件开发工具包 （Software Development Kit, SDK）	http://developer.android.com/sdk/index.html

1.2.2　Android 开发工具包安装步骤

完成了所有相关文件的下载之后，所有工具包的安装顺序如图 1-6 所示。

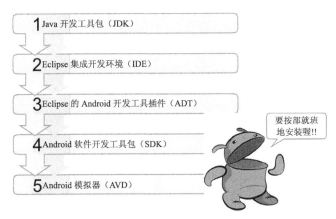

▲图 1-6　工具包安装顺序

1.3　安装 Java 开发工具包

Android 应用程序的开发是采用 Java 程序语言，很多人无法进入 Android 程序开发行列，原因在于无法搭建完整的 Java 程序执行环境,而首先就是要安装 Java 开发工具包,才能执行 Java 程序。

1. 认识 Java 开发工具包

Java 开发工具包(Java Development Kit,JDK)主要包括了 Java 执行环境(Java Runtime Environment,JRE)、javac 编译程序、jar 封装工具、javadoc 文件生成器以及 jdb 调试程序等工具。

2. 检查本机是否安装过 JDK

Android 程序需在 JDK5 以上版本才能正确执行,如果读者的计算机曾经有用户编写过 Java 程序,则可能已安装 JDK,不需要另行安装。

那要如何才知道是否已安装 JDK,且版本在 JDK5 以上呢?JDK 默认安装在计算机 C:\ProgramFiles\Java 目录下,所以读者可以到此路径下查看是否有名称为<jre5>以上的文件夹,目前最新版本为<jre7>(如图 1-7 所示)。

▲图 1-7　查看 JDK 安装情况

安装 JDK

如果没有安装 JDK 或 JDK 的版本在 JDK5 以下,按照下列步骤安装最新版本的 JDK 工具包。

(1)在浏览器地址栏中输入"http://www.oracle.com/technetwork/java/javase/downloads/index. html"链接到下载网页,单击下载按钮(图 1-8 中两个按钮皆可)。

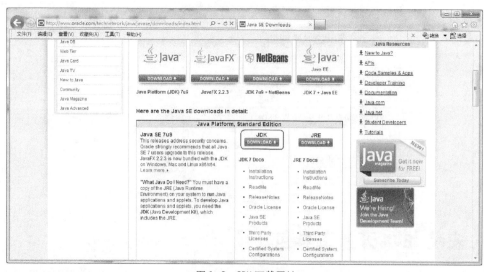

▲图 1-8　SDK 下载网址

（2）选中接受版权规定（如图 1-9 所示），根据你的操作系统选择文件进行下载。根据系统不同进行选择，此处为 Windows32 位，若是 64 位，单击下方的<jdk-7-windows-x64.exe>。

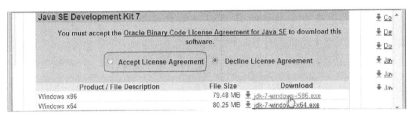

▲图 1-9　接受版权规定

（3）双击<jdk-7-windows-i586.exe>执行安装。在安装画面，依次单击 Next 按钮，当解压缩及安装过程都完成时，最后点击 Finish 按钮完成工作，如图 1-10 所示。

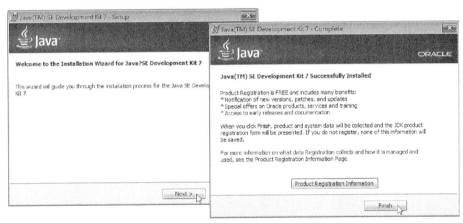

▲图 1-10　完成 JDK 安装

1.4 配置 Eclipse 集成开发环境

Eclipse 是一个具有图形化界面的程序代码编辑开发平台，在 Eclipse 中可以编写程序代码，也可以用它来进行项目的保存、测试、调试、甚至封装成运行文件的工作。Eclipse 不但支持 Java 程序开发，也支持 PHP、C++及 Python 等程序开发，当然最重要的是免费。Android 系统应用程序是以 Java 为开发语言，因此在 Android 官方网站中，也是建议安装 Eclipse 集成开发环境作为 Android 应用程序的开发平台。

1.4.1　下载 Eclipse

Eclipse 是不需安装的，下载之后解压缩就可直接运行。

（1）在浏览器地址栏中输入"http://www.eclipse.org/"链接到下载网页，单击下载按钮，如图 1-11 所示。

（2）下载点默认为 Windows 操作系统，选取"EclipseIDEforJavaDevelopers"，此处选择 32 位版本。若是 64 位，选择下方的 Windows 64 Bit，如图 1-12 所示。

（3）选择合适的下载点就可下载文件，默认的文件名为<eclipse-java-indigo-SR1-win32.zip>。如图 1-13 所示。

▲图 1-11 Eclipse 下载网址

▲图 1-12 选择下载版本

▲图 1-13 点击下载文件

1.4.2 创建 Eclipse 桌面快捷方式

Android 插件工具包可在 Eclipse 集成开发环境中安装，所以要先了解如何启动 Eclipse 集成开发环境。通常用户会将 Eclipse 集成开发环境放在<C:\eclipse>文件夹中，本书按照此惯例。另外，可在桌面创建启动 Eclipse 集成开发环境的快捷方式以方便启动 Eclipse。

（1）<eclipse-java-indigo-SR1-win32.zip>解压缩后会产生<eclipse>文件夹，将此文件夹复制到 C 盘根目录下，在文件夹下的<eclipse.exe>文件上单击鼠标右键，在快捷菜单中点击"发送到/桌面快捷方式"，如图 1-14 所示。

▲图 1-14 在 eclipse.exe 文件上单击右键

（2）将桌面建立的快捷方式名称改为"eclipse"，然后在快捷方式图标上双击即可打开 Ecclipse，如图 1-15 所示。

▲图 1-15 创建 Eclipse 的桌面快捷方式

1.4.3 第一次执行 Eclipse

第一次执行 Eclipse 会先弹出设置工作目录的对话框，本书将示例程序放在<C:\android2011>文件夹内，在工作目录输入"C:\android2011"同时选中 Use thisa sthe default anddo not ask again，这样建立项目时会以此文件夹为默认的保存位置，最后点击 OK 按钮。接着会出现项目选择对话框，点击 Workbench 按钮，如图 1-16 所示。

▲图 1-16 设置工作目录

这样即可打开 Eclipse 编辑页面，如图 1-17 所示，点击右上角按钮 X 可关闭 Eclipse 集成开发环境。

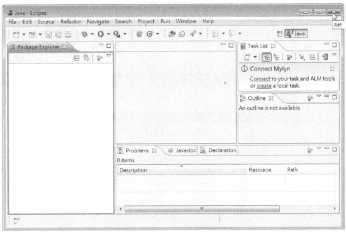

▲图 1-17 Eclipse 开发环境

1.5　安装 Eclipse 的 Android 开发工具插件

Eclipse 是一个开发平台，要在 Eclipse 中编写任何一种开发语言的程序，必须依靠插件工具包。Eclipse 利用 Android 开发工具插件（ADT Plugin for Eclipse）将 AndoridSDK 整合到 Eclipse 集成开发环境当中。

1．关于 ADT Plugin for Eclipse

ADT Plugin for Eclipse 是为 Android 程序开发者在 Eclipse 中提供的专用界面工具，让他们能够轻松地在 Eclipse 建立 Andorid 应用程序项目，并且在 Eclipse 与 Android SDK 中进行项目的编辑、保存、测试、调试等工作。

2．安装 ADT Plugin for Eclipse

（1）进入 Eclipse 后执行菜单 Help/InstallNewSoftware 来安装新软件，如图 1-18 所示。

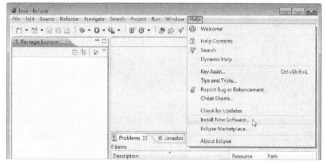

▲图 1-18　安装新软件

（2）在 Install 对话框中，在 Work with 框中输入"https://dl-ssl.google.com/android/eclipse/"网址，然后点击 Add 按钮，如图 1-19 所示。

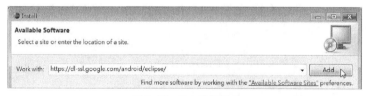

▲图 1-19　输入安装网址

（3）在 Add Repository 对话框的 Name 字段，输入一个说明网址的英文代号，此处输入"ADT"点击 OK 按钮继续安装，如图 1-20 所示。

▲图 1-20　输入英文代号

（4）回到 Install 对话框，对话框中显示相关工具列表，点击 Select All 按钮，表示选取所有相关工具，点击 Next 按钮。接着在下个页面中点击 Next 按钮，如图 1-21 所示。

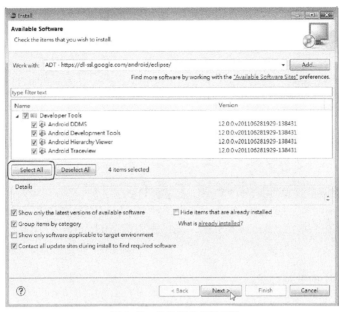

▲图 1-21　选取所有相关工具

在安装的过程中，如果无法出现工具列表，记得检查或是关闭防病毒软件及防火墙。

（5）选择 I accept the terms of the license agreements 表示接受版权条款，点击 Finish 按钮开始下载安装，如图 1-22 所示。

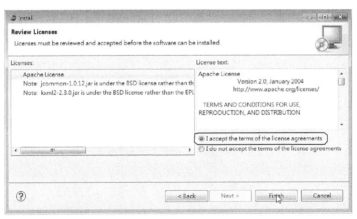

▲图 1-22　接受版权条款

（6）下载安装过程中会出现安装未经认证的警告消息，点击 OK 按钮继续安装，如图 1-23 所示。

▲图 1-23　弹出警告信息

（7）下载安装完毕后点击 Restart Now 按钮重新启动 Eclipse，就完成了 ADT Plugin for Eclipse 的安装，如图 1-24 所示。

▲图 1-24　重启计算机完成安装

1.6　安装 Android 软件开发工具包

Android 软件开发工具包（Android SDK）提供完整的 Android API、Android 应用程序调试工具及 Android 模拟器。

1. Android SDK 的安装方式

由于各版本的 Android SDK 文件相当庞大，因此 Google 并未提供 Android SDK 文件直接下载，而是让用户先下载"Android SDK 下载工具包"再在 Eclipse 中下载 Android SDK。

2. Android SDK 的安装步骤

（1）在浏览器地址栏中输入"http://developer.android.com/sdk/index.html"链接到下载网页，根据安装环境点击链接进行下载，如图 1-25 所示。

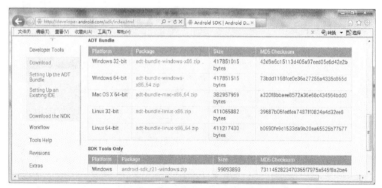

▲图 1-25　工具包下载网址

（2）下载文件完成后，解压缩出名称为<android-sdk-windows>的文件夹，将此文件夹复制到 Eclipse 所在的文件夹中，本书为<c:\eclipse>，如图 1-26 所示。

▲图 1-26　将解压缩文件复制到 Eclipse 所在的文件夹中

（3）进入 Eclipse 后执行菜单 Window/Preferences，如图 1-27 所示。

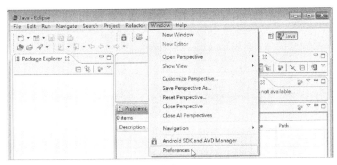

▲图 1-27 点击 Preferences

（4）设置"下载 Android SDK 工具包"路径：点击 Browse 按钮，选择<C:\eclipse\android-sdk-windows>文件夹，点击 OK 按钮完成设置，如图 1-28 所示。

▲图 1-28 设置路径

（5）出现使用 SDK Manager 安装 SDK 的提示，点击 OK 按钮关闭对话框，如图 1-29 所示。

▲图 1-29 出现提示框

（6）接着要启动 SDK Manager 对话框，单击菜单 Window/AndroidSDK Manager，如图 1-30 所示。

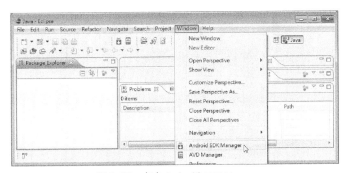

▲图 1-30 点击 Android SDK Manager

（7）选择要安装的 Android SDK 版本：选择所有版本的 Android SDK，点击 Install xx packages 按钮开始下载，如图 1-31 所示。

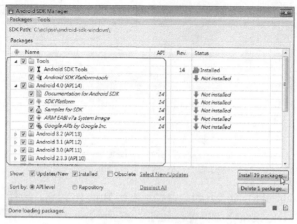

▲图 1-31　选择所有版本

（8）版权页选择 Accepted All 后再点击 Install 按钮，如图 1-32 所示。

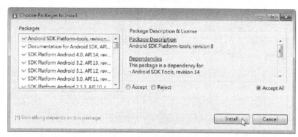

▲图 1-32　点击安装

（9）经过冗长的下载后出现重新启动 ADB Restart 对话框，点击 Yes 按钮，如图 1-33 所示。

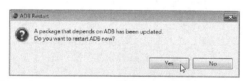

▲图 1-33　重启 ADB 对话框

（10）安装完成后，会显示目前所有安装的工具包，如图 1-34 所示。

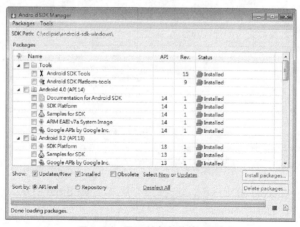

▲图 1-34　显示所有安装的工具包

Android 的升级速度非常频繁，所以常常会收到系统更新的通知。本书初版编写时最新版本为 4.0，故本书的示例皆以 Android4.0 进行开发编写。但是以目前的开发进度来看，Android 的最新版本已达到 4.0.3，虽然在操作或是程序开发上并没有什么不同，但是如果读者想更新 Android 的版本到最新，可使用本节的方法予以更新。

　　这里要特别注意的一点是，如果你打算将开发的作品安装到实体机上，要先了解实体机上的 Android 版本，开发程序时也要选择相应版本，才能正确地安装测试。如果一味地想使用最新版本进行开发，而不考虑环境的因素，可能会造成程序无法执行。

1.7　Android 模拟器简介

1.7.1　认识 Android 模拟器

　　在 Eclipse 中编写完 Android 程序代码后要如何进行程序测试呢？最直接的想法当然是购买一部 Android 系统的智能手机，然后在 Eclipse 中编译程序，再将编译完成的执行文件传送到手机上安装，最后在手机上执行程序测试执行的结果，如图 1-35 所示。

▲图 1-35　真的需要买一部手机测试吗

1. Android 模拟器的诞生

　　但是开发者一定要拥有设备才能进行开发吗？于是 Android 模拟器就应运而生了。Android 模拟器（Android Virtual Device，AVD）相当于一部虚拟手机，它可以在计算机上模拟 Android 设备的绝大部分功能，因此开发者即使没有价值不菲的 Android 智能手机，也可以进行 Android 应用程序开发，这样就省下一大笔购买手机的费用，如图 1-36 所示。

▲图 1-36　使用 AVD 测试程序

2. Android 模拟器的优缺点

　　在 Eclipse 中安装 Android 模拟器后，只需点击一个按钮就可执行编辑中的应用程序，同时启动模拟器显示执行结果，非常方便且有效率。如果需修改程序，在修改完成后再点击一次按钮就可查看修改后的执行结果。

Android 模拟器可以模拟不同 Android SDK 版本的 Android 系统，也可以选择不同屏幕大小及分辨率。更神奇的是模拟器可以模拟大部分手机上的硬件设备，例如：SD 记忆卡、触摸屏、重力感应器等，开发这些硬件的应用程序也可在模拟器上测试。

在 Eclipse 中可以同时为不同版本 Android SDK 及不同分辨率屏幕建立多个 Android 模拟器，执行时可选择要使用哪一个模拟器，这样就可以测试应用程序在不同环境下的执行结果。

当然，Android 模拟器不是万能的，仍然有许多功能无法模拟，例如：可模拟数码相机，但除非计算机有摄像头，否则不具备照相功能；可模拟 SD 记忆卡，但无法模拟插入及退出动作等。如果应用程序要使用这些功能，仍需在实体机上测试。另外，Android 手机的厂商及款式众多，在模拟器上执行的结果，可能与某些厂商的实体机上的结果有部分不同，但此现象在 Google 的努力下已有很大改善。

1.7.2　创建 Android 模拟器

开发者可以根据需要，创建多个模拟不同版本、不同大小的 Android 模拟器，只要在测试项目时指定即可模拟出程序在不同环境下执行的结果。以下是创建 Android 模拟器的步骤。

（1）进入 Eclipse 后，单击菜单 Window/AVD Manager 启动 Android Virtual Device Manager 窗体，点击 New 按钮创建新模拟器，如图 1-37 所示。

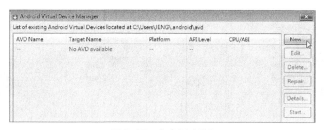

▲图 1-37　点击新建按钮

（2）接着输入新模拟器信息，如图 1-38 所示。

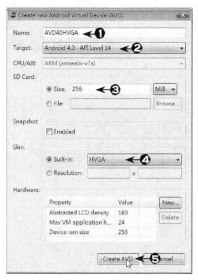

❶ Name 字段输入模拟器名称"AVD40HVGA"。

❷ Target 字段选择 Android SDK 版本 Android4.0。

❸ SDCard 字段的 Size 输入存储卡大小"256"。

❹ Skin 字段的 Build-in 选择屏幕分辨率 HVGA。

❺ 点击 CreateAVD 按钮创建新模拟器。

▲图 1-38　模拟器信息

（3）回到 Android Virtual Device Manager 窗体即可看到新创建的模拟器，如图 1-39 所示。

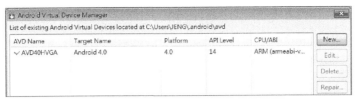

▲图 1-39　创建的模拟器

Android Virtual Device Manager 窗体中各字段的意义如下。

● Name：设置模拟器的名称。因为一个系统可以建立多个模拟器，这些模拟器的特征最好可以由名称来分辨，所以最好在名称中加入有意义的字符，例如上面名称设置为"AVD40HVGA"，"AVD"表示 Android 模拟器，"40"表示编译的 Android SDK 版本为 4.0 版，"HVGA"代表手机屏幕的分辨率。

● Target：设置模拟器使用的 Android SDK 版本。在实体机上要改变 Android SDK 版本是一件非常繁琐且困难的事情，而且有相当大的风险。开发者可创建多个不同 Android SDK 版本的模拟器，编写的程序就可在不同版本中进行测试。

● SDCard：设置模拟器使用 SDCard 卡的大小。单位可以选择 kB、MB 及 GB，通常使用"MB"。存储卡大小以 128MB、256MB 和 512MB 最普遍。

● Skin：设置模拟器使用的屏幕规格及分辨率。在 Build-in 属性有多种规格可以选择，一般以"HVGA"最常用。当设计者改变屏幕规格时，下方 Hardware 的属性值也会跟着改变，如图 1-40 所示。

● Hardware：设置模拟器要加入的硬件设备。除非开发需要特殊硬件的应用程序，一般不需额外加入硬件设备。如要加入硬件设备，可点击 New 按钮，单击要加入的硬件后再点击确定按钮即可，如图 1-41 所示。

▲图 1-40　选择屏幕规格

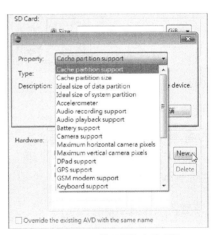

▲图 1-41　设置要加入的硬件

1.7.3　启动 Android 模拟器

（1）单击 Eclipse 菜单 Window/AVD Manager 启动 Android Virtual Device Manager 对话框。选择要启动的模拟器（此处为 AVD40HVGA），再点击 Start 按钮启动。在 Launch Options 窗体点击 Launch 按钮，如图 1-42 所示。

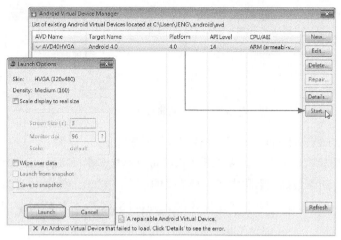

▲图 1-42　选择启动模拟器

（2）经过一段时间的等待，就可看到模拟器了！启动模拟器的时间与计算机的执行速度有关，约数分钟到十余分钟之间。模拟器启动时处于锁定状态，点击右下角的 OK 按钮即可解锁，当出现手机桌面图标时，就可开始使用模拟器了！如图 1-43 所示。

▲图 1-43　模拟器启动

1.7.4　设置模拟器语言及时区

Android 模拟器默认显示语言是英文，系统时间默认格林尼治标准时间零时区，所以与我们有 8 小时的时差。这里先对这两个项目进行如下设置。

1. 设置模拟器显示语言

（1）点击模拟器画面右方的 MENU 按钮后在屏幕下方会出现功能列表，选择 System settings 进入设置画面，如图 1-44 所示。

（2）画面向上拖曳，选择 Language&input，此时会出现谷歌输入法不能使用的错误，点击 OK 按钮继续设置。这个错误会影响操作，这里先进行相关设置，如图 1-45 所示。

▲图 1-44　系统设置

▲图 1-45 进行语言设置

（3）选择 Default 选项后点击 English（US），将默认输入法设置为英文，如图 1-46 所示。

▲图 1-46 将默认输入法改为英文

（4）接着选择 Language 选项后点击中文（简体），即可将系统里所有显示的语言切换为我们所熟悉的简体中文，如图 1-47 所示。

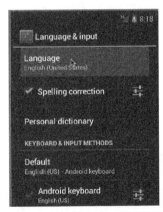

▲图 1-47 将系统语言切换为简体中文

Android4.0.3 版已修复默认输入法为谷歌输入法的错误，将默认输入法改为英文输入法，故不再出现输入法错误的消息。

---

2. 设置模拟器系统时区

（1）在功能区点击 按钮回到设置页面，单击日期与时间项目。接着取消"自动确定时区"，单击"选择时区"项目，如图 1-48 所示。

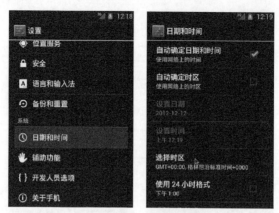

▲图 1-48　设置系统时区

（2）画面向上拖曳，选择"中国标准时间（北京）"。完成后你可以观看右上角显示的时间已经与计算机系统时间一致了。在功能区点击⌂按钮回桌面，如图 1-49 所示。

▲图 1-49　设为"中国标准时间（北京）"

1.7.5　模拟器解锁

再次启动模拟器时，模拟器会模拟手机的锁定状态，在下方中央处显示一个"锁定"的图标，用户可以向右拖曳"锁定"图标即可解锁，解锁后才可开始使用模拟器，如图 1-50 所示。

▲图 1-50　模拟器解锁

1.7.6　切换模拟器屏幕方向

许多 Android 应用程序会强制屏幕做横向显示，这些应用程序在开发阶段也必须将屏幕调整成横向，才能符合实际情况。在模拟器切换屏幕横向及竖向的方法是点击 Ctrl+F12 组合键：模拟器屏幕默认为竖向，点击 Ctrl+F12 组合键后变为横向，再点击一次 Ctrl+F12 组合键后变回竖向，如图 1-51 所示。

▲图 1-51　切换屏幕方向

　　Android 应用程序开发环境到此已全部搭建完成，接着可以新建 Android 项目、编写程序并在模拟器中执行以观察执行结果，正式进入设计 Android 应用程序的殿堂了！

扩展练习

1.（　　）Android 是基于何种平台的全新手机操作系统？
　（A）Windows　　　　　（B）Linux　　　　　（C）Mac OS　　　　　（D）以上皆是
2.（　　）下列哪一个不是 Android4.0 的新功能？
　（A）内建网络用量统计　　　　　　　　（B）浏览器支持脱机浏览
　（C）脸部辨识解锁功能　　　　　　　　（D）支持多任务系统
3.（　　）Android 应用程序是采用何种语言开发？
　（A）Java　　　　　　　（B）VB　　　　　　　（C）C++　　　　　　　（D）C#
4.（　　）Android 程序需在 JDK 多少以上的版本才能正确执行？
　（A）4　　　　　　　　　（B）5　　　　　　　　（C）6　　　　　　　　（D）7
5.（　　）Android 官方网站建议以何种工具作为开发 Android 应用程序的平台？
　（A）Visual Studio　　　（B）Flash　　　　　（C）Eclipse　　　　　（D）Photoshop
6.（　　）Eclipse 使用下列何种工具将 Android SDK 集成到 Eclipse 开发环境？
　（A）JRE Plugin for Eclipse　　　　　　（B）AVD Plugin for Eclipse
　（C）ADT Plugin for Eclipse　　　　　　（D）VS Plugin for Eclipse
7.（　　）下列哪一种功能模拟器无法模拟？
　（A）插入 SD 记忆卡　　（B）电话拨号　　　（C）录音　　　　　（D）触控屏幕
8.（　　）新建立的模拟器默认的时区为哪个？
　（A）北京　　　　　　　（B）中国　　　　　（C）格林尼治　　　　（D）美国
9.（　　）新建立的模拟器默认的输入法为何？
　（A）注音　　　　　　　（B）仓颉　　　　　（C）行列　　　　　　（D）谷歌
10.（　　）点击哪一个键可切换模拟器屏幕方向？
　（A）Ctrl+F10　　　　　（B）Ctrl+F12　　　（C）F12　　　　　　（D）F10

第2章　Android，我来了

新建一个新的 Android 项目首先要注意的是应用程序的文件夹结构，将各种类型文件放在项目的特定文件夹中，设计者仅需按照规则创建各文件夹中的文件，系统就能依次执行。

学习重点

- 新建项目
- 启动已存在项目
- 启动示例作为项目
- 项目编译版本及属性
- 在模拟器中执行程序
- 在不同模拟器中执行程序
- Android 项目的文件夹结构
- main.xml 布局配置文件
- 启动程序文件

2.1 从无到有新建项目

一个 Android 应用程序中可能包含相当多文件，例如 Java 程序文件、图形文件、XML 文件、声音文件等，Android 应用程序采用项目的方式构建完整的文件结构，将各种类型文件放在项目的特定文件夹中，设计者仅需按照规则创建各文件夹中的文件，系统就能依次执行。

使用 Eclipse 新建 Android 应用程序项目时，集成开发环境会自动为该项目构建基本的文件夹结构及启动程序，设计者只要专注于程序设计就行了。

2.1.1　新建项目

设计 Android 应用程序的第一步就是为此应用程序新建一个项目。

1. 新建一个项目

以下我们将一步步的示范，新建第一个项目："Hello"。

（1）启动 Eclipse，执行菜单 File/New/Project，或点击工具栏 按钮后选择 Project 项目，如图 2-1 所示。

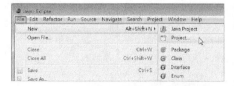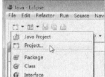

▲图 2-1　新建项目

（2）在 New Project 对话框中选择 Android/Android Project，再点击 Next 按钮，如图 2-2 所示。

（3）接着输入项目信息，在 Project Name 字段内输入"Hello"，选中 Use default location 复选框，然后点击 Next 按钮，如图 2-3 所示。

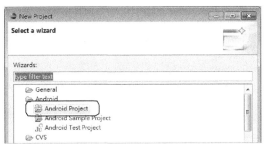

▲图 2-2　新建 Android 项目

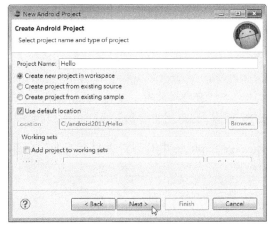

▲图 2-3　输入项目信息

 Android4.0 的 Location 值无效，无论输入何值，新建的项目都会产生在默认的工作目录中。

（4）选择 Android SDK 版本为 Android4.0，点击 Next 按钮，如图 2-4 所示。

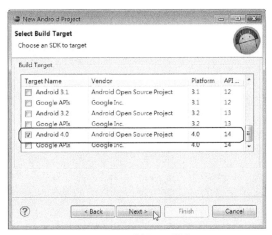

▲图 2-4　选择 SDK 版本

（5）最后输入项目名称及最低版本：其中 Application Name 及 Create Activity 字段值会自动产生。在 Package Name 字段内输入 "Hello.com"，在 Minimum SDK 字段内输入 "14"，点击 Finish 按钮开始生成项目，如图 2-5 所示。

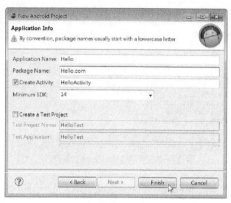

▲图 2-5　输入应用程序信息

> Android4.0 的 SDK 版本为 14，所以最低执行版本 Minimum SDK 字段默认是输入 14。如果应用程序要在实体机上执行，而实体机并未安装 Android4.0 的话，可视实际情形降低此值，例如目前最流行的 SDK 版本为 2.3，其版本号为 9。

（6）完成后就可以在 Package Explorer 中看到新建的 "Hello" 项目了，如图 2-6 所示。

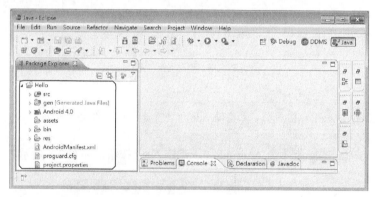

▲图 2-6　"Hello" 项目

2．项目保存位置

New Android Project 对话框中 Projrct Name 字段是设置项目的名称，Android4.0 会自动以项目名称为文件夹名称保存在工作目录中，以方便在 Eclipse 及资源管理器中识别。例如新建的 "Hello" 项目，在资源管理器中可看到 Hello 项目创建在<C:\android2011>文件夹中，如图 2-7 所示。

2.1.2　启动已存在项目

在 Eclipse 中新建 Android 项目的方式有三种，最常用的是新建全新的项目，也就是前述示例中使用的方法。第二种为启动已存在的项目作为新项目，最后一种是以 Google 提供的示例作为新项目。

▲图 2-7　新建项目的保存位置

　　启动已存在项目可以启动另一个完整的 Android 应用程序项目，在 Eclipse 中进行操作。该项目文件夹可以不放在 Eclipse 设置的工作目录中。例如，有一个播放影片的项目，保存在本机 <D:\tem\VideoPlayer>文件夹，我们要启动这个已存在的项目的方法如下。

　　（1）执行菜单 File/Import 启动 Import 对话框，如图 2-8 所示。

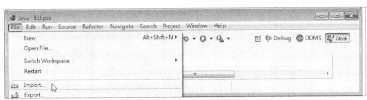

▲图 2-8　启动 Import 对话框

　　（2）在对话框中选择 Existing Projects into Workspace 后点击 Next 按钮，如图 2-9 所示。

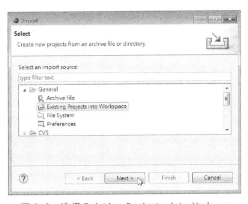

▲图 2-9　选择 Existing Projects into Workspace

　　（3）在 Select root directory 字段输入项目所在目录，此处输入"D:\tem\VideoPlayer"，点击 Finish 按钮完成新建项目，如图 2-10 所示。

　　附书存放的项目都是完成项目，读者在学习时可以使用 import 的方式来启动示例项目，进行相关的操作。

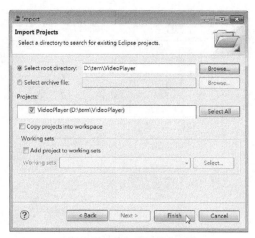

▲图 2-10　输入项目所在目录

2.1.3　启动示例作为项目

学习程序语言最快且有效的方法之一是研究官方提供的示例源代码，再修改以符合用户的需求。Google 也为开发者编写了许多示例程序，并且无偿让开发者使用。启动示例项目的方法如下。

（1）执行菜单 File/New/Project，选择 Android/Android Project，再点击 Next 按钮。在 New Android Project 对话框中复选 Create project from existing sample 后点击 Next 按钮，如图 2-11 所示。

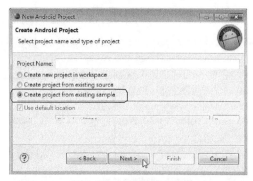

▲图 2-11　从示例创建项目

（2）选择示例的版本，此处选择 Android4.0，点击 Next 按钮继续，如图 2-12 所示。

▲图 2-12　选择示例版本

（3）选择示例名称，此处选择 NotePad，点击 Finish 按钮完成示例项目创建，如图 2-13 所示。

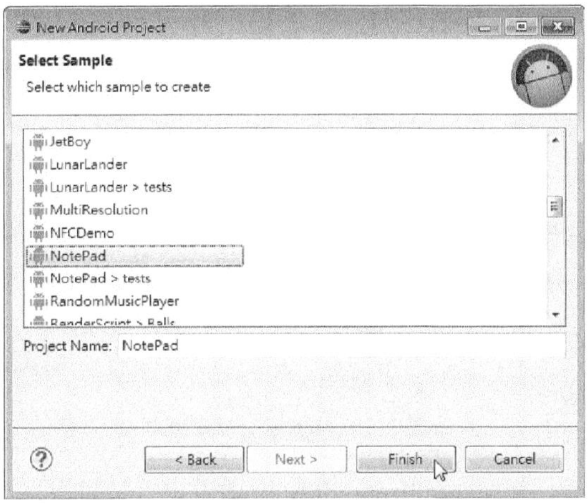

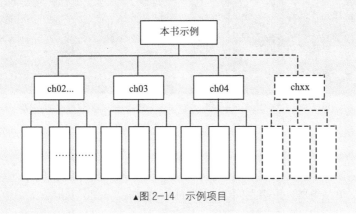

▲图 2-13　完成示例项目创建

本书示例项目的放置方式

在 Android4.0 中新建项目后会强制将项目文件夹产生在工作目录的根目录下，但若是以启动原有的项目的方式来进行，可将项目放置在指定的文件夹下。本书为方便查询，将示例保存结构定为<C:\android2011\chxx\示例名称>，"chxx"为章节数目，例如第 2 章的 Hello 项目示例的位置为<C:\android2011\ch02\Hello>，读者可根据自己的习惯进行调整。如图 2-14 所示。

▲图 2-14　示例项目

2.1.4　项目编译版本及属性

在 New Android Project 对话框中 Build Target 字段可选择编译项目的 SDK 版本，如果是没有使用 GoogleMap 功能的应用程序选择"AndroidX.X"的版本即可，使用 GoogleMap 功能的应用程序则一定要选择使用"Google APIs"的版本才能正确编译，如图 2-15 所示。

实现时要选择怎样的编译版本较适合呢？如果使用最新的版本，手机操作系统的更新通常较慢，甚至有些型号较老的手机无法更新到新的系统，于是产生无法使用应用程序的问题。但若采用较旧的编译版本，则有些新功能在应用程序中无法使用，使得应用程序功能落后。本书所有示例都使用最新的 4.0 版本编译。

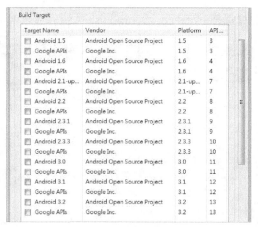

▲图 2-15 选择项目编译版本

New Android Project 对话框中 ApplicationInfo 页面可设置项目属性，需设置如下的 4 个属性。

（1）Application Name 属性值为应用程序标题，用户安装完应用程序后会显示于应用程序列表图标的下方，当执行应用程序时会显示于画面的最上方。Application Name 主要目的是让用户看到应用程序的名称，可以使用中文，更能清楚表达应用程序的意义。本书为让读者容易找到示例与文件夹的对应关系，所有示例都将 Application Name 属性值与 Project Name 设为相同，如图 2-16 所示。

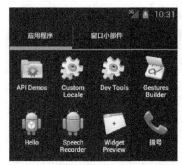
▲ 应用程序列表中显示的标题

▲ 执行应用程序时显示的标题

▲图 2-16 应用程序标题设置

（2）Package Name 属性值为应用程序包名称。Java 为了不同应用程序之间彼此不冲突，每一个应用程序都必须取一个独立且唯一的包名称，以方便该应用程序的识别与调用。Package Name 至少要由两个英文单字组成，单字之间以 "." 分隔，例如："hello.com"。本书中的 Package Name 都以 "项目名称.com" 命名，例如前述示例的项目名称为 Hello，则其 Package Name 为 "Hello.com"。

（3）Create Activity 属性设置是否创建 Activity 类，如果选中可指定类名称，或使用默认值。Activity 类为具有用户界面的基础类，大部分应用程序都会使用，详细内容会在后面章节介绍。

（4）Minimum SDK 属性设置执行此应用程序的最低 Android 版本需求。当选定了 Build Target 字段的编译 SDK 版本时，系统会自动为本属性填入对应的版本值，如图 2-17 所示。

2.1.5　在模拟器中执行程序

在 Eclipse 内执行 Android 程序，系统会先编译应用程序，然后将编译后的执行文件安装于模拟器中执行，最后在模拟器中显示执行结果。项目执行的步骤如下。

▲图 2-17　新建项目的属性设置

（1）启动 Eclipse 集成开发环境，在 Package Explorer 中要执行的项目名称上单击鼠标右键，在快捷菜单中点击 Run As/Android Application，如图 2-18 所示。

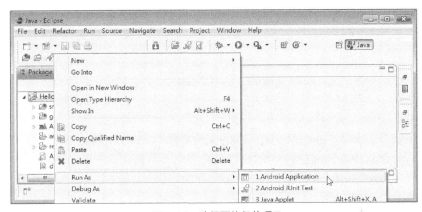

▲图 2-18　选择要执行的项目

（2）如果模拟器尚未启动，会先启动模拟器后显示执行结果。若模拟器已启动，则不会自动切换到模拟器，需自行切换到模拟器窗口查看执行结果，如图 2-19 所示。

由于启动模拟器需要相当长的时间，所以在整个操作过程中最好不要关闭模拟器。如果要关闭应用程序的执行结果，只要点击模拟器功能区 按钮就可回到桌面。

▲图 2-19　模拟器执行结果

对于习惯使用键盘的人来说，也可以使用 Ctrl+F11 快捷键来进行项目的执行，在书上的章节中大多也会使用这个方式来进行项目的执行。

2.1.6　在不同模拟器中执行程序

一般模拟器在执行项目的应用程序时是使用默认模拟器执行，但是当系统中有多个模拟器时，执行程序就无法选择使用哪一个模拟器。如果要自行选择执行的模拟器，按照下列步骤操作。

（1）在 Eclipse 中执行菜单 Run/Run Configurations，或点击工具栏 右方的 按钮，再在下拉菜单中点击 Run Configurations，如图 2-20 所示。

（2）点击新建配置工具按钮，点击 Browse 按钮，选择 Project Selection 对话框中要执行的项目后点击 OK 按钮，如图 2-21 所示。

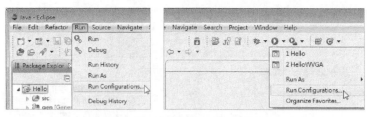

▲图 2-20 执行 Run Configurations

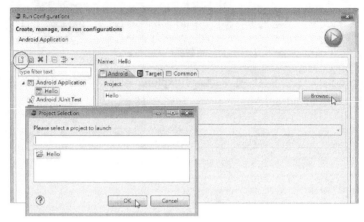

▲图 2-21 选择要执行的项目

（3）在 Name 字段输入"HelloWVGA"作为配置名称，点击 Target 标签，选择 AVD23WVGA 作为执行模拟器，最后点击 Run 按钮开始执行，就会将执行结果显示在指定的模拟器中，如图 2-22 所示。

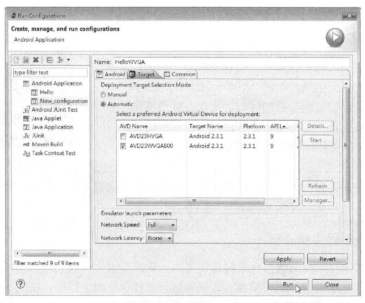

▲图 2-22 选择执行模拟器

（4）点击工具栏 ⏵ ▾ 右方的 ▾ 按钮，在下拉菜单中可看到 HelloWVGA 及 Hello 两个配置，点击 HelloWVGA 执行结果会显示在 WVGA800 的模拟器中。同理，点击 Hello 执行结果会显示在 HVGA 的模拟器中，如图 2-23 所示。

▲图 2-23　选择不同模拟器执行

创建多个模拟器的原因

　　Android 开发使用的 SDK 版本或是设备的屏幕尺寸相当多，开发者如果要测试在不同环境下执行的结果，就有创建多个不同模拟器的需求。建议你根据不同环境，例如 Android2.3 或 4.0 的项目，或是手机或平板电脑的项目来设置不同的模拟器，即可测试出开发程序的适用性。

2.2　Android 项目的文件夹结构

　　新建项目时，Eclipse 已为项目构建了基本结构，设计者可在此结构上开发应用程序，在基本结构的各文件夹中加入需要的文件。

2.2.1　项目文件夹概述

　　Android 基本文件夹结构如图 2-24 所示。

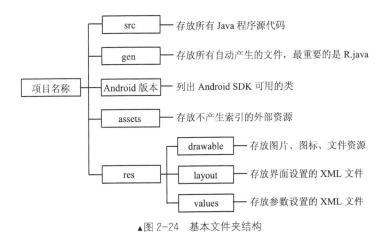

▲图 2-24　基本文件夹结构

2.2.2　src 文件夹

　　<src>文件夹存放所有 Java 程序源代码，设计者新编写的程序文件需放在此文件夹。新建项目时，若选中 Create Activity 项目并输入名称，则系统会在此文件夹中自动产生默认程序文件，此默认程序文件相当于 C 语言的 main 程序，是执行应用程序的起点，如图 2-25 所示。

▲图 2-25　src 文件夹

程序源文件的实际保存路径是按照包名称（Package Name）的英文单词，依次作为文件夹名称来保存。例如前面示例中的 Package Name 设为"Hello.com"，则程序文件会存放在<src/hello/com>文件夹中，如图 2-26 所示。

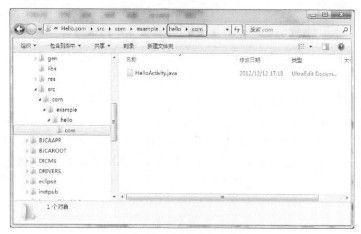

▲图 2-26　源文件的保存路径

2.2.3　Android SDK 文件夹

Android SDK 文件夹会列出所有可用的 Android API 类，方便设计者查询。新建项目时，在 Build Target 字段选择编译使用的 Android SDK 版本，就会在此建立对应的文件夹，如图 2-27 所示。

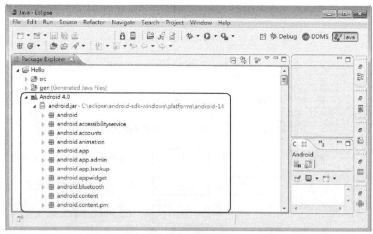

▲图 2-27　版本文件夹

2.2.4　res/drawable 文件夹

<res>文件夹是用来存放资源文件的，其中<res/drawable>存放有关图形的资源。在 Android2.0 版本以后，可将<drawable>文件夹再分为<drawable-hdpi>、<drawable-mdpi>及<drawable-ldpi>三个文件夹，分别放置高、中、低分辨率的图形。新建项目时，系统已自动产生高、中、低分辨率图形文件夹，并且在这三个文件夹中各放置一个<ic-launcher.png>图标文件，这三个文件的分辨率不同，如图 2-28 所示。

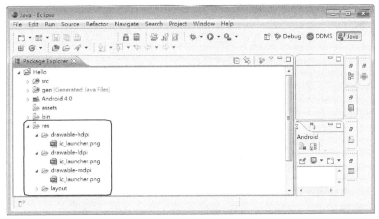

▲图 2-28　drawable 文件夹

<ic-launcher.png>是 Android 系统默认的应用程序图标,手机安装应用程序后会作为该应用程序的图标显示在应用程序列表中。如图 2-29 所示。

如果不想使用三种分辨率图形,可将三个文件夹移除,另建<drawable>文件夹,再将图形文件放在该文件夹中就可以了。或者将图形集中在某一分辨率文件夹,则无论分辨率多大,都会使用该文件夹的图形资源。

▲图 2-29　应用程序图标

2.2.5　res/layout 文件夹

<res/layout>文件夹存放有关界面配置的资源,布局配置文件是以 XML 格式记录界面组件及界面的布局。新建项目时,系统自动在此文件夹中产生<main.xml>配置文件,其中放置一个 TextView 组件来显示欢迎消息,程序代码在后面章节再详细说明,如图 2-30 所示。

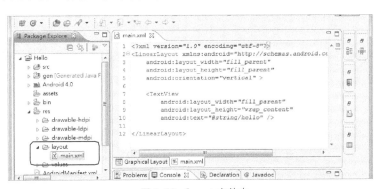

▲图 2-30　layout 文件夹

虽然设计者也可以完全用编写 Java 代码的方式创建布局配置,但其代码相当复杂,不是初学者能轻易办到的。使用 XML 配置文件可利用 Eclipse 提供的可视化工具,以拖曳方式在界面上安排各种组件,非常方便而且简单,比较适合初学者创建布局配置。

2.2.6　res/values 文件夹

<res/values>文件夹存放有关参数设置的资源,也是以 XML 格式设置字符串、颜色、数组等,新建项目时,系统自动在此文件夹中产生<strings.xml>字符串配置文件,如图 2-31 所示。

▲图 2-31　values 文件夹

<strings.xml>文件的内容为：

```
<resources>
    <stringname="hello">HelloWorld,HelloActivity!</string>
  <stringname="app_name">Hello</string>
</resources>
```

<resources>标签中的内容会在<R.java>文件创建资源索引，关于资源索引相关详细说明会在下一小节讲解。<string>标签会创建字符串，name 属性为字符串名称，<string>与</string>之间的内容为字符串值。上述程序代码创建了两个字符串：hello 字符串的值为"HelloWorld, HelloActivity!"，app_name 字符串值为"Hello"。

hello 字符串值就是执行程序时显示的欢迎消息；app_name 字符串值则是新建项目时所输入的 Application Name 值，即应用程序的名称，程序执行时会显示在屏幕的最上方，如图 2-32 所示。

▲图 2-32　字符串的显示

2.2.7　assets 文件夹

<assets>文件夹与<res>文件夹相同也是存放资源文件，但不同的是文件夹中的资源不会在<R.java>中产生索引。开发者要使用资源时，必须直接使用完整的路径及文件名。新建项目时此文件夹默认是空的，并未自动产生任何资源。

2.2.8　gen 文件夹

<gen>文件夹存放由系统自动产生的文件，目前此文件夹中只有一个<R.java>文件。<R.java>是 Android 非常重要的文件，功能是记录应用程序使用到的资源，并为其制作索引列表，如图 2-33 所示。

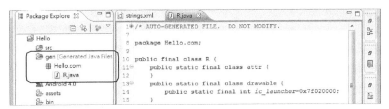

▲图 2-33   gen 文件夹

<R.java>自动产生的内容为：

```
Public final class R {
    public static final class attr{
    }
    public static final class drawable {
        public static final int ic_launcher=0x7f020000;
    }
    public static final class layout{
        public static final int main=0x7f030000;
    }
    public static final class string{
        public static final int app_name=0x7f040001;
        public static final int hello=0x7f040000;
    }
}
```

是否感觉上面的粗体字似曾相识？drawable 及 layout 是<res>下的文件夹名称，string 是<res/values>文件夹中<strings.xml>文件<resources>中的标签名称，app_name 及 hello 是字符串名称。为什么它们会出现在<R.java>呢？

1. 创建资源索引的原因

Android 系统将资源分为索引资源及非索引资源。对于较常用的资源就对其创建一个索引值，索引值是一个整数。这样要使用该资源时，只要获取对应的资源索引就可以了！资源索引不但在使用的语法上较为方便，也可节省内存，因为重复使用资源时，在内存中只保存一份，可提高执行效率。

为了区分索引资源及非索引资源，Android 系统自动创建了两个文件夹用来存放两种资源，<res>文件夹储放索引资源，<assets>文件夹储放非索引资源，而系统自动创建的资源索引就存放在<res>文件夹的<R.java>文件中。

例如：

```
Public static final class layout{
    public static final int main=0x7f030000;
}
```

表示<res/layout>文件夹中的<main.xml>文件资源，其索引值为"0x7f030000"。

2. drawable 与 layout 的资源索引

drawable 与 layout 的资源索引是以<res/drawable>及<res/layout>文件夹中的文件名来创建索引。当开发者在这两个文件夹中新增文件资源时，系统会自动在<R.java>中产生该资源文件的索引。例如：在<res/layout>文件夹新增<menu.xml>文件，则立刻在<R.java>的 layout 类别自动产生 menu 字段（如图 2-34 所示）：

```
public static final int menu=0x7f030001;
```

3. string 的资源索引

string 资源索引是以<res/values/strings.xml>文件中<resources>标签内下一层标签名称作为类名称，name 属性值作为字段来创建类，此种资源是类中的一个字段。当开发者在此文件夹中文件内的<resources>标签新增字段时，系统会自动在<R.java>中产生该资源的索引。例如：在<res/values/strings.xml>文件中新增下列<string>标签来创建 str_test 字符串时，

```
<string name="str_test">This is a test.</string>
```

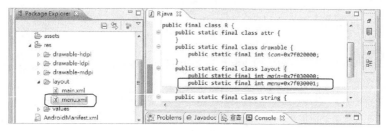

▲图 2-34　自动生成 menu 字段

则在<R.java>中会自动产生（如图 2-35 所示）：

```
public static final int str_test=0x7f040002;
```

▲图 2-35　新增<string>标签

4. 如何使用资源索引

这些资源索引值非常复杂，开发者不可能记住这些数值，那要如何使用资源索引呢？在 XML 文件中使用的语法为：

```
@类名称/字段名
```

例如在<main.xml>文件中要使用<ic_launcher.png>文件图片资源，语法为：

```
@drawable/ic_launcher
```

在 java 程序文件中使用资源索引的语法为：

```
R.类名称.字段名
```

例如在<HelloActivity.java>文件使用<ic_launcher.png>文件图片资源的语法为：

```
R.drawable.ic_launcher
```

这些语法在接下来示例中的配置文件及启动程序文件会实际使用。

2.2.9 AndroidManifest.xml 及其他文件

新建项目时，除了自动产生文件夹基本结构外，还有<AndroidManifest.xml>、<proguard.cfg>及<project.properties>三个文件，如图 2-36 所示。

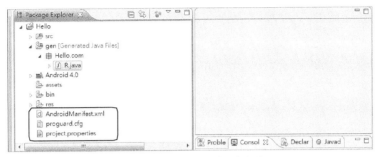

▲图 2-36　自动生成的三个文件

1. <AndroidManifest.xml>文件

<AndroidManifest.xml>文件是 Android 应用程序必备的文件，每个应用程序都要有一个<AndroidManifest.xml>文件，否则会产生错误，其中记录了应用程序的包名称、版本信息、所使用的组件信息、各种权限设置及其他相关的属性信息。

2. <proguard.cfg>文件

目前有许多 Android 应用程序的反汇编程序，可获取已编译过的 Android 应用程序的源代码，使开发者的心血付诸流水。<proguard.cfg>文件是 Android2.3 版以后新增的功能，可以防止 Android应用程序反汇编程序的运行，使开发者所花费的时间和精力更有保障。

3. <project.properties>文件

<project.properties>文件是由系统自动产生，不允许设计者任意变更其内容。此文件的作用是记录应用程序所使用的 Android SDK 版本信息。

2.3　main.xml 布局配置文件

新建项目时系统自动在<res/layout>文件夹产生基本的布局配置文件<main.xml>，内容即是项目应用程序的界面配置。查看<main.xml>文件内容的方法如下。

（1）在 Eclipse 的 Package Explorer 中，双击<res/layout>文件夹下的<main.xml>文件即可打开<main.xml>文件，如图 2-37 所示：

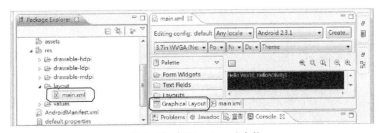

▲图 2-37　打开 main.xml 文件

（2）系统默认是 GraphicalLayout 模式，可以查看各组件实际显示的状况，也可以通过拖曳的方式创建组件。点击 main.xml 标签就会显示程序代码，如图 2-38 所示。

▲图 2-38　点击 main.xml 标签

```
<res/layout/main.xml>

<?xml version="1.0" encoding="utf-8"?>
<LinearLayout xmlns:android="http://schemas.android.com/apk/res/android"
    android:orientation="vertical"
    android:layout_width="fill_parent"
    android:layout_height="fill_parent"
    >
<TextView
    android:layout_width="fill_parent"
    android:layout_height="wrap_content"
    android:text="@string/hello"
    />
</LinearLayout>
```

> 布局配置文件是项目执行时的门面，一定要多加练习。

2.3.1　LinearLayout 布局标签

<main.xml>布局配置文件默认是以 LinearLayout 进行界面的布局，语法如下：

```
<LinearLayout xmlns:android="http://schemas.android.com/apk/res/android">
……………………
</LinearLayout>
```

在布局配置文件中最外层会有一个布局组件来定义组件的排列方式，其中 LinearLayout 线性布局是最常用的，也是默认的布局方式。LinearLayout 布局中的组件会一个接一个由上而下、由左而右做线性排列。其他较常使用的界面布局组件有 AbsoluteLayout（绝对位置布局）、RelativeLayout（相对位置布局）、TableLayout（表格式布局）及 FrameLayout（框架式布局）。

1. android:orientation 属性

在布局配置文件的标签中，属性前面都会有一个"android"作为前导。其中 LinearLayout 布局组件的 orientation 属性代表组件的排列方向："vertical"为垂直排列，"horizontal"为水平排列，默认为水平排列。例如在 LinearLayout 组件中有两个按钮组件，不同 orientation 属性值结果如图 2-39 所示。

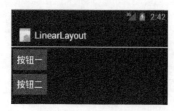

▲图 2-39　orientation 为 vertical 和 orientation 为 horizontal

2. android:layout_width 和 android:layout_height 属性

layout_width 属性设置布局组件的宽度，layout_height 属性设置布局组件的高度，此处两个属性值皆为"fill_parent"，意为填满整个上一层组件。此布局组件在此配置界面的最前面，其上一层组件为屏幕，所以此布局组件会填满整个屏幕。

2.3.2 TextView 组件

新建项目时为了可以直接执行项目并显示消息，系统为默认的配置文件添加了一个 TextView 组件，用来显示欢迎消息。

TextView 组件是大部分 Android 学习者最先接触到的组件，因为系统会为新增加的项目自动加入此组件。TextView 组件的主要功能是在屏幕上显示文字，详细内容将在下一章说明，此处仅讲解程序中使用的三个属性。

```
<TextView android:layout_width="fill_parent"
   android:layout_height="wrap_content"
   android:text="@string/hello"
   />
```

layout_width 及 layout_height 属性表示组件的宽度及高度。宽度的设置值为"fill_parent"，因为上一层组件为 LinearLayout，它的宽度为整个屏幕宽度，所以 TextView 的宽度也是整个屏幕宽度。高度的设置值为"wrap_content"，意思是高度会随内容而定，也就是会 TextView 组件会根据字号及文字行数自动调整组件的高度。

text 属性是 TextView 组件最重要的属性，功能为设置显示的文字内容。此处的属性值为"@string/hello"，意思是要获取资源中 string 类里 hello 字段的值，此资源定义在<res/values>文件夹的<strings.xml>文件中：

```
<string name="hello">Hello World,HelloActivity!</string>
```

也就是 text 属性值为"HelloWorld,HelloActivity!"，所以执行此项目的结果是在屏幕上显示"HelloWorld,HelloActivity!"，如图2-40 所示。

如果修改<main.xml>中 hello 项目的字符串值，则显示在屏幕的文字会随着改变，最重要的是也可以显示中文！

▲图 2-40　显示文字内容

2.4 启动程序文件

新建项目时，系统自动创建的程序文件是以项目名称加上"Activity"作为文件名，Android的程序文件的扩展名为"java"，例如本示例的项目名称为 Hello，自动产生的程序文件为<HelloActivity.java>，此程序文件就是执行本项目时的入口点，即首先执行的程序文件。

2.4.1 Activity 简介

Activity 是什么？可以把 Activity 看成是开发者与用户之间的交互式界面，类似于 VB 或 C# 平台上的 Form 类，或者网站中的网页。

网页是具有文字、图形、动画、影音或者窗体输入的页面，网站用户必须要通过网页界面才可以进一步地操作网站提供的功能。现在交互式网页通常会使用 CodeBehind 技术，即页面设计与处理网站功能的程序代码分别放在不同的文件中，方便美工与程序员协同工作。

Activity 的界面设计也采类似方法，将页面所需的各种组件放在布局配置文件，程序文件则专注于功能处理。Activity 与网页在开发上主要的不同点是，网页的画面设计以 HTML 设计，程序则可以使用 ASP、PHP、Asp.Net 等处理；而 Activity 的界面是以 XML 设计，程序则使用 Java 处理。

2.4.2　启动程序文件内容

以下为<HelloActivity.java>的内容，下面将分段进行说明：

```
package Hello.com;

import android.app.Activity;
import android.os.Bundle;

public class HelloActivity extends Activity{
    /**Called when the activity is first created.*/
    @Override
    public void onCreate(
    BundlesavedInstanceState){
        super.onCreate(savedInstanceState);
        setContentView(R.layout.main);
    }
}
```

1．引入包名称

为了避免应用程序的类、变量等名称与其他程序重复造成错误，所有 Android 程序代码的第一行都必须加上该应用程序的包名称。

```
package Hello.com;
```

请特别注意：Android 程序行是以"分号"作为结束，在每一行程序最后要加上";"号，这是初学者最容易犯的错误。

Android 将组件放在不同的包中，当使用到某些组件时，必须引入（Import）对应的包才能使用该组件，否则会产生错误。上述两个包是每一个 Activity 都要用到的，所以系统自动产生。

```
import android.app.Activity;
import android.os.Bundle;
```

到底要引入哪一个包是设计者非常头痛的问题，在 Eclipse 集成开发环境中，系统会检查是否有使用到的包尚未引入，提示设计者引入，同时还提供简易的引入方法，详细操作方法将在后面章节讲解。

2．继承 Activity 类

这是程序的主体，可见到应用程序也是一个以程序名（HelloActivity）命名的类（class）。

```
public class HelloActivity extends Activity{
    ...........................
}
```

"public"表示此类可由外部调用，"extends Activity"为本类继承 Activity 类，所以本应用程序具备 Activity 类的所有方法及属性。

```
/**Called when the activity is first created.*/
```

"/*……*/"是多行注释符号，在此符号中的程序代码将不会被执行。另有单行注解符号为"//"，使用上较为方便。

由于此处注释的程序代码只有一行，所以可改写为：

```
//Called when the activity is first created.
```

是否简洁多了？

3. onCreate 方法

onCreate 方法是启动 Activity 时就会执行的方法，即执行应用程序就是执行 onCreate 方法的内容。

```
@Override
public void onCreate(BundlesavedInstanceState){
    .....................
}
```

在 Activity 类中必须实现 onCreate 方法，"@Override"表示要"重载"onCreate 方法，即执行程序时要使用设计者编写的 onCreate 方法，而不是继承自 Activity 类的 onCreate 方法。

onCreate 方法中传递的参数类型为"Bundle"，此类型较为复杂，功能与内存管理有关，当应用程序启动、切换背景、传送数据等都与 Bundle 相关；参数名称"savedInstanceState"则可以更改。初学者在新建程序文件时，直接套用此段程序代码即可。

```
super.onCreate(savedInstanceState);
```

"super"的意义是上一层类，因本类继承 Activity 类，所以 super 代表 Activity 类，此行程序是执行 Activity 类的 onCreate 方法。Activity 类的 onCreate 方法不是已经被重载了吗？为什么还要执行呢？

Activity 类的 onCreate 方法设置了许多启动 Activity 时必须执行的工作，如果没有执行，Activity 会产生错误。所以使用"super.onCreate"的意思是要执行原来的 onCreate 方法。

先用"@Override"重载方式执行自定义方法的程序代码，再用"super"执行原继承类方法程序代码，这种兼顾的方式在开发程序时经常使用。

```
setContentView(R.layout.main);
```

setContentView 方法会将布局配置文件的内容显示在屏幕上。"R.layout.main"表示<res/layout>文件夹中的<main.xml>文件资源，此行程序将<main.xml>文件中的布局配置及组件显示在屏幕上。

我们已经认识了布局配置文件与启动程序文件的内容，以及程序在运行时文件的角色与功能，接下来就要开始进行界面组件的实现与学习，让我们一起加油吧！

🎓 扩展练习

1. （　　　）下列哪一个会在用户安装应用程序后显示于应用程序列表图标下方？
   （A）Application Name　　（B）Package Name　　（C）Activity Name　　　（D）Project Name
2. （　　　）下列哪一个不是合法的 Package Name？
   （A）Hello　　　　　　（B）Hello.com　　　　（C）hello.com　　　　　（D）Hello.apple.fruit
3. （　　　）下列哪一个名称必须是唯一的名称？
   （A）Application Name　　（B）Package Name　　（C）Activity Name　　　（D）Project Name
4. （　　　）新建新项目时，下列哪一个不是系统自动产生的文件夹？
   （A）res　　　　　　　（B）gen　　　　　　　（C）source　　　　　　（D）assets

5. （　　）Android 项目中通常将图形文件放在哪个文件夹中？

（A）src/drawable　　　　（B）res/layout　　　　（C）res/graghic　　　　（D）res/drawable

6. （　　）新建新项目时，系统自动产生的配置文件是哪一个？

（A）values.xml　　　　（B）layout.xml　　　　（C）avtivity.xml　　　　（D）main.xml

7. （　　）Android 系统为索引资源创建的索引保存于哪一个文件中？

（A）Activity.java　　　　（B）layout.xml　　　　（C）R.java　　　　（D）main.xml

8. （　　）Android 系统的非索引资源保存于哪一个文件夹中？

（A）res　　　　（B）gen　　　　（C）src　　　　（D）assets

9. （　　）Android 程序行是以什么符号作为结束？

（A）逗号（,）　　　　（B）分号（;）　　　　（C）句号（.）　　　　（D）冒号（:）

10. （　　）Android 程序行的注释符号是什么？

（A）'　　　　（B）*　　　　（C）//　　　　（D）#

第 3 章　认识基本的界面组件

TextView、EditText 和 Button 这三个界面组件是应用程序中最常使用的组件，TextView 可以显示消息，例如数据的字段名或计算结果，EditText 提供用户输入数据，而 Button 则可以在用户点击按钮后，执行处理的方法。

学习重点

- TextView 界面组件
- EditText 界面组件
- Button 界面组件
- 多按钮共享事件

3.1 TextView 界面组件

Android 的界面组件都是布局在<res/layout/main.xml>配置文件中的，最主要的功能是显示程序的布局。TextView 可以说是最基础的界面组件，它的功能是在界面上显示消息，但不允许输入数据。

3.1.1 新建示例项目

在 Eclipse 中选择菜单 File/New/Project/Adroid Project 后进入 NewAndroid Project 对话框。

（1）输入项目信息，在 Project Name 字段输入 "Example1"，选中 Use default location 复选框，最后点击 Next 按钮，如图 3-1 所示。

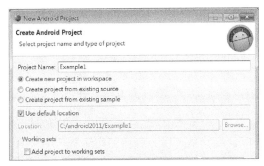

▲图 3-1　新建示例项目

（2）选择 Android SDK 版本为 Android4.0，点击 Next 按钮，如图 3-2 所示。

▲图 3–2 选择 SDK 版本

（3）最后输入项目名称及最低版本：其中 Application Name 及 Create Activity 值会自动产生。在 Package Name 字段输入 "Example1.com"，在 Minimum SDK 字段输入 "14"，点击 Finish 按钮开始生成项目，如图 3-3 所示。

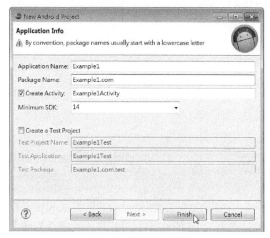

▲图 3–3 输入项目信息

本章在操作时仍会详细说明新建项目的方式，读者要尽快熟悉这个操作，因为接下来的章节对于项目的新建就不再详细介绍。

3.1.2 TextView 的语法与常用属性

1. TextView 的语法

其实构建 TextView 界面组件的语法是 xml，它的标准语法如下所示。

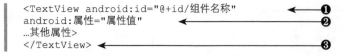

```
<TextView android:id="@+id/组件名称"          ❶
android:属性="属性值"                          ❷
…其他属性>
</TextView>                                    ❸
```

❶ 开头标签 <TextView...> 表示加入组件的类型，android:id 是组件的名称，格式为："android:id="@+id/组件名称""。在这里可以为组件名称注册一个 "识别代码（id）"，当程序要使用组件的资源时，就可以直接利用这个代码找到它。在设置时要注意设置识别代码是不能重复的，不过如果程序中并不会使用这个组件时可以不设置组件名称及代码。

❷TextView 较常用的属性为 android:layout_width、android:layout_height 表示组件的宽和高，android:text 则表示显示消息的内容。

❸</TextView>表示结束这个标签。

例如如果要建立一个名称为"MyTextView"的 TextView 组件，显示内容是"这是我的第一个 Android 程序"，组件的宽和高根据显示文字自行调整。

```
<TextView
android:id="@+id/MyTextView"
android:text="这是我的第一个 Android 程序"
android:layout_width="wrap_content"
android:layout_height="wrap_content">
</TextView>
```

因为 TextView 并不是一个容器类的组件，在 xml 语法中不属于容器类的组件可以使用较简略的语法结束标签，即在组件属性最后的">"前加上"/"，也就是以"/"取代"</TextView>"结束标签。语法格式如下：

```
<TextView android:id="@+id/MyTextView"
android:text="这是我的第一个 Android 程序"
android:layout_width="wrap_content"
android:layout_height="wrap_content"/>
```

2. TextView 常用属性

TextView 提供许多属性来设置其特性。常用的属性如下表所示。

属性名称	对应的 xml 程序代码	说　　明
Height	android:layout_height	设置文字的高度，单位为 dp。 fill_parent 和 match_parent 相同，都是填满整个外框；wrap_content 高度根据文字高度自动调整
Width	android:layout_width	设置文字的宽度，单位为 dp。 fill_parent 和 match_parent 相同，都是填满整个外框；wrap_content 宽度根据文字宽度自动调整
Text	android:text	设置显示的文字内容
Id	android:id	设置组件的名称
Textcolor	android:textColor	设置文字的颜色。颜色以"#RGB"格式表示，"#"后面接着以 6 个 16 进位的数字，每两码分别代表"红"、"绿"、"蓝"。例如:#FF0000 为红色
Textsize	android:textSize	设置文字的大小，单位为 sp

3.1.3　在 Graphical Layout 编辑区新增 TextView

新增界面组件的方法有两种：第一种方法是在 Graphical Layout 编辑区中使用界面组件区加入组件；第二种方法是直接在<main.xml>的标签页中以 xml 的语法加入组件。

1. 调整 Graphical Layout 编辑区

在<Example1>项目打开<res/layout/main.xml>，选择 Graphical Layout 进入编辑区，先调整一下编辑界面，如图 3-4 所示。

❶选择 GraphicalLayout 界面编辑区进行编辑。

❷确定 Android 的版本，默认是 4.0。

❸在主菜单上单击 Window/ShowView/Outline 启动 Outline 窗口。

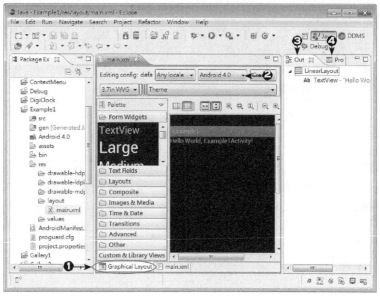

▲图 3-4　调整编辑界面

❹单击 Window/ShowView/Other，然后在对话框中选择 General/Properties 启动 Properties 属性窗口。

在编辑区中可根据自己的习惯调整窗口的位置，例如许多人喜欢将 Properties 属性窗口放在右侧。

2. 在界面组件区拖曳组件

在界面组件区选择 Form Widgets 的 TextView 组件，拖曳到编辑区适当位置后放开即会产生一个 TextView 组件，如图 3-5 所示。

▲图 3-5　拖曳组件

3. 在 Properites 窗口设置属性

默认 Id 属性为 "@+id/textView1"，Text 的属性为 "TextView"。如图 3-6 所示。

▲图 3-6　默认属性

修改以下属性：Text 属性为"Hello,Android"，Textsize 属性为"24sp"，Textcolor 属性为"#00FF00"（绿色），编辑区的 TextView 组件即以设置的文字、尺寸及颜色来显示。如图 3-6 所示。

▲图 3-7　修改属性

Eclipse 会自动将在 Properites 窗口中所设置的属性值，转化为 xml 的设置值写到<main.xml>布局配置文件中，选择<main.xml>标签切换到源文件的状态下，检查自动加入的设置值。如图 3-8所示。

你可以发现刚设置显示文字、文字尺寸及文字颜色的值都自动加入到源代码当中。

```
<TextView
android:id="@+id/textView1"
android:layout_width="wrap_content"
android:layout_height="wrap_content"
android:text="Hello,Android!"
android:textSize="24sp"
android:textColor="#00FF00">
</TextView>
```

Graphical Layout 界面编辑很方便啊！

▲图 3-8　切换到源文件

3.1.4 使用 xml 语法新增 TextView

你可以直接在<main.xml>的标签页中以 xml 的语法进行新增。接着刚才的操作，选择<main.xml>的标签页显示源代码，我们准备在刚才新增的 textView1 组件下方以 xml 语法新增一个名称为"MyTextView"的 TextView 组件。并按下面表格内容对相关属性进行设置。

属　　性	属　性　值	说　　明
Text	欢迎来到 Android 的程序世界	设置显示内容
TextColor	#FFFF00	设置显示文字为黄色
TextSize	18sp	大小 18Pixel
Width	200dp	宽度 200Pixel
Height	30dp	高度 30Pixel

在<main.xml>的建立内容如下：

```
…略
<TextView android:id="@+id/MyTextView"
android:layout_width="fill_parent"
android:layout_height="wrap_content"
android:text="欢迎来到 Android 程序世界"
android:textColor="#FFFF00"
android:height="30dp"
android:width="200dp"
android:textSize="18sp"/>
…略
```

保存项目后，按 Ctrl+F11 执行项目。如图 3-9 所示。

▲图 3-9 执行项目

建议初学者建立组件的方式

如果直接在<main.xml>标签页中输入 xml 语法来建立组件，对初学者难度较高，也较易出错。建议在刚开始练习时，可以先由界面组件区拖曳所需的组件到编辑区中，并利用 Properties 窗口进行属性的初步设置。如果有需要进一步调整，可以再切换至<main.xml>标签页中编辑。

不管是在 Graphical Layout 标签页或是<main.xml>标签页，所有的更改都是同步的。也就是说，你可以在 Graphical Layout 标签页使用属性窗口设置，也可以在<main.xml>标签页使用 xml 代码输入。

不过因为所有的组件属性都会集中在<main.xml>标签页中，使用 XML 代码的解读最为清楚，初学者应多练习对于源代码的熟悉与阅读，以方便将来的学习。

3.2 EditText 界面组件

EditText 界面组件的功能是提供用户输入数据，也可以设置输入数据的类型。

3.2.1 EditText 的语法与常用属性

1. EditText 的语法

只要在<res/layout/main.xml>中输入标准语法，即可以在程序中加入 EditText 界面组件。EditText 界面组件的标准语法如下：

```
<EditText android:id="@+id/组件名称"
android:属性="属性值"
…其他属性>
</EditText>
```

也可以改用较省略的语法：

```
<EditText android:id="@+id/组件名称"
```

```
android:属性="属性值"
...其他属性/>
```

例如要建立一个名称为"edtScore"的 EditText 组件，默认显示内容为空字符串，组件的宽度会填满整个外框，高度根据文字高度自动调整。

```
<EditText android:id="@+id/edtScore"
android:text=""
android:layout_width="fill_parent"
android:layout_height="wrap_content"/>
```

如果希望程序一开始执行时就使该 EditText 组件获得焦点，必须加入<requestFocus>标签强制获取输入焦点。不过因为这个<requestFocus>标签并不是属性，要将它包含在 EditText 标签中，必须使用完整的</EditText>结束标签。

```
<EditText android:id="@+id/edtScore"
...>
<requestFocus></requestFocus>
</EditText>
```

2. EditText 常用属性

属性名称	对应的 XML 程序代码	说　　明
Lines	android:lines	设置最多可以显示的行数
Editable	android:editable	是否可输入文字
Enabled	android:enabled	设置组件是否可用

Numeric	android:numeric	设置数值输入的格式，integer 设置输入值为整数，signed 设置输入值为带正负数符号的数字，decimal 设置可输入带小数点的数字。例如:设置可输入数值。
		`android:numeric="integer"`
		也可以使用"|"设置同时选择多项输入的格式。例如:设置可输入数值和带正负数符号的数字。
		`android:numeric="integer|signed"`

Password	android:password	文字输入后以密码显示输入的文字
Phonenumber	android:phoneNumber	只可以输入电话号码，包含 10~9、"+"、"-"、"#"、"*"等字符
Singleline	android:singleline	false 可输入多行，true 只能输入一行
inputType	android:inputType	这是一个相当重要的属性，可以限定输入数据的类型，以下是常用的设置类型: text　可输入所有字符 textUri　可输入网址 textEmailAddress　可输入电子邮件 textPassword　可输入密码 number　可输入 0~9 的数字 date　可输入日期（0~9、"/"） time　可输入时间（0~9、":pam"） phone　可输入电话号码 若要同时使用多项输入的格式，可以在设置之间加入"|"。例如:设置可输入日期和时间。 `android:inputType="date|time"`
Hint	android:hint	输入字段为空时显示的提示信息

3.2.2 新增 EditText 组件

根据 3.1.1 的说明新建一个项目::"Example2"。接着打开<res/layout/main.xml>布局配置文件,选择<main.xml>标签页显示源代码,如图 3-10 所示。

删除默认的 TextView 组件,接着要新增 8 个 EditText 组件,分别可供用户输入任意字符、数字、日期、时间、电话、密码、网址及电子邮件,请参考以下的源代码:

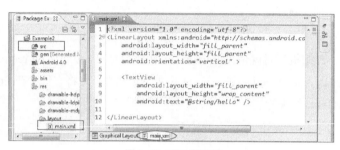

▲图 3-10 显示源代码

```
<Example2/res/layout/main.xml>
<?xmlversion="1.0"encoding="utf-8"?>
<LinearLayout xmlns:android="http://schemas.android.com/apk/res/android"
    android:orientation="vertical"
    android:layout_width="fill_parent"
    android:layout_height="fill_parent">
<EditText android:layout_width="fill_parent"
    android:layout_height="wrap_content"
    android:id="@+id/editText1"
    android:hint="请输入任意字符"/>
<EditText android:layout_width="fill_parent"
    android:layout_height="wrap_content"
    android:id="@+id/editText2"
    android:hint="请输入整数"
    android:inputType="number"/>
<EditText android:layout_width="fill_parent"
    android:layout_height="wrap_content"
    android:id="@+id/editText3"
    android:hint="请输入日期, 格式年/月/日"
    android:inputType="date"/>
<EditText android:layout_width="fill_parent"
    android:layout_height="wrap_content"
    android:id="@+id/editText4"
    android:hint="请输入时间, 格式时:分:秒"
    android:inputType="time"/>
<EditText android:layout_width="fill_parent"
    android:layout_height="wrap_content"
    android:id="@+id/editText5"
    android:hint="请输入电话"
    android:inputType="phone"/>
<EditTex tandroid:layout_width="fill_parent"
    android:layout_height="wrap_content"
    android:id="@+id/editText6"
    android:hint="请输入密码"
    android:inputType="textPassword"/>
<EditText android:layout_width="fill_parent"
    android:layout_height="wrap_content"
    android:id="@+id/editText7"
    android:hint="请输入网址"
    android:inputType="textUri"/>
<EditText android:layout_width="fill_parent"
    android:layout_height="wrap_content"
    android:id="@+id/editText8"
    android:hint="请输入电子邮件"
    android:inputType="textEmailAddress"/>
</LinearLayout>
```

保存项目后，按 Ctrl+F11 组合键执行项目，并试着在各个 EditView 组件上输入相关的数据。如图 3-11 所示。

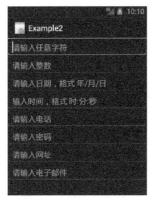

▲图 3-11　执行项目

目前程序代码都是利用 EditText 组件的 inputType 属性来设置输入数据的类型，其实也可以利用 EditText 的属性直接设置，例如数字字段也可以修改如下：

```
<EditText android:layout_width="fill_parent"
    android:layout_height="wrap_content"
    android:id="@+id/editText2"
    android:hint="请输入整数"
    android:numeric="integer"/>
```

其他如 android:password 及 android:phoneNumber 属性也可以代替 inputType 属性值：textPassword 及 phone 的使用。

3.3　Button 界面组件

Button 界面组件的功能是提供点击按钮，通过设置的监听事件，执行指定的动作。

3.3.1　Button 的语法

只要在<res/layout/main.xml>中输入标准语法，即可以在程序中加入 Button 界面组件。Button 界面组件的标准语法如下：

```
<Button android:id="@+id/组件名称"
android:属性="属性值"
…其他属性/>
```

例如：创建 Button 组件，名称为"btnDo"，默认显示在按钮上的文字为"执行"，Button 组件的宽度会填满整个外框，高度由文字高度自动调整。

```
<Button android:id="@+id/btnDo"
android:text="执行"
android:layout_height="wrap_content"
android:layout_width="fill_parent"/>
```

3.3.2　新增 Button 组件

按照 3.1.1 的说明新建一个项目："Example3"，接着打开<res/layout/main.xml>布局配置文件，选择<main.xml>标签页显示源代码，如图 3-12 所示。

▲图 3-12　显示源代码

删除默认的 TextView 组件，接着新增一个 TextView 组件来显示消息，以及一个 Button 界面组件准备来设置动作，参考以下的源代码：

```
<Example3/res/layout/main.xml>
<?xmlversion="1.0"encoding="utf-8"?>
<LinearLayout xmlns:android="http://schemas.android.com/apk/res/android"
    android:orientation="vertical"
    android:layout_width="fill_parent"
    android:layout_height="fill_parent"
    >
    <TextView android:layout_height="wrap_content"
        android:layout_width="fill_parent"
        android:id="@+id/textView1"android:text="显示消息"
        android:textColor="#FFFF00"android:textSize="18dp"/>
    <Button android:layout_height="wrap_content"
        android:layout_width="fill_parent"
        android:id="@+id/button1"
        android:text="请按我"/>
</LinearLayout>
```

保存项目后，按 Ctrl+F11 组合键执行项目，如图 3-13 所示。

▲图 3-13　执行项目

点击画面上的按钮，你会发现没有任何反应。刚才所有的组件都是设置在<main.xml>布局配置文件中，它的功能是设置显示的组件，所以如果没有进一步的设置，是无法执行判断、运算并显示执行结果的。

接着我们将要带领你完成一个简单的程序，当按钮被点击后能在画面上有所响应，也为接下来整合应用示例打下基础。

3.4　使用 Button 组件执行程序

在 Android 中程序是如何开始运行的呢？一般来说大都是在点击界面的按钮时开始进行，这个时候会有如下的两个问题。

（1）如果界面上按钮不只一个，用户到底是点击了哪个按钮呢？

（2）点击按钮后要做什么？

3.4.1 组件的身份证：资源类文件

当我们在界面上点击按钮时，程序怎么才知道是点击了哪个按钮？当要对界面上字段中的数字进行计算，程序怎么知道要使用的是哪个字段中的值？程序开发时如何在界面中找到指定的组件进而取得所属的值是很重要的。

1. 认识 android:id

还记得在新增组件时，有一个 android:id 属性，这个属性就是为组件设置一个特有的标识符，这个标识符不能与界面上其他组件的标识符重复，就像是身份证一样，未来可以直接使用这个标识符在界面上找到所指定的组件。

2. 资源类文件：R.java

android:id 属性的设置格式为："android:id="@+id/组件名称""，其中"组件名称"即是组件标识符。在 Android 中当我们为组件设置标识符之后，系统会自动在<gen/[Packagename]/R.java>文件中进行注册的动作。

例如在<Example3>项目新增的 TextView 与 Button 组件都设置了 android:id 属性值：

```
<res/layout/main.xml>

…略
    <TextView android:layout_height="wrap_content"
        android:layout_width="fill_parent"
        android:id="@+id/textView1"
        android:text="显示消息"
        android:textColor="#FFFF00"
        android:textSize="18dp"/>
    <Button android:layout_height="wrap_content"
        android:layout_width="fill_parent"
        android:id="@+id/button1"
        android:text="请按我"/>
…略
```

在<gen/ Example3.com/R.java>中即可以看到：

```
<Example3/gen/Example3.com/R.java>

packageExample3.com;
public final class R{
    public static final class attr{
    }
    public static final class drawable{
        public static final int icon=0x7f020000;

    }
    public static final class id{
        public static final int button1=0x7f050001;
        public static final int textView1=0x7f050000;
    }
    public static final class layout{
        public static final int main=0x7f030000;

    }
    public static final class string{
```

当组件加入后，资源文件的内容会自动产生喔！

```
        public static final int app_name=0x7f040001;
        public static final int hello=0x7f040000;
    }
}
```

<R.java>称为资源文件，是用来记录程序中所有的资源标识符。它是由系统编译自动产生，用户不可以擅自修改。

3. 在界面上找到组件的方法

资源的标识符是一串 16 进位的数字，例如：button1 的 id 值是 0x7f050001。但是在使用时这样的数字实在太难记了，这里建议利用 id 的名称来找到组件。因为它是放在资源文件 R 的 id 类中，id 的完整名称为"R.id.识别名称"。

系统提供"findViewByID()"方法可由组件的 id 找到指定的组件，这有点像是根据身份证字号查出姓名一样。findViewByID()的语法如下：

```
findViewByID(R.id.识别名称);
```

例如：根据 R.id.button1 找到指定的组件，其语法如下：

```
findViewByID(R.id.button1);
```

3.4.2　Button 组件触发事件的程序

1. 程序文件的位置

在 Android 项目中关于程序判断、运算与执行的动作都必须写在<[Projectname]/src/[Packagename]/[Activity].java>的程序文件当中，例如以目前项目来看，它的程序文件完整路径即为<src/Example3.com/Example3Activity.java>。

2. 程序执行的流程

一般来说程序的执行流程大致如下所示。

（1）在程序中根据 id 编号取得需要使用的界面组件。

（2）为该组件设置要监听的动作以及触发时要执行的方法名称。

（3）设置执行方法的程序内容。

以<Example3>项目为例，我们希望在点击界面中的按钮后显示自定义的消息。所以程序的流程就是使用 id 值先找到界面中的"button1"按钮，以及显示消息的"textView1"文本框。然后在该按钮上加上单击事件的监听，并设置单击时的执行的自定义方法。最后是设置自定义方法的内容，将"textView1"中的文本框中显示的内容换成我们要的消息，如图 3-14 所示。

▲图 3-14　程序的执行流程

3.4.3 加入 Button 执行程序代码

在了解了 Button 组件触发事件的程序之后，下面将程序加入，打开<src/Example3.com/Example3Activity.java>。

1. 建立全局变量

第一步是要在程序中通过 id 编号取得需要使用的界面组件。在找到组件后必须将内容保存到变量当中，而这个变量又可能要在不同的方法中进行访问，所以必须以全局变量进行声明。声明变量的格式如下：

```
Private 类型变量名称;
```

例如，要新增一个 btnDo 变量来接收按钮组件的内容，其语法如下：

```
private Button btnDo;
```

回到示例中，我们要声明两个全局变量来接收界面上的文本框及按钮两个组件：

```
<Example3/src/Example3.com/Example3Activity.java>

package Example3.com;

import android.app.Activity;
import android.os.Bundle;
import android.view.View;
import android.widget.Button;                              ❶
import android.widget.TextView;

public class Example3Activity extends Activity{
    /**Called when the activity is first created.*/
    private Button btnDo;                                  ❷
    private TextView txtShow;
    @Override
    public void onCreate(BundlesavedInstanceState)
    {
        super.onCreate(savedInstanceState);
        set ContentView(R.layout.main);
    }
}
```

❶声明两个变量：btnDo 及 txtShow 接收按钮及文本框组件的内容。你可能已经注意到它声明的位置在其他方法体外，表示这个变量在以下的方法中都可以被使用。

❷因为使用到 Button 及 TextView，所以要引入相关的包。

2. 利用 id 编号取得界面组件

在程序中一开始就会执行的即是 onCreate 方法，一般来说我们会将取得界面组件、设置组件监听动作的程序代码写在这个地方。

在当前的示例中我们必须找到 Button 及 TextView 界面组件，并保存到刚才声明的变量中，这里必须利用 findViewById()取得 R.java 资源文件中的界面组件：

```
续: <Example3/src/Example3.com/Example3Activity.java>
    …略
    public void onCreate(BundlesavedInstanceState){
        super.onCreate(savedInstanceState);
        set ContentView(R.layout.main);
        //取得界面组件
        btnDo=(Button)findViewById(R.id.button1);
        txtShow=(TextView)findViewById(R.id.textView1);
    }
```

3. 为按钮组件设置要监听的动作以及触发时要执行的方法名称

程序可以为组件动作加入监听的动作，例如按钮可以设置的是点击的监听动作并加上触发时要执行的方法名称，格式如下：

```
组件变量.setOnClickListener ( 执行方法名称 );
```

例如在这个示例中，我们要为 btnDo 组件加入点击的监听动作并在触发时执行 btnDoListener 自定义方法，在 onCreate 方法中最后加入这个监听：

```
续: <Example3/src/Example3.com/Example3Activity.java>
    …略
    btnDo.setOnClickListener(btnDoListener);
    …略
```

4. 加入触发时要执行自定义方法

自定义方法来处理按钮被点击后的功能，格式如下：

```
private Button.OnClickListener 方法名称=
        newButton.OnClickListener(){
        public void onClick(View v){
                //TODO Auto-generated method stub
                程序内容
        }
};
```

在自定义方法的最后要加上 ";" 分号，否则会无法正确执行，这要特别注意。

由于 onClick(View v) 方法中，接收 View 类型参数 v，因此必须加入其包。

```
import android.view.View;
```

回到示例，我们在自定义 btnDoListener 方法中设置 onClick() 时会执行的动作：当点击按钮后会以 txtShow.setText() 显示 "你按到我了!" 的消息。

```
续: <Example3/src/Example3.com/Example3Activity.java>

private Button.OnClickListenerbtnDoListener
        =newButton.OnClickListener(){
    public void onClick(View v){
        //TODO Auto-generated method stub
        txtShow.setText("你按到我了!");
    }
};
```

5. 示例完整程序代码及结果预览

以下便是完整的程序代码内容，在完成后保存项目。

```
<Example3/src/Example3.com/Example3Activity.java>

package Example3.com;

import android.app.Activity;
import android.os.Bundle;
import android.view.View;
import android.widget.Button;
import android.widget.TextView;

public class Example3Activity extends Activity{
    /**Called when the activity is first created.*/
    private Button btnDo;
    private TextView txtShow;
    @Override
```

```
public void onCreate(BundlesavedInstanceState)
    {
    super.onCreate(savedInstanceState);
    setContentView(R.layout.main);
    //取得界面组件
    btnDo=(Button)findViewById(R.id.button1);
    txtShow=(TextView)findViewById(R.id.textView1);

    //为Button组件加入Click事件的侦听，触发时执行自定义方法btnDoListener
    btnDo.setOnClickListener(btnDoListener);
}
private Button.OnClickListenerbtnDoListener=new
Button.OnClickListener(){
    public void onClick(View v){
        //TODO Auto-generated method stub
        txtShow.setText("你按到我了!");
    }

};
}
```

保存项目后，按 Ctrl+F11 组合键执行项目，如图 3-15 所示。

▲图 3-15 执行项目

3.5 综合演练：计算美国职棒大联盟投手的球速

美国职棒大联盟比赛中，大联盟投手的球速很快，但因为是以英里计算，总是无法像公里计算上这么亲切。在这个示例中，将以这 TextView、EditText、Button 界面组件，完成英里和公里的转换，如图 3-16 所示。

▲图 3-16 英里公里转换

3.5.1 新建项目并完成布局

在新建<MileToKm>项目后打开<res/layout/main.xml>布局配置文件，我们要在界面上新增一个 EditText 组件供用户输入英里数，一个 TextView 组件来显示转换后的公里数，一个 Button 组件供用户点击。

```
<MileToKm/res/layout/main.xml>

<?xmlversion="1.0"encoding="utf-8"?>
<LinearLayout xmlns:android="http://schemas.android.com/apk/res/
    android"
    android:orientation="vertical"
    android:layout_width="fill_parent"
    android:layout_height="fill_parent">
    <TextView android:id="@+id/txtMile"
    android:layout_height="wrap_content"
    android:layout_width="fill_parent"
    android:text="英里: "
    android:textColor="#00FF00"
    android:textSize="20sp"/>


    <EditText android:id="@+id/edtMile"
    android:layout_width="fill_parent"
    android:layout_height="wrap_content"/>

    <TextView android:id="@+id/txtKm"
    android:layout_width="fill_parent"
    android:layout_height="wrap_content"
    android:textSize="20sp"
    android:textColor="#00FF00"/>

    <Button android:id="@+id/btnTran"
    android:layout_height="wrap_content"
    android:layout_width="fill_parent"
    android:text="转换"/>

</LinearLayout>
```

3.5.2　加入 Button 执行程序代码

打开<src/MileToKm.com/MileToKmActivity.java>进行编辑。

```
<MileToKm/src/MileToKm.com/MileToKmActivity.java>

package MileToKm.com;

import android.app.Activity;
import android.os.Bundle;
import android.view.View;
import android.widget.Button;            ❶
import android.widget.EditText;
import android.widget.TextView;


public class MileToKmActivity extends Activity{
    /**Called when the activity is first created.*/
    private EditText edtMile;            ❷
    private TextView txtKM;
    private Button btnTran;
    @Override

public void onCreate(BundlesavedInstanceState){
    super.onCreate(savedInstanceState);
    setContentView(R.layout.main);
    //取得界面组件
    edtMile=(EditText)findViewById(R.id.edtMile);   ❸
    txtKM=(TextView)findViewById(R.id.txtKM);
    btnTran=(Button)findViewById(R.id.btnTran);

    //为 Button 组件加入 Click 事件的监听，触发时执行自定义方法 btnTranListener
    btnTran.setOnClickListener(btnTranListener);     ❹
}
```

```
⑤→  private Button.OnClickListenerbtnTranListener=newButton.
     OnClickListener(){
     @Override
        public void onClick(Viewv){
        //TODO Auto-generated method stub
⑥→  intmiles=Integer.parseInt(edtMile.getText().
        toString());
⑦→    doublekm=1.61*(double)miles;
⑧→  txtKM.setText("时速"+km+"公里");
        }
   }; ←    ⑨
   }
```

❶因为使用到 Button、EditText 及 TextView，所以要引入相关的包。

❷声明三个全局变量：edtMile、txtKM 及 btnTran 来接收按钮及文本框组件的内容，这里我们特意将变量名称设置为与界面上的组件相同。

❸接着在 onCreate 方法中利用 findViewById()取得的 edtMile、txtKM 及 btnTran 界面组件并保存到刚才声明的三个变量中。

❹为按钮 btnTran 组件加入点击动作的监听，在触发时执行 btnTranListener 自定义方法，在 onCreate 方法中最后加入这个监听。

❺自定义 btnTranListener 方法来处理在触发按钮被点击后的功能。

❻新增整型变量 miles，利用 edtMike.getText().toString()取得 edtMike 中所输入的英里数，再利用 Integer.parseInt()转为整数存到 miles 中。

❼新增双精度变量 km，将 mile 英里数乘以 1.61 转换为公里后存到 km 中。

❽利用 txtKM.setText()将 km 的值加上说明文字显示到 txtKM 文本框中。

❾此处一定要加上 ";" 来结束自定义 btnTranListener 方法，否则无法发布程序。

3.6 多按钮共享事件

3.6.1 建立共享的 listener 事件

这里所谓的 listener 就是在对象上加入监听动作触发时所执行的方法，我们可以分别为每一个按钮建立独立的 listener 来监听点击的动作，并再各自定义执行的方法内容。例如分别为 btnPrev 和 btnNext 定义不同的 listener：

```
btnPrev.setOnClickListener(btnPrevListener);
btnNext.setOnClickListener(btnNextListener);
```

这样就需要分别定义 btnPrevListener 及 btnNextListener 的执行内容。对于相同类型的按钮组件，是否可以将所有的执行整合在同一个 listener 中，只要判断点击的是哪个按钮，就进行 listener 里不同的动作即可？例如在原来的代码中我们对于相同类的组件可以只建立一个名为 myListener 的 listener：

```
btnPrev.setOnClickListener(myListener);
btnNext.setOnClickListener(myListener);
```

接下来我们只要针对共同的 listener 编写程序内容即可。但是问题来了，在这个共享的 listener 中我们如何分辨是由哪个按钮触发的呢？以刚才的示例为例，我们可以在 myListener 的 onClick() 方法中，通过 View 参数 v 取得触发对象的 id，再以此 id 来辨别不同的触发按钮，并进行不同的处理，程序结构如下：

```
Private Button.OnClickListenermyListner=newButton.OnClickListener(){
    public void onClick(Viewv){
        switch(v.getId())
        {
            case R.id.btnPrev:
            执行程序内容...
            break;
            case R.id.btnNext:
            执行程序内容...
            break;
        }
    }
};
```

多按钮共享事件
是很常用的技巧。

3.6.2　示例：多按钮共享事件

利用按钮可以拨打电话，点击 0、1、2 的按钮，会在 TextView 组件上显示电话号码，所有的按钮都共享一个相同的 myListener 事件，如图 3-17 所示。

1. 新建项目并完成布局

在新建<MultiButton>项目后打开<res/layout/main.xml>界面配置文件，要在界面上配置一个 TextView 组件来显示电话号码，3 个 Button 组件供用户拨号。

▲图 3-17　多按钮共享事件

```
<MultiButton/res/layout/main.xml>

<?xmlversion="1.0"encoding="utf-8"?>
<LinearLayout xmlns:android="http://schemas.android.com/apk/res/android"
    android:orientation="vertical"
    android:layout_width="fill_parent"
    android:layout_height="fill_parent">

    <TextView android:id="@+id/txtShow"
    android:layout_height="wrap_content"
    android:layout_width="fill_parent"

    android:text="电话号码: "
    android:textColor="#00FF00"
    android:textSize="20sp"/>

    <Button
    android:id="@+id/btnZero"
    android:text="0"
    android:layout_height="wrap_content"
    android:layout_width="fill_parent"/>

    <Button android:id="@+id/btnOne"
    android:text="1"
    android:layout_height="wrap_content"
    android:layout_width="fill_parent"/>

    <Button android:id="@+id/btnTwo"
    android:text="2"
    android:layout_height="wrap_content"android:layout_width="fill_parent"/>

</LinearLayout>
```

4 个组件名称分别是 txtShow、btnZero、btnOne 和 btnTwo，组件宽度都是填满整个屏幕，当点击按钮时会将所拨号码显示在 txtShow 中。

2. 加入 Button 共享 listener 的程序代码

打开<src/MultiButton.com/MultiButtonActivity.java>，加入下列的代码。

<MultiButton/src/MultiButton.com/MultiButtonActivity.java>

```
package MultiButton.com;

import android.app.Activity;
import android.os.Bundle;
import android.view.View;
import android.widget.Button;                                          ❶
import android.widget.TextView;

public class MultiButtonActivity extends Activity{
    //声明全局变量
    private TextView txtShow;                                          ❷
    Private Button btnZero,btnOne,btnTwo;


@Override
public void onCreate(BundlesavedInstanceState){
    super.onCreate(savedInstanceState);
    setContentView(R.layout.main);

    //取得资源类文件中的界面组件
    txtShow=(TextView)findViewById(R.id.txtShow);
    btnZero=(Button)findViewById(R.id.btnZero);                       ❸
    btnOne=(Button)findViewById(R.id.btnOne);
    btnTwo=(Button)findViewById(R.id.btnTwo);

    //设置 button 组件 Click 事件共享 myListner
    btnZero.setOnClickListener(myListner);
    btnOne.setOnClickListener(myListner);                             ❹
    btnTwo.setOnClickListener(myListner);
}
//定义 onClick()方法
private Button.OnClickListenermyListner=new
    Button.OnClickListener(){                                         ❺
        @Override
        public void onClick(View v){
            String s=txtShow.getText().toString();                    ❻
            switch(v.getId())                                         ❼
            {
                case R.id.btnZero:                                    ❽
                {
                    txtShow.setText(s+"0");
                    break;
                }
                case R.id.btnOne:
                {
                    txtShow.setText(s+"1");
                    break;
                }
                case R.id.btnTwo:
                {
                        txtShow.setText(s+"2");
                    break;
                }
            }
        }
    };
}
```

❶因为使用到 TextView 及 Button，所以要引入相关的包。

❷声明全局变量。

❸取得 txtShow、btnZero、btnOne 及 btnTwo 界面组件并保存到刚才声明的变量中。

❹设置三个按钮共享一个相同的 myListner 方法。

❺建立 myListner 方法处理点击事件。

❻ "Strings=txtShow.getText().toString()" 取得 txtShow 组件的显示内容, 取得的内容, 必须转换为字符串。

❼ "v.getId()" 取得触发按钮的 id。

❽判断是不是 btnZero 按钮, 如果是则以 "txtShow.setText(s+"0")" 在原来的 txtShow 组件后面加上字符 "0", 依此类推, 如果是 btnOne、btnTwo 按钮, 则分别加上 "1" 和 "2"。

扩展练习

1. 输入任意正整数 N, 计算 1+2+…+N 的总和并显示。

2. 点击 0、1、2、3 的按钮, 会在 TextView 组件上显示号码, 点击清除按钮, 会清除 TextView 组件的内容。所有的按钮都共享一个相同的 myListener 事件。

▲ Ex1

▲ Ex2

第 4 章　消息显示相关组件

Android 应用程序在执行过程中常会需要显示一个小消息告诉用户一些必要信息，甚至在显示消息后能得到用户的响应，这里就必须使用 Toast 及 AlertDialog 组件。

学习要点

- TableLayout
- Toast 弹出消息
- 控制消息显示的位置
- AlertDialog 对话框
- AlertDialog 交互按钮

4.1　TableLayout

LinearLayout 布局配置虽然方便，但如果遇到组件或信息需要排列整齐的情况时，因为组件大小或信息长度不同，LinearLayout 就很难达到要求。

TableLayout 布局配置顾名思义是以表格的方式来安排布局配置，只要将组件或信息放在单元格中，显示时就会排列整齐了！

4.1.1　TableLayout 的语法

单元格是表格的基本单位，多个单元格可以组合成一行，多行就可以组合成一个表格。在 TableLayout 中，一个组件就会形成一行，如果要在一行中放置多个组件，就必须要将组件放在 <TableRow>到</TableRow>之间，此时一个组件就是一个单元格。

TableLayout 布局配置的语法为：

```
<TableLayout xmlns:android="http://schemas.android.com/apk/res/android"
    android:layout_width="fill_parent"
    android:layout_height="fill_parent">
    …………
    <TableRow>
        组件
        …………
    </TableRow>
    <TableRowandroid:gravity="center">
        组件
        …………
    </TableRow>
    …………
</TableLayout>
```

设置时的注意事项如下所示。

（1）<TableRow>标签中的 android:layout_width 及 android:layout_height 属性没有作用，其高度及宽度会自动根据单元格的组件确定，所以通常会省略这两个属性值的设置。

（2）如果组件没有放在<TableRow>标签中，该组件将自成一行。

（3）因为<TableRow>宽度的属性是无效的，单元格的宽度控制是根据组件大小，所以如果要控制单元格的宽度，就必须设置组件的宽度属性 android:weight。系统会将同一行所有的 android:weight 属性值求和，再按比例分配给每一个组件。

例如要创建两个水平整齐的输入框，若使用 LinearLayout 做布局配置，几乎是不可能的任务，若以 TableLayout 则可轻松达成，配置文件如下：

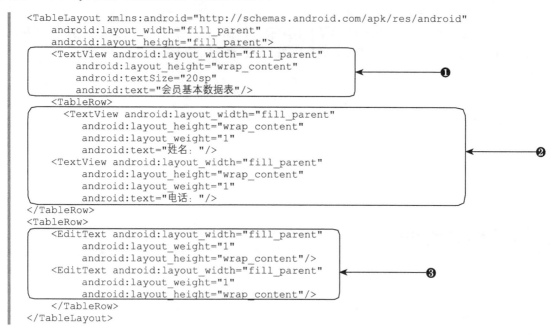

```
<TableLayout xmlns:android="http://schemas.android.com/apk/res/android"
    android:layout_width="fill_parent"
    android:layout_height="fill_parent">
    <TextView android:layout_width="fill_parent"
        android:layout_height="wrap_content"
        android:textSize="20sp"
        android:text="会员基本数据表"/>
    <TableRow>
        <TextView android:layout_width="fill_parent"
          android:layout_height="wrap_content"
          android:layout_weight="1"
          android:text="姓名: "/>
        <TextView android:layout_width="fill_parent"
          android:layout_height="wrap_content"
          android:layout_weight="1"
          android:text="电话: "/>
    </TableRow>
    <TableRow>
        <EditText android:layout_width="fill_parent"
          android:layout_weight="1"
          android:layout_height="wrap_content"/>
        <EditText android:layout_width="fill_parent"
          android:layout_weight="1"
          android:layout_height="wrap_content"/>
    </TableRow>
</TableLayout>
```

❶这个 TextView 组件在<TableRow>标签外，会自成一行。

❷这两个 TextView 组件成为一行，因其 android:weight 属性皆为"1"，所以会各占一半屏幕宽度。

❸这两个 EditText 组件是用于用输入数据的组件，也会各占一半屏幕宽度。

执行结果如图 4-1 所示。

▲图 4-1　执行结果

4.1.2　示例：按钮式键盘布局配置

TableLayout 最常被使用的就是按钮式键盘，例如计算器中的数字及运算符号按钮，可利用表格将多个按钮排列整齐，看起来非常美观。下面示例模拟按钮式键盘，当用户输入数值，用户点击数字按钮后，输入的数值会显示在上方的 TextView 组件中，如图 4-2 所示。

▲图 4-2　按钮式键盘

1.　新建项目并完成布局配置

新建<ATMInput>项目，打开<main.xml>布局配置文件，由界面组件区拖曳 1 个 EditText 和 6 个 Button 界面组件到界面编辑区中，再切换到 main.xml 标签按照下列<main.xml>布局配置文件修改程序：

```
<ATMInput/res/layout/main.xml>

<?xmlversion="1.0"encoding="utf-8"?>
<TableLayout xmlns:android="http://schemas.android.com/apk/res/android"
    android:layout_width="fill_parent"
    android:layout_height="fill_parent">                              ①

<EditText android:id="@+id/edtATM"
    android:layout_width="fill_parent"
    android:layout_height="wrap_content"
    android:textSize="20sp"                                          ②
    android:gravity="center"
    android:editable="false"/>

<TableRow android:gravity="center">
    <Button android:text="1"android:id="@+id/btnN1"/>
    <Button android:text="2"android:id="@+id/btnN2"/>                ③
    <Button android:text="3"android:id="@+id/btnN3"/>
</TableRow>

<TableRow android:gravity="center">
    <Button android:text="4"android:id="@+id/btnN4"/>
    <Button android:text="5"android:id="@+id/btnN5"/>               ④
    <Button android:text="6"android:id="@+id/btnN6"/>
</TableRow>
</TableLayout>
```

❶创建 TableLayout 布局配置标签。

❷创建 EditText 组件用于显示用户按钮数值，注意此组件位于<TableRow>标签外，所以会自成一行。将字体放大并居中显示，因为只用于显示，所以设置 android:editable="false"，不允许输入。

❸创建一行表格，其中放置 3 个按钮组件。为了美观，将按钮组件居中显示。

❹创建另一行表格，放置其他 3 个按钮组件。

修改完成的结果如图 4-3 所示。

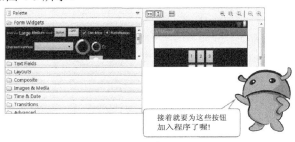

▲图 4-3 完成页眉配置

2. 加入执行的程序代码

接着要为按钮组件创建监听器，当用户单击按钮后可以在组件上显示数值。画面共有 6 个按钮，可以共享事件以减少程序代码。完成后程序代码如下，程序中 import 包程序省略。

```
<ATMInput/src/ATMInput.com/ATMInputActivity.java>

…略
9public class ATMInputActivity extends Activity{
10//创建全局变量
11private EditTextedtATM;
12private ButtonbtnN1,btnN2,btnN3;                                  ❶
13private ButtonbtnN4,btnN5,btnN6;
14@Override
15public voidonCreate(BundlesavedInstanceState){
16super.onCreate(savedInstanceState);
17setContentView(R.layout.main);
```

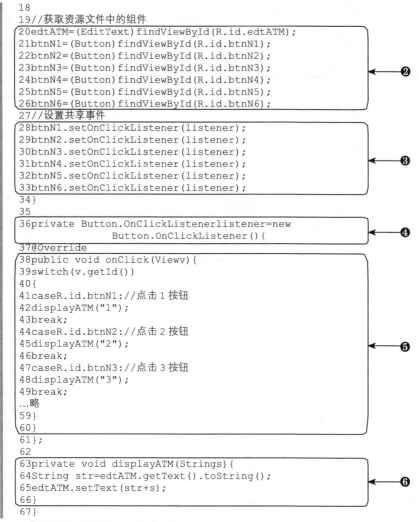

```
18
19//获取资源文件中的组件
20edtATM=(EditText)findViewById(R.id.edtATM);
21btnN1=(Button)findViewById(R.id.btnN1);
22btnN2=(Button)findViewById(R.id.btnN2);
23btnN3=(Button)findViewById(R.id.btnN3);
24btnN4=(Button)findViewById(R.id.btnN4);
25btnN5=(Button)findViewById(R.id.btnN5);
26btnN6=(Button)findViewById(R.id.btnN6);
27//设置共享事件
28btnN1.setOnClickListener(listener);
29btnN2.setOnClickListener(listener);
30btnN3.setOnClickListener(listener);
31btnN4.setOnClickListener(listener);
32btnN5.setOnClickListener(listener);
33btnN6.setOnClickListener(listener);
34}
35
36private Button.OnClickListenerlistener=new
               Button.OnClickListener(){
37@Override
38public void onClick(Viewv){
39switch(v.getId())
40{
41caseR.id.btnN1://点击 1 按钮
42displayATM("1");
43break;
44caseR.id.btnN2://点击 2 按钮
45displayATM("2");
46break;
47caseR.id.btnN3://点击 3 按钮
48displayATM("3");
49break;
...略
59}
60}
61};
62
63private void displayATM(Strings){
64String str=edtATM.getText().toString();
65edtATM.setText(str+s);
66}
67}
```

❶声明全局变量。

❷获取资源类文件中的界面组件 id。

❸设置 6 个按钮共享 listener 方法。

❹第 36 行，创建按钮共享事件的 listener 方法。

❺第 38～60 行，判断用户的按钮后执行对应的程序代码。6 个按钮都是执行 displayATM 方法，只是根据按钮传送该按钮代表的数字。

❻第 63～66 行，在 EditText 组件中显示数值的方法。首先在第 64 行使用 getText 方法获取 EditText 组件原有的值，再在第 65 行加上传送过来的数字后使用 setText 方法将新数值显示出来。

保存项目后，按 Ctrl+F11 组合键执行项目，用户连续点击数字按钮，其结果会显示在上方的输入框中。

4.2 Toast 弹出消息

应用程序在执行过程中常会需要显示一个小消息告诉用户一些必要信息，该消息在显示短时间后自动消失，并不会干扰用户操作，这就是 Toast 组件的功能。

4.2.1　Toast 基本语法

Toast 组件主要使用两个方法：makeText 方法设置要显示的字符串，show 方法显示消息框，其基本语法为：

```
Toast 变量名称=Toast.makeText(主程序类.this,Text,Time);
变量名称.show();
```

❶ "主程序类.this" 是应用程序主类，例如刚才 ATMInput 项目的程序文件的主类名称为 "ATMInputActivity"。

❷ "Text" 是要显示的消息字符串。

❸ "Time" 表示显示的时间，只有两个值：Toast.LENGTH_LONG 是显示时间较长，Toast.LENGTH_SHORT 是显示时间较短。

例如，我们要在<ATMToast1Activity.java>程序文件中创建一个名称为 toast 的 Toast 组件，显示内容是 "这是弹出消息!"，显示时间较长的语法为：

```
Toast toast=Toast.makeText(ATMToast1Activity.this,"这是弹出消息! ",
Toast.LENGTH_LONG);
toast.show();
```

Toast 组件默认的显示位置是在屏幕下方，这样就不会干扰用户操作的注意力。由于消息显示于屏幕下方，用户稍不留意就会错过此消息，通常不是很重要的消息才以此方式显示。

许多 Android 开发者将 Toast 组件做为调试工具，当程序执行结果不如预期时，可使用 Toast 组件来显示各种变量值，以观察变量值是否正确。

> 原来 Toast 还有这种用途啊!

4.2.2　示例：加入显示消息的按钮式键盘

前一节按钮式密码示例仅能显示输入值，如果输入错误无法将输入字符删除，输入完毕也没有比对的功能。下面我们将加入清除输入字符功能，用户点击清除按钮即可移除最后一个字符；输入完后点击确定按钮会比对密码是否正确，并以 Toast 组件显示比对结果，如图 4-4 所示。

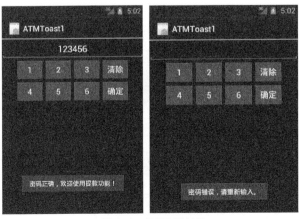

▲图 4-4　显示比对结果

1. 新建项目并完成布局配置

新建<ATMToast1>项目，<main.xml>布局配置文件与前一示例相同，只要在第一行最后加入清除按钮，第二行最后加入确定按钮。完成后的<main.xml>布局配置文件内容为：

```
<ATMToast1/res/layout/main.xml>

<?xmlversion="1.0"encoding="utf-8"?>
<TableLayout xmlns:android="http://schemas.android.com/apk/res/
android"
    android:layout_width="fill_parent"
    android:layout_height="fill_parent">
    <EditText android:id="@+id/edtATM"
        android:layout_width="fill_parent"
        android:layout_height="wrap_content"
        android:textSize="20sp"
        android:gravity="center"
        android:editable="false"/>
  <TableRow android:gravity="center">
        <Button android:text="1"android:id="@+id/btnN1"/>
        <Button android:text="2"android:id="@+id/btnN2"/>
        <Button android:text="3"android:id="@+id/btnN3"/>
        <Button android:text="清除"android:id="@+id/btnBack"/>
  </TableRow>
  <TableRow android:gravity="center">
        <Button android:text="4"android:id="@+id/btnN4"/>
        <Button android:text="5"android:id="@+id/btnN5"/>
        <Button android:text="6"android:id="@+id/btnN6"/>
        <Button android:text="确定"android:id="@+id/btnOK"/>
  </TableRow>
</TableLayout>
```

2. 加入执行的程序代码

打开<src/ATMToast1.com/ATMToast1Activity.java>。除了前一节的程序代码外，再加入单击清除及确定按钮的处理程序代码。

```
<ATMToast1/src/ATMToast1.com/ATMToast1Activity.java>
…略
10public class ATMToast1ActivityextendsActivity{
11//创建全局变量
12private EditText edtATM;
13private ButtonbtnN1,btnN2,btnN3,btnBack;        ❶
14private ButtonbtnN4,btnN5,btnN6,btnOK;
15@Override
16public void onCreate(BundlesavedInstanceState){
…略
28btnBack=(Button)findViewById(R.id.btnBack);     ❷
29btnOK=(Button)findViewById(R.id.btnOK);
…略
37btnBack.setOnClickListener(listener);           ❸
38btnOK.setOnClickListener(listener);
39}
40
41private Button.OnClickListenerlistener=new
                Button.OnClickListener(){
42@Override
43public void onClick(View v){
44switch(v.getId())
45{
…略
64case R.id.btnBack://点击清除按钮
65String str=edtATM.getText().toString();
66                  if(str.length()>0){
67str=str.substring(0,str.length()-1);            ❹
68edtATM.setText(str);
69}
```

```
70break;
71caseR.id.btnOK://点击确定按钮
72str=edtATM.getText().toString();
73if(str.equals("123456")){
74Toasttoast=Toast.makeText(ATMToast1Activity.this,"密码正确，欢迎使用提款功能!
                              ",Toast.LENGTH_LONG);
75                            toast.show();
76}else{
77Toasttoast=Toast.makeText(ATMToast1Activity.
                    this,"密码错误，请重新输入。",Toast.LENGTH_LONG);
78toast.show();
79edtATM.setText("");
80}
81break;
82}
83}
84};
```
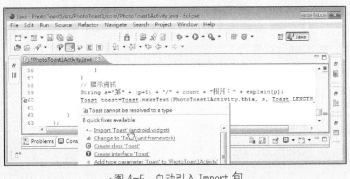

❶声明全局变量。

❷获取资源文件中的界面组件 id。

❸设置按钮共享 listener 方法。

❹点击清除按钮移除最后一个字符程序代码，第 65 行获取 EditText 中原有字符串，第 66 行检查原有字符串是否有字符，如果有字符就在第 67 行取出移除最后字符的字符串。

"str.length()" 方法可得到字符串长度，所以 "substring(0,str.length()-1)" 得到比字符串长度少一个字符的字符串。第 68 行将字符串显示出来。

❺点击确定按钮比对密码。默认密码为"123456"，第 73 行检查输入字符串是否为第"123456"，若正确就在第 74、75 行显示密码正确的消息；若错误就在第 77、78 行显示密码错误的消息，并在第 79 行清空输入组件方便重新输入。

自动完成 Import 引入

输入程序代码时如下方出现红色底线，表示有包未引入，将鼠标移到红色底线处，在出现的菜单中点选"import"，系统会自动引入 Import 包的程序代码。如图 4-5 所示。

▲图 4-5 自动引入 Import 包

4.2.3 重构 Toast 语法

开发者经常使用 Toast 来显示各种消息，但创建的 Toast 对象名称其实没有实际意义，可使用下列方式简化 Toast 语法，使 Toast 用起来更加方便。

1. 使用匿名对象改写程序代码

一般使用对象的方法是先为对象命名，再用类创建对象，然后就可以使用对象名称来对对象做各种操作，如设置属性值、使用方法等。例如上面示例中创建 Toast 对象再使用 makeText、show

方法，对象名称为 toast：

```
Toast toast=Toast.makeText(ATMToast1Activity.this,s,
   Toast.LENGTH_LONG);
toast.show();
```

使用这种方法创建对象常被对象命名所困扰，事实上它的名称并没有实际意义。Java 程序提供了"匿名对象"的方式创建对象，顾名思义，这种方法不必为对象命名。

匿名对象的语法为：

```
类名称.方法一()
   .方法二()
   ...........
   .方法 N();
```

匿名对象最适合在需连续对同一对象执行多个方法时使用，不但不必对对象命名，程序代码也简洁许多。要特别注意的是，匿名对象语法将整个过程，甚至执行多个方法都视为一行程序代码，所以一直到最后一个方法后才能加上分号作为结束，这是编写匿名对象程序代码极易犯的错误。

上面示例 Toast 对象改为匿名对象的程序代码为：

```
Toast.makeText(ATMToast1Activity.this,s,Toast.LENGTH_LONG)
   .show();
```

执行结果完全相同。

> 匿名对象的写法在刚开始时不容易熟悉，但是在 Android 程序中经常会使用到，所以要多多练习。

2. 使用 getApplicationContext()取代主程序类

Toast 组件 makeText 方法的第一个参数是"主程序类.this"，通常"主程序类"的命名是项目名称加上"Activity"，例如刚才 ATMToast1 项目的程序文件的主类名称为"ATMToast1Activity"。Android 应用程序中许多组件的参数都会使用主程序类名称，而主程序类名称会随不同应用程序而改变，编写程序时造成极大不便。

getApplicationContext()的功能是获取应用程序的主程序类名称，所以在需要使用"主程序类.this"作为参数时，可以用 getApplicationContext()代替，执行结果相同。当其他应用程序要使用 Toast 组件时，将此段程序代码复制过去即可，不用再修改主程序类名称了！

上例创建 Toast 组件的程序代码可修改为：

```
Toast.makeText(getApplicationContext(),s,Toast.LENGTH_LONG)
.show();
```

4.2.4　控制显示消息显示的位置

Toast 组件默认显示在屏幕下方，这样对用户的操作干扰较小。如果开发者要显示比较重要的消息，是否就不能使用 Toast 组件呢？如果能将消息显示在屏幕明显的位置，例如在屏幕正中央，用户就必然会看到此重要消息。

1. 设置 Toast 组件位置的语法

Toast 组件的 setGravity 方法可以设置 Toast 组件的显示位置，语法为：

```
Toast 变量名称.setGravity(Gravity,xOffset,yOffset);;
```

❶ ❷ ❸

❶Gravity 属性可设定 Toast 组件显示的位置，其常用值及意义如下表所示。

设 定 值	说 明
Gravity.CENTER	水平及垂直都置中
Gravity.CENTER_HORIZONTAL	水平置中
Gravity.CENTER_VERTICAL	垂直置中
Gravity.RIGHT	靠屏幕右边缘
Gravity.LEFT	靠屏幕左边缘
Gravity.TOP	靠屏幕上边缘
Gravity.BOTTOM	靠屏幕下边缘

此属性值可以同时设置多项值，属性值中间以"|"分开即可，例如"Gravity.TOP|Gravity.LEFT"会将组件显示于左上角，如图 4-6 所示。

▲ Gravity.TOP|Gravity.LEFT

▲ Gravity.TOP|Gravity.RIGHT

▲图 4-6

❷xOffset 设定组件在水平方向的偏移量，正值为向右偏移，负值为向左偏移。例如下列程序表示组件显示于水平中央右方 50 点的位置（如图 4-7 所示）：

```
toast.setGravity(Gravity.CENTER,50,0);
```

▲ setGravity(Gravity.CENTER,50,0)

▲ setGravity(Gravity.CENTER,-50,0)

▲图 4-7

❸yOffset 设定组件在垂直方向的偏移量，正值为向下偏移，负值为向上偏移。

2. 示例：居中显示消息的按钮式键盘

上一个示例的显示消息位于默认的下方位置，现在我们要在 Toast 中加入 Gravity 属性使消息位于屏幕正中央，以确保用户可以查看到消息，如图 4-8 所示。

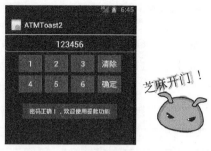

▲图 4-8　使消息位于屏幕正中央

3. 新建项目并加入执行的程序代码

新建<ATMToast2>项目，<main.xml>布局配置文件与前一示例完全相同。打开
<src/ATMToast2.com/ATMToast2Activity.java>，除了下面粗体部分外，其余程序代码与前一示例相同。

```
<ATMToast2/src/ATMToast2.com/ATMToast2Activity.java>
…略
72caseR.id.btnOK://点击确定按钮
73str=edtATM.getText().toString();
74if(str.equals("123456")){
75Toast toast=Toast.makeText(getApplicationContext(),
            "密码正确!，欢迎使用提款功能",Toast.LENGTH_LONG);
76toast.setGravity(Gravity.CENTER,0,0);
77toast.show();
78}else{
79Toast toast=Toast.makeText(getApplicationContext(),
            "密码错误，请重新输入。",Toast.LENGTH_LONG);
80toast.setGravity(Gravity.CENTER,0,0);
81toast.show();
82edtATM.setText("");
83}
```

● 　第 76 及第 80 行，加入 Gravity 属性使消息屏幕正中央显示。保存项目后，按 Ctrl+F11 组合键执行项目，用户输入密码后点击确定按钮就会在屏幕正中央显示消息，如图 4-9 所示。

▲图 4-9　显示消息

4.3　AlertDialog 对话框

使用 Toast 组件显示消息虽然很方便，但无法与用户交互，因此消息显示片刻后会自动消失。如果希望显示消息后能得到用户的响应，再根据用户响应内容做适当处理，就必须使用 AlertDialog

组件。

AlertDialog 组件显示消息后不会自动消失，可以制作按钮与用户交互，直到用户点击按钮后才关闭对话框并响应用户的按钮动作。

4.3.1 AlertDialog 基本样式

创建 AlertDialog 对话框是使用 AlertDialog.Builder 类，常用的方法如下所示。

设 定 值	说　　明
setTitle()	设置对话框的标题
setIcon()	设置对话框的图标
setMessage()	设置对话框的内容
setItems()	设置对话框的表列内容
setPositiveButton()	设置在对话框中加入 Yes 按钮
setNegativeButton()	设置在对话框中加入 No 按钮
setNeutralButton()	设置在对话框中加入 Ignore 按钮

在图 4-10 中你可以看到这些方法所影响的界面内容。

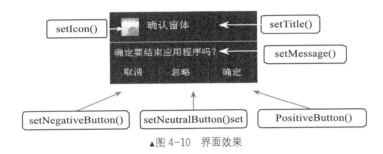

▲图 4-10　界面效果

AlertDialog 对话框有多种样式，其中最简单的样式是只显示文字，其语法为：

```
AlertDialog.Builder 变量名称=newAlertDialog.Builder(主程序类);
变量名称.setTitle(标题);
变量名称.setIcon(图示);
变量名称.setMessage(内容);
变量名称.show();
```

例如在<ATMDialog1Activity.java>中创建名称为 adbATM 的对话框：

```
AlertDialog.BuilderadbATM=newAlertDialog.Builder
  (ATMDialog1Activity.this);
adbATM.setTitle("确认窗口");
adbATM.setIcon(R.drawable.ic_launcher);
adbATM.setMessage("确定要结束应用程序吗? ");
adbATM.show();
```

AlertDialog 对话框通常是连续使用数个方法来创建，所以用匿名对象的方式会简洁很多：

```
newAlertDialog.Builder(ATMDialog1Activity.this)
    .setTitle("确认窗口")
    .setIcon(R.drawable.ic_launcher)
    .setMessage("确定要结束应用程序吗? ")
    .show();
```

4.3.2 示例：创建 AlertDialog

在按钮式密码示例中加入结束按钮，用户点击后会显示确认窗口，如图 4-11 所示。

▲图 4-11 显示确认窗口

1. 新建项目并完成布局配置

新建<ATMDialog1>项目，<main.xml>布局配置文件与前一示例类似，在第一行新增一个结束按钮。

```
<ATMDialog1/res/layout/main.xml>
1<?xmlversion="1.0"encoding="utf-8"?>
2<TableLayout xmlns:android="http://schemas.android.com/apk/res/android"
3android:layout_width="fill_parent"
4android:layout_height="fill_parent">
5<EditText android:id="@+id/edtATM"
6android:layout_width="fill_parent"
7android:layout_height="wrap_content"
8android:textSize="20sp"
9android:gravity="center"
10android:editable="false"/>
11<TableRow>
12<Button android:text="1"android:id="@+id/btnN1"/>
13<Button android:text="2"android:id="@+id/btnN2"/>
14<Button android:text="3"android:id="@+id/btnN3"/>
15<Button android:text="清除"android:id="@+id/btnBack"/>
16<Button android:text="结束"android:id="@+id/btnEnd"/>
17</TableRow>
18<TableRow>
19<Button android:text="4"android:id="@+id/btnN4"/>
20<Button android:text="5"android:id="@+id/btnN5"/>
21<Button android:text="6"android:id="@+id/btnN6"/>
22<Button android:text="确定"android:id="@+id/btnOK"/>
23</TableRow>
24</TableLayout>
```

- 第 16 行，创建结束按钮。
- 第 11 及 18 行，因第一行较第二行多一个按钮，如果居中排列会造成不整齐，因此移除居中排列属性设置。

2. 加入执行的程序代码

打开<src/ATMDialog1.com/ATMDialog1Activity.java>。除了前一节的程序代码外，再加入点击结束按钮的处理程序代码。

```
<ATMDialog1/src/ATMDialog1.com/ATMDialog1Activity.java>
…略
12public class ATMDialog1Activity extends Activity{
13//创建全局变量
```

```
14private EditText edtATM;
15private Button btnN1,btnN2,btnN3,btnBack,btnEnd;
16private Button btnN4,btnN5,btnN6,btnOK;
17@Override
18public void onCreate(BundlesavedInstanceState){
…略
32btnEnd=(Button)findViewById(R.id.btnEnd);
…略
42btnEnd.setOnClickListener(listener);
43}
44
45private Button.OnClickListenerlistener=newButton.OnClickListener(){
46@Override
47public void onClick(Viewv){
48switch(v.getId())
49{
…略
88case R.id.btnEnd://点击结束按钮
89newAlertDialog.Builder(ATMDialog1Activity.this)
90.setTitle("确认窗口")
91.setIcon(R.drawable.ic_launcher)
92.setMessage("确定要结束应用程序吗？ ")
93.show();
94break;
95}
96}
97};
```

- 第 15 行，创建 btnEnd 全局变量。
- 第 32 及 42 行，获取结束按钮界面组件及设置监听事件。
- 第 88~93 行，用户点击结束按钮就显示确认对话框。保存项目后，按 Ctrl+F11 组合键执行项目，用户在点击结束按钮就会显示确认结束应用程序的对话框。本示例产生的 AlertDialog 对话框，与 Toast 显示消息最大不同点在于 AlertDialog 对话框不会自动消失。

4.3.3 AlertDialog 交互按钮

AlertDialog 对话框显示后，可设置生成按钮让用户选择，开发者再根据用户点击的按钮做适当的响应处理。。AlertDialog 对话框可加入一到三个按钮，分别为 setPositiveButton、setNeutralButton、setNegaitiveButton。使用匿名对象加入按钮的语法为：

```
.按钮名称(按钮显示文字,newDialogInterface.OnClickListener()
{
    Public void onClick(DialogInterface dialoginterface,int i)
    {
        处理程序代码
    }
})
```

"按钮名称"为 setPositiveButton、setNeutralButton、setNegaitiveButton 三者之一，"按钮显示文字"是执行时用户看到的按钮文字，"处理程序代码"是用户点击按钮后执行的程序代码。

例如加入 setPositiveButton 按钮，显示文字为"确定"，点击按钮后就结束应用程序，finish() 方法会结束正在执行的应用程序：

```
.setPositiveButton("确定",newDialogInterface.OnClickListener()
{
    public void onClick(DialogInterfacedialoginterface,inti)
    {
        finish();
    }
}
```

如果开发者将三个按钮都加入，无论在程序中三者的排列顺序如何，显示时均会按照

setNegativeButton、setNeutralButton、setPositiveButton 的顺序显示。

按钮的名称不代表功能喔！

这三个按钮的功能与其名称无关，点击按钮后会执行的动作还是要自行编写程序来控制，这是要特别说明的。

4.3.4　示例：加入交互按钮的 AlertDialog

在按钮式密码示例点击结束按钮会显示确认窗口，在确认窗口对话框中点击确定按钮会结束应用程序，点击取消按钮就关闭对话框，如图 4-12 所示。

▲图 4-12　加入交互换钮

新建项目并加入执行的程序代码

新 建 <ATMDialog2> 项 目，<main.xml> 布 局 配 置 文 件 与 前 一 示 例 完 全 相 同。打 开 <src/ATMDialog2.com/ATMDialog2Activity.java>，除了下面粗体部分外，其余程序代码与前一示例相同。

```
<ATMDialog2/src/ATMDialog2.com/ATMDialog2Activity.java>
…略
89case R.id.btnEnd://点击结束按钮
90newAlertDialog.Builder(ATMDialog2Activity.this)
91.setTitle("确认窗口")
92.setIcon(R.drawable.ic_launcher)
93.setMessage("确定要结束应用程序? ")
94.setPositiveButton("确定",newDialogInterface.OnClickListener()
95{
96public void onClick(DialogInterface dialoginterface,int i)
97{
98finish();
99}
100})                                                        ❶
101.setNegativeButton("取消",newDialogInterface.OnClickListener()
102{
103public void onClick(DialogInterfacedialoginterface,inti)
104{
105
106}                                                         ❷
107})
108.show();
```

❶在 AlertDialog 中创建确认按钮，当用户点击此按钮后会执行第 98 行程序关闭应用程序。

❷在 AlertDialog 中创建取消按钮，当用户点击此按钮后并未执行任何程序，也就是只关闭 AlertDialog 对话框而未做任何事。

保存项目后，按 Ctrl+F11 组合键执行项目，用户点击结束按钮会打开 AlertDialog 对话框，点击确定按钮就结束应用程序，点击取消按钮就关闭对话框，如图 4-13 所示。

▲图 4-13　执行项目

4.4　Eclipse 集成开发环境的自动完成功能

Java 程序语言非常严谨，例如变量名称会区分字母大小写，变量必须经过声明才能使用，使用不同组件时要引入对应的包等，设计者输入程序代码时常造成许多错误而不知所措。

Eclipse 集成开发环境在用户输入程序代码时就会立刻检查语法是否正确，对可能有错误的部分会以红色底线告知用户，并且提供自动完成功能帮助用户轻松改正错误。

4.4.1　自动引入包

引入包一直是初学 Android 程序设计者的恶梦，因为包种类繁多，常搞不清楚该引入哪一个包。在 Eclipse 集成开发环境中创建程序代码时，系统检测到需使用的包未引入时，会在组件上显示红色底线，用户将鼠标移到红色底线处，会出现各种建议的解决方式，单击"Import……"项目后，系统就会自动引入正确的包。具体的操作方式如下所示。

1. 新建练习项目及完成布局配置

新建<Autotest>项目，在<main.xml>布局配置文件中新增一个 ID 为 btnButton 的按钮组件作为测试组件。

```
<Autotest/res/layout/main.xml>

<?xmlversion="1.0"encoding="utf-8"?>
<LinearLayout xmlns:android="http://schemas.android.com/apk/res/android"
    android:layout_width="fill_parent"
    android:layout_height="fill_parent"
    android:orientation="vertical">

    <TextView android:layout_width="fill_parent"
      android:layout_height="wrap_content"
      android:text="@string/hello"/>

    <Button android:id="@+id/btnButton"
      android:layout_width="wrap_content"
      android:layout_height="wrap_content"
      android:text="按钮"/>
</LinearLayout>
```

2. 加入组件程序代码

在 onCreate 方法中输入查找布局配置文件组件的程序代码：

```
button1=(Button)findViewById(R.id.btnButton);
```

"button1"及"Button"下方都出现红色底线，表示两者皆有错误。同时在文件名称标签上也有红色"叉号"表示程序文件有错误，无法执行，如图4-14所示。

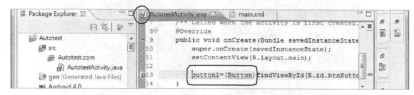

图4-14 提示错误

"Button"是内建按钮组件，错误原因是未引入包。将鼠标移到"Button"红色底线处，会出现各种建议的解决方式，点击Import'Button'(android.widger)项目，如图4-15所示。

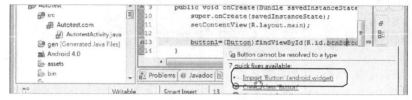

▲图4-15 选择建议的解决方式

系统就会自动引入正确的包，同时"Button"的红色底线消失了！如图4-16所示。

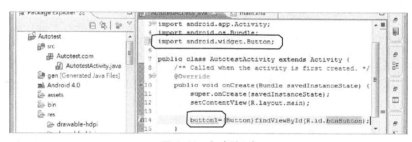

▲图4-16 自动引入包

4.4.2 自动声明变量

Java语言的变量必须先声明后才可以使用，设计者常忘记声明就直接使用变量，导致执行时产生错误。变量根据可使用的范围分为全局变量及局部变量：全局变量在整个应用程序中皆可使用，局部变量只能在声明的方法中使用。自动完成变量声明可声明为全局变量，也可声明为局部变量。下述紧接前面的示例操作。

（1）将鼠标移到"button1"红色底线处,在出现的创建解决方式,点击Create local variable 'button1'项目，就会将button1声明为局部变量，如图4-17所示。

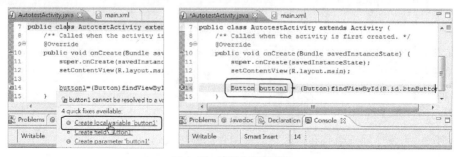

▲图4-17 声明为局部变量

（2）如果在出现的创建解决方式点击 Create field 'button1'项目，就会将 button1 声明为全局变量，如图 4-18 所示。

▲图 4-18　声明为全局变量

4.4.3　自动输入方法或属性

Android 中组件有其特定功能，这些功能要靠方法及属性来完成，所以每一个组件都有许多的方法及属性，许多方法还有指定的参数，要记住这些方法及属性几乎是不可能的。以前程序员手边会放一大堆参考资料，以便随时查阅组件的方法及属性。

Eclipse 集成开发环境提供智能输入方式，在组件名称后面输入"."符号后会显示该组件所有方法及属性，用户在所需的项目上双击鼠标左键，该项目就会自动输入。如果选择的项目是方法，也会一并输入参数，用户可根据需要修改参数，这样就不必记忆复杂的参数了！下述紧接前面的示例操作。

（1）继续输入下列程序代码：

```
button1.
```

（2）在出现选项的 setOnClickListener 项目上双击鼠标左键，就自动输入按钮的 setOnClickListener方法，如图 4-19 所示。

▲图 4-19　选择方法

（3）输入方法的程序代码后光标会自动停在参数位置，方便用户修改参数。修改程序代码如下，不要忘了最后要加上分号。

```
button1.setOnClickListener(listener);
```

4.4.4　自动完成内建类的必要方法

Java 语言有许多内建类必须实现指定的方法，即使未使用该方法也必须创建一个空的方法体。用户如何知道有哪些方法是必须创建的呢？以往只能查阅类原始文档，这比查阅组件的方法及属性更加困难。庆幸的是 Eclipse 集成开发环境会自动检查这些必要方法是否创建，如果未创建会为用户自动产生必要方法的结构，用户只需专心进行程序设计即可。下述紧接前面的示例操作。

（1）输入按钮的监听事件程序代码：

```
private Button.OnClickListenerlistener=newButton.OnClickListener(){

};
```

这个时候会发现在"Button.OnClickListener()"类有红色底线，表示此类有必要方法未创建。

（2）将鼠标移到"Button.OnClickListener()"红色底线处，在出现的创建解决方式点击 Add unimplemented methods 项目，如图 4-20 所示。

▲图 4-20　创建解决方式

（3）空白的必要方法体就会加入类中。如果在创建的方法体中需要使用新的包，也会自动引入，如图 4-21 所示。

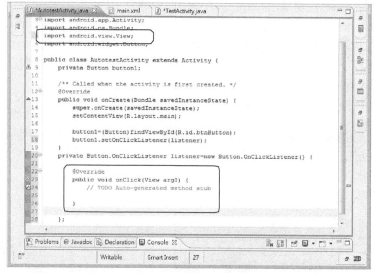

▲图 4-21　必要方法体加入类中

（4）用户将处理点击按钮的代码替换"//TODO Auto-generated method stub"即可。

扩展练习

1. 使用 TableLayout 创建 4 个按钮分别放在两行中，用户点击任何一个按钮后会在屏幕正中央显示点击了哪一个按钮的消息。

▲Ex1

2．使用 TableLayout 创建 4 个按钮分别放在两列中，用户点击任何一个按钮后会以对话框显示点击了哪一个按钮的消息，再点击确定按钮可关闭对话框。

▲Ex2

第5章 单选、复选和下拉列表

CheckBox、RadioButton 和 Spinner 这三个界面组件是应用程序中最常使用的选项列表操作组件。它们可以制作出单选、复选及下拉式列表的组件，除了供用户进行数据的输入，也可以利用这些组件的特性来规定数据输入的格式。

学习重点

- CheckBox 界面组件
- 嵌套 LinearLayout
- RadioGroup、RadioButton 组件
- Spinner 界面组件

5.1 CheckBox 界面组件——复选列表

CheckBox 界面组件提供可以复选的选项列表，用户可以同时复选多个选项，也可以一个选项都不复选。

5.1.1 CheckBox 的语法示例

例如：创建 CheckBox 组件，名称为"chkBasketBall"，显示内容"篮球"，宽度填满整个屏幕，高度根据文字高度调整。

```
<CheckBox android:id="@+id/chkBasketBall"
android:text="篮球"
android:layout_width="fill_parent"
android:layout_height="wrap_content"/>
```

5.1.2 新增 CheckBox 组件

以下是使用 CheckBox 界面组件创建可以复选的选项,让用户可以在 CheckBox 选项中复选最喜欢的球类运动，并将结果显示在 TextView 组件中。

新建<CheckBox1>项目，打开<main.xml>布局配置文件，由界面组件区 Form Widgets 组件库中分别拖曳三个 CheckBox 界面组件、一个 TextView 界面组件到界面编辑区中。最后完成的<main.xml>布局配置文件如图 5-1 所示。

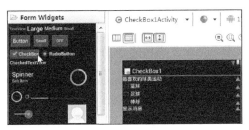

▲图 5-1　完成界面布局

```
<CheckBox1/res/layout/main.xml>

<?xmlversion="1.0"encoding="utf-8"?>
<LinearLayout xmlns:android="http://schemas.android.com/apk/res/android"
    android:orientation="vertical"
    android:layout_width="fill_parent"
    android:layout_height="fill_parent">
<TextView android:layout_width="fill_parent"

    android:layout_height="wrap_content"
    android:text="最喜欢的球类运动"
    android:textSize="20sp"
    android:textColor="#FFFFFF"/>

    <CheckBox android:id="@+id/chkBasketBall"
    android:layout_width="fill_parent"
    android:layout_height="wrap_content"
    android:text="篮球"
    android:textColor="#FFFFFF"
    android:textSize="20sp"/>

    <CheckBox android:id="@+id/chkFootBall"
    android:text="足球"
    android:layout_width="fill_parent"
    android:layout_height="wrap_content"
    android:textColor="#FFFFFF"
    android:textSize="20sp"/>

    <CheckBox
    android:id="@+id/chkBaseBall"
    android:layout_width="fill_parent"
    android:layout_height="wrap_content"
    android:text="棒球"
    android:textSize="20sp"
    android:textColor="#FFFFFF"/>

    <TextView android:id="@+id/txtResult"
    android:layout_width="fill_parent"
    android:layout_height="wrap_content"
    android:textColor="#FFFFFF"
    android:textSize="20sp"
    android:text="显示消息"/>

</LinearLayout>
```

在布局中加入的 3 个 CheckBox 组件名称为"chkBasketBall"、"chkFootBall"和"chkBaseBall"，显示内容分别是"篮球"、"足球"和"棒球"，txtResult 显示选择的结果，所有组件的宽度均设为填满屏幕。

5.1.3　创建 CheckBox 组件复选的触发事件

如果希望在复选 CheckBox 列表中的选项可以进行相关的处理，就必须为 CheckBox 组件创建选项被复选的监听器：OnCheckedChangeListener 对象，这个监听器中会创建 onCheckedChanged()

方法。

1. 设置 CheckBox 组件复选后触发事件的 listener

在示例的程序文件中，利用 id 编号获取 CheckBox 组件：chkBasketBall、chkFootBall 和 chkBaseBall，接着为组件加入监听及触发后执行的方法：

```
chkBasketBall.setOnCheckedChangeListener(myListener);
```

2. 共享 listener

每一个组件都可以创建自己专用的 listener，但有时为了让程序简化会将同类的组件只创建一个 listener，然后设置同类的组件共享此 listener。

例如：设置 chkBasketBall、chkFootBall 和 chkBaseBall 共享 myListener。

```
chkBasketBall.setOnCheckedChangeListener(myListener);
chkFootBall.setOnCheckedChangeListener(myListener);
chkBaseBall.setOnCheckedChangeListener(myListener);
```

3. 设置 CheckBox 触发事件的 listener 程序内容

最后要为 CheckBox 所触发事件后执行的方法加入处理的程序，例如在示例中触发任一个 ChekBox 都会执行 myListener 的方法内容，首先必须创建 onCheckedChanged()方法，然后将 CheckBox 复选后实际要执行的事件写在 onCheckedChanged()方法中：

```
❶ Private CheckBox.OnCheckedChangeListenermyListener=
     newCheckBox.OnCheckedChangeListener(){
     @Override
     public void onCheckedChanged(CompoundButtonbuttonView,BooleanisChecked){
❷        if(chkBasketBall.isChecked()){
             …实际要执行的程序代码;
         }
     }
};
```

❶创建 CheckBox.OnCheckedChangeListener 类型的对象，也就是 CheckBox 列表中的选项复选时的监听器。

❷创建 onCheckedChanged()方法。CheckBox 组件的 isChecked()方法可以判断 CheckBox 是否被复选，ture 表示已复选，false 则表示未复选。

4. 加入 CheckBox 触发事件和完整程序代码

了解 CheckBox 触发事件的 Listener 的结构及如何设置触发后，我们回到示例中完成 CheckBox 触发事件及所有程序并在 onCheckedChanged()方法加入获取选项内容并显示选项内容的动作。完成后<CheckBox1Activity.java>程序代码如下，程序中 import 包程序省略。

```
<CheckBox1/src/CheckBox1.com/CheckBox1Activity.java>

…略
9public class CheckBox1Activity extends Activity{
10private TextViewt xtResult;
11private CheckBox chkBasketBall,chkFootBall,chkBaseBall;    ❶
12@Override
13public void onCreate(BundlesavedInstanceState){
14super.onCreate(savedInstanceState);
15setContentView(R.layout.main);
16
```

```
17//获取资源中的界面组件
18txtResult=(TextView)findViewById(R.id.txtResult);
19chkBasketBall=(CheckBox)findViewById(R.id.chkBasketBall);
20chkFootBall=(CheckBox)findViewById(R.id.chkFootBall);
21chkBaseBall=(CheckBox)findViewById(R.id.chkBaseBall);
22
23//设置 CheckBox 组件 CheckedChange 事件的 listener 为 myListener
24chkBasketBall.setOnCheckedChangeListener(myListener);
25chkFootBall.setOnCheckedChangeListener(myListener);
26chkBaseBall.setOnCheckedChangeListener(myListener);
27}
28
29//定义 OnCheckedChange 方法
30private CheckBox.OnCheckedChangeListenermyListener=
31newCheckBox.OnCheckedChangeListener(){
32@Override

33public void onCheckedChanged(CompoundButtonbuttonView,
booleanisChecked){
34intn=0;//记录共选了多少项
35Stringsel="";//所有的选项结果
36Strings1="",s2="",s3="";//单一选项的结果
37if(chkBasketBall.isChecked()){
38n++;
39s1=chkBasketBall.getText().toString()+"";
40}else{
41s1="";
42}
43if(chkFootBall.isChecked()){
44n++;
45s2=chkFootBall.getText().toString()+"";
46}else{
47s2="";
48}
49if(chkBaseBall.isChecked()){
50n++;
51s3=chkBaseBall.getText().toString()+"";
52}else{
53s3="";
54}
55sel=s1+s2+s3;
56txtResult.setText("最喜欢的球类有："+sel+"共"+n+"项");
57}
58};
59}
```

❶声明全局变量。

❷获取资源文件中的界面组件 id

❸设置 CheckBox 组件：chkBasketBall、chkFootBall 和 chkBaseBall 的 listener 都共享 myListener，这样复选 CheckBox 组件就会执行 myListener 中的 onCheckedChanged 方法。

❹第 30～31 行，创建 CheckBox 组件 CheckedChanged 复选事件的 listener。

❺第 33～57 行，当复选 chkBasketBall、chkFootBall 或 chkBaseBall 都会执行 onCheckedChanged() 方法。

第 37～42 行，如果复选 chkBasketBall，将复选选项的总数加 1，并将选项内容存到 s1 中，如果 chkBasketBall 未复选则将 s1 清除。第 43～54 行，依次检查 chkFootBall、chkBaseBall 是否复选。第 55～56 行，获取选项的内容并显示在 txtResult 上。

保存项目后，按 Ctrl+F11 组合键执行项目，用户在复选选项后会将结果显示在下方的文本框中。如图 5-2 所示。

▲图 5-2　文本框显示复选结果

5.1.4　嵌套 LinearLayout

在之前的示例，所有的组件都是一行只放置一个组件，而且所有的组件都是由上往下配置，无法如图 5-3 中在一行同时放置多个组件。要解决这个问题，我们必须先了解 LinearLayout 界面布局。

1.　认识 LinearLayout

LinearLayout 称为线性布局，组件放置的顺序是根据线性由上往下。当新建一个项目时，默认使用的布局配置方法即是 LinearLayout，默认是以 vertical 垂直方式排列。

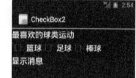

▲图 5-3　一行中放置多个组件

```
<?xmlversion="1.0"encoding="utf-8"?>
<LinearLayoutxmlns:android="http://schemas.android.com/apk/res/android"
    android:orientation="vertical"
    android:layout_width="fill_parent"
    android:layout_height="fill_parent">
</LinearLayout>
```

android:orientation 设置组件的排列方式，vertical 以垂直方式排列，horizontal 则以水平方式排列。

android:layout_width 和 android:layout_height 设置 LinearLayout（即手机屏幕）的外框大小，fill_parent 表示填满屏幕，wrap_content 表示根据组件的大小自行调整。

2.　水平方式排列组件

回到示例中，若在<main.xml>中修改 LinearLayout 的 android:orientation="horizontal"就可以将组件排列改为以水平方式排列。不过这时执行会发现，屏幕上只看到第一个 TextView 组件，因为 TextView 组件的 android:layout_width="fill_parent"会以 TextView 组件填满第一行整个屏幕，以致后面的组件都被挤到屏幕外面了。如果要显示正常，必须要在其他组件设置 android:layout_width="wrap_content"后，才能在一行中显示多个组件，如图 5-4 所示。

设置为水平方式排列界面和程序代码的结构如下：

▲图 5-4　改为水平方式排列组件

```
<?xmlversion="1.0"encoding="utf-8"?>
<LinearLayout xmlns:android="http://schemas.android.com/ apk/res/android"
    android:orientation="horizontal"
    android:layout_width="fill_parent"
    android:layout_height="fill_parent">

    <TextView android:layout_width="wrap_content"
    android:layout_height="wrap_content"
    android:text="最喜欢的球类运动"/>
```

```
<CheckBox android:id="@+id/chkBasketBall"
android:text="篮球"
android:layout_width="wrap_content"
android:layout_height="wrap_content"/>

<CheckBox android:id="@+id/chkFootBall"
android:text="足球"
android:layout_width="wrap_content"
android:layout_height="wrap_content"/>

<CheckBox android:id="@+id/chkBaseBall"
android:text="棒球"
android:layout_width="wrap_content"
android:layout_height="wrap_content"/>
```

`</LinearLayout>`

3. 创建嵌套 LinearLayout

但是设计者对于布局配置的需求是不会那么简单的，有时组件的放置需要同时拥有垂直及水平的布局配置，此时可以在 LinearLayout 中再加入另一个 LinearLayout，形成嵌套 LinearLayout。例如：我们想要定义外层 LinearLayout 组件是垂直排列，内层 LinearLayout 组件是水平排列，其配置方式如图 5-5 所示。

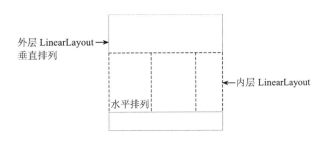

▲图 5-5 嵌套排列

❶创建以垂直排列的外层布局，LinearLayout 标签是以</LinearLayout>结束，只需要在最外层的 LinearLayout 设置 xmlns:android=http://schemas.android.com/apk/res/android，其他层的 LinearLayout 可以省略 xmlns:android=http://schemas.android.com/apk/res/android 的设置。

❷创建以水平排列的内层布局，必须设置内层组件 width 属性为 layout_width="wrap_content"，才

能将内层组件显示在同一行。

4. 示例：复制嵌套布局配置项目

按照<CheckBox1>项目创建<CheckBox2>项目，其中源代码的部份是相同，但在<CheckBox2>项目中的<main.xml>布局配置中，我们使用嵌套 LinearLayout 来配置，<main.xml>的程序代码如下：

```
<CheckBox2/res/layout/main.xml>

1<?xmlversion="1.0"encoding="utf-8"?>
2<LinearLayout xmlns:android="http://schemas.android.com/apk/res/android"
3android:orientation="vertical"
4android:layout_width="fill_parent"
5android:layout_height="fill_parent">
6
7<TextView android:layout_width="fill_parent"

8android:layout_height="wrap_content"
9android:text="最喜欢的球类运动"
10android:textSize="20sp"
11android:textColor="#FFFFFF"/>
12
13<LinearLayout android:orientation="horizontal"
14android:layout_height="wrap_content"
15android:layout_width="wrap_content">
16
17<CheckBox android:id="@+id/chkBasketBall"
18android:layout_width="wrap_content"
19android:layout_height="wrap_content"
20android:text="篮球"
21android:textColor="#FFFFFF"
22android:textSize="20sp"/>
23
24<CheckBox android:id="@+id/chkFootBall"
25android:layout_width="wrap_content"
26android:layout_height="wrap_content"
27android:text="足球"
28android:textColor="#FFFFFF"
29android:textSize="20sp"/>
30
31<CheckBox android:id="@+id/chkBaseBall"
32android:layout_width="wrap_content"
33android:layout_height="wrap_content"
34android:text="棒球"
35android:textSize="20sp"
36android:textColor="#FFFFFF"/>
37
38</LinearLayout>
39
40<TextView android:id="@+id/txtResult"
41android:layout_width="fill_parent"
42android:layout_height="wrap_content"
43android:textColor="#FFFFFF"
44android:textSize="20sp"
45android:text="显示消息"/>
46
47</LinearLayout>
```

- 第 2～7 行，创建外层的 LinearLayout，并使用 android:orientation="vertical"设置外层组件为垂直排列，布局宽和高都是填满整个屏幕。
- 第 7～11 行，在外层的 LinearLayout 创建 TextView，宽度填满整个屏幕，高度自动调整，其功能是用来显示题目。

- 第 13~38 行，创建内层的 LinearLayout，并使用 android:orientation="horizontal"设置内层组件为水平排列，组件的宽和高都是自动调整。

- 第 17~36 行，创建内层组件，加入 3 个 CheckBox，所有组件的宽和高都是自动调整。

- 第 40~45 行，在外层的 LinearLayout 创建 TextView 名称为 "txtResult"，这个组件将会创建在最下方，并以垂直排列方式将宽度填满整个屏幕，其功能是用来显示选择的结果。

保存项目后，按 Ctrl+F11 组合键执行项目，界面上 CheckBox 的 3 个选项，因为加入了嵌套式 LinearLayout，可以用水平的方式显示在界面上，用户在复选选项后会将结果显示在下方的文本框，如图 5-6 所示。

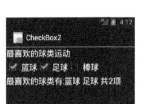 

利用嵌套式 LinearLayout 将选项水平排列

▲图 5-6　执行项目

5.2　RadioGroup、RadioButton 组件——单选列表

RadioButton 组件可供用户在多个选项中进行单选的动作，它经常配合 RadioGroup 选项组一起使用。程序中会利用 RadioGroup 选项组将多个 RadioButton 组件组合起来，在组中只能单选一个选项，也可以都不选择。

5.2.1　RadioGroup 和 RadioButton 的语法

RadioGroup、RadioButton 界面组件的语法如下：

```
<RadioGroup android:id="@+id/Group 组件名称"android:属性="属性值"
...其他属性>
    <RadioButton android:id="@+id/RadioButton 组件名称一"
    android:属性="属性值"
    ...其他属性/>
    <RadioButton android:id="@+id/RadioButton 组件名称二"
    android:属性="属性值"
    ...其他属性/>
</RadioGroup>
```

RadioGroup 标签是以 "</RadioGroup>" 结束，RadioGroup 选项组中可以包括多个 RadioButton，可以设置 RadioButton 的 Ckecked 属性为 true，成为默认选项。

当从界面组件区 FormWidgets 组件库拖曳一个 RadioGroup，RadioGroup 默认会创建 3 个 RadioButton 组件，并以垂直方式排列，默认选项为 "radio0"。

```
<RadioGroup android:id="@+id/radioGroup1"
android:layout_width="wrap_content"
android:layout_height="wrap_content">
    <RadioButton android:text="RadioButton"
        android:id="@+id/radio0"
        android:layout_width="wrap_content"
        android:layout_height="wrap_content"
        android:checked="true"></RadioButton>
```

```
    <RadioButton android:text="RadioButton"
        android:id="@+id/radio1"
        android:layout_width="wrap_content"
        android:layout_height="wrap_content"></RadioButton>
    <RadioButton android:text="RadioButton"
        android:id="@+id/radio2"
        android:layout_width="wrap_content"
        android:layout_height="wrap_content"></RadioButton>
</RadioGroup>
```

RadioGroup 中的组件也可以 Orientation 属性选择垂直或水平排列，默认是垂直排列。例如：radioGroup1 选项组中的组件水平排列。

```
<RadioGroup android:orientation="horizontal"
android:id="@+id/radioGroup1"
…>
```

5.2.2　新增 RadioGroup、RadioButton 组件

以下将以 RadioGroup、RadioButton 界面组件创建选项列表，让用户能从一组 RadioButton 列表中单选一项最喜欢的球类运动，并将结果显示在 TextView 组件中，如图 5-7 所示。

▲图 5-7　创建单选列表

新建<RadioButton1>项目，打开<main.xml>界面配置文件，由界面组件区的 FormWidgets 组件库拖曳一个 RadioGroup 和一个 TextView 界面组件至界面编辑区中，RadioGroup 默认会创建三个 RadioButton 组件，完成后的<main.xml>界面配置文件如下：

```
<RadioButton1/res/layout/main.xml>

<?xmlversion="1.0"encoding="utf-8"?>
<LinearLayout xmlns:android="http://schemas.android.com/apk/res/android"
    android:orientation="vertical"
    android:layout_width="fill_parent"
    android:layout_height="fill_parent">
    <TextView android:layout_width="fill_parent"

    android:layout_height="wrap_content"
    android:text="最喜欢的球类运动"
    android:textColor="#FFFFFF"
    android:textSize="20sp"/>

    <RadioGroup android:id="@+id/radGroupBalls"
    android:layout_width="fill_parent"
    android:layout_height="wrap_content">

        <RadioButton android:id="@+id/radBasketBall"
        android:text="篮球"
        android:layout_height="wrap_content"
        android:layout_width="fill_parent"
        android:textColor="#00FF00"/>

        <RadioButton android:id="@+id/radFootBall"
        android:text="足球"
```

```
    android:layout_height="wrap_content"
    android:layout_width="fill_parent"
    android:textColor="#00FF00"/>

    <RadioButton android:id="@+id/radBaseBall"
    android:text="棒球"
    android:layout_height="wrap_content"
    android:layout_width="fill_parent"
    android:textColor="#00FF00"/>

</RadioGroup>

<TextView android:id="@+id/txtResult"
android:text="显示结果"
android:layout_height="wrap_content"
android:layout_width="fill_parent"
android:textColor="#FFFFFF"
android:textSize="20sp"/>

</LinearLayout>
```

RadioGroup 选项组 radGroupBalls 中，包含 3 个 RadioButton 组件，名称为 "radBasketBall"、"radFootBall" 和 "radBaseBall"，显示内容分别是 "篮球"、"足球" 和 "棒球"，txtResult 显示选择的结果，所有组件的宽度均设为填满屏幕。

5.2.3 创建 RadioButton 组件选中的触发事件

如果希望在选中 RadioButton 列表中的选项后可以进行相关的处理，按理说应该为每个选项的 RadioButton 组件加上监听器，但是因为它们已包含在 RadioGroup 的群组中，设置时只要为 RadioGroup 设置触发事件的 listener 即可，而不必为每一个 RadioButton 设置。

1. 设置 RadioGroup 组件选中后触发事件的 Listener

在示例的程序文件中，利用 id 编号获取 RadioGroup 组件：radGroupBalls，接着为组件增加监听和触发后执行的方法：

```
radGroupBalls.setOnCheckedChangeListener(myListener);
```

2. 设置 RadioGroup 触发事件的 Listener 程序内容

最后为 RadioGroup 所触发事件后执行的方法加入处理的程序，它的结构与 CheckBox 组件相同。例如在示例中选择 RadioGroup 中任一个 RadioButton 都会执行 myListener 的方法内容，首先必须创建 onCheckedChanged() 方法，然后将 RadioButton 选中后实际要执行的事件写在 onCheckedChanged() 方法中：

```
Private RadioGroup.OnCheckedChangeListenermyListener=
        new RadioGroup.OnCheckedChangeListener(){
    @Override
    public void onCheckedChanged(RadioGroup group,int checkedId){
        实际要执行的程序代码;
    }
};
```

3. 识别触发的选项并获取选项信息

RadioGroup 是群组组件，程序要如何知道选中的是组中哪个 RadioButton 选项并获取相关信息呢？在刚才 RadioGroup 的 OnCheckedChangeListener 结构中 onCheckedChanged() 语法与参数如下：

```
onCheckedChanged(RadioGroup group,intcheckedId)
```

其中参数"group"为触发的 RadioGroup，可以使用 group 的 indexOfChild()获取选中选项的索引值，getChildCount()则可以获取列表中总共有多少选项，而参数"checkedId"则可以获取选中选项的 id 值。

例如要获取选项的索引值：

```
int p=group.indexOfChild((RadioButton)findViewById(checkedId));
```

例如要获取列表中总共有多少选项：

```
int count=group.getChildCount();
```

例如要检测是否选择了 radBasketBall 选项：

```
if(checkedId==R.id.radBasketBall)
```

4. 加入 RadioGroup 触发事件和完整程序代码

了解 RadioGroup 触发事件的 listener 的结构及如何设置触发后，我们回到示例中，完成 RadioGroup 触发事件及所有程序并在 onCheckedChanged()方法加入获取选项内容并显示选项内容的动作。完成后<RadioButton1Activity.java>源代码如下，程序中 import 包程序省略。

<RadioButton1/src/RadioButton1.com/RadioButton1Activity.java>

```
…略
9public class RadioButton1ActivityextendsActivity{
10private TextView txtResult;                                          ❶
11private Radio Button radBasketBall,radFootBall,radBaseBall;
12private RadioGroup radGroupBalls;
13
14@Override
15public void onCreate(BundlesavedInstanceState){
16          super.onCreate(savedInstanceState);
17          setContentView(R.layout.main);
18
19          //获取资源文件中的界面组件
20          txtResult=(TextView)findViewById(R.id.txtResult);
21          radGroupBalls=(RadioGroup)findViewById(R.id.radGroupBalls);
22          radBasketBall=(RadioButton)findViewById(R.id.radBasketBall);     ❷
23          radFootBall=(RadioButton)findViewById(R.id.radFootBall);
24          radBaseBall=(RadioButton)findViewById(R.id.radBaseBall);
25
26          //设置 radGroupBall 组件 CheckedChange 事件的 listener 为 myListener
27          radGroupBalls.setOnCheckedChangeListener(myListener);           ❸
28          }
29
30//定义 OnCheckedChange 方法
31private RadioGroup.OnCheckedChangeListenermyListener=               ❹
32new RadioGroup.OnCheckedChangeListener(){
33@Override
34public void onCheckedChanged(RadioGroup group,
int checkedId){
35int p=group.indexOfChild((RadioButton)findViewById(checkedId));
//选项的索引值
36int count=group.getChildCount();//列表总共有多少项                 ❺
37
38if(checkedId==R.id.radBasketBall)
39txtResult.setText(count+"项球类中，最喜欢第"+(p+1)+"项"+radBasketBall.getText());
40elseif(checkedId==R.id.radFootBall)
41txtResult.setText(count+"项球类中，最喜欢第"+(p+1)+"项"+radFootBall.getText());
42elseif(checkedId==R.id.radBaseBall)
43txtResult.setText(count+"项球类中，最喜欢第"+(p+1)+"项"+radBaseBall.getText());
44}
45};
46}
```

❶声明全局对象。

❷获取资源文件中的界面组件 id。

❸设置 radGroupBalls 的 listener 是 myListener，这样选中 radBasketBall、radFootBall 或 radBaseBall 都会执行 onCheckedChanged()方法。

❹第 31～45 行，创建 RadioGroup 组件 CheckedChanged 选中事件的 listener。

❺第 34～44 行，选中 radBasketBall、radFootBall 或 radBaseBall 都会执行 onCheckedChanged() 方法。

第 35 行，checkedId 是选项的 id 值，通过(RadioButton)findViewById(id)可以获得选项的对象名称，记得类型要转换为 RadioButton，最后再以 group.indexOfChild()获取选项的索引值。

第 36 行，通过 group.getChildCount()获取群组中总共有多少选项。

第 38～43 行，通过 checkedId 来识别选中的选项，并根据不同的选项显示选项内容到指定的组件上。

保存项目后按 Ctrl+F11 组合键执行项目，用户在选择选项后会将结果显示在下面的文本框内，如图 5-8 所示。

▲图 5-8　执行项目

5.2.4　复制为嵌套布局配置项目

根据<RadioButton1>项目创建<RadioButton2>项目，其中源代码的部分是相同的，但在<RadioButton2>项目中的<main.xml>布局配置中，我们使用嵌套 LinearLayout 来配置，<main.xml>的程序代码如下：

```
<RadioButton2/res/layout/main.xml>

1<?xmlversion="1.0"encoding="utf-8"?>
2<LinearLayout xmlns:android="http://schemas.android.com/apk/res/android"
3android:orientation="vertical"
4android:layout_width="fill_parent"
5android:layout_height="fill_parent">
6
7<TextView android:layout_width="fill_parent"
8android:layout_height="wrap_content"
9android:text="最喜欢的球类运动"
10android:textColor="#FFFFFF"
11android:textSize="20sp"/>
12
13<LinearLayout android:orientation="horizontal"
14android:layout_height="wrap_content"
15android:layout_width="wrap_content">
16
17<RadioGroup android:orientation="horizontal"
18android:id="@+id/radGroupBalls"
```

```
19android:layout_width="wrap_content"
20android:layout_height="wrap_content">
21
22<RadioButton android:id="@+id/radBasketBall"
23android:text="篮球"
24android:layout_height="wrap_content"
25android:layout_width="wrap_content"
26android:textColor="#00FF00"/>
27
28<RadioButton android:id="@+id/radFootBall"
29android:text="足球"
30android:layout_height="wrap_content"
31android:layout_width="wrap_content"
32android:textColor="#00FF00"/>
33
34<RadioButton android:id="@+id/radBaseBall"
35android:text="棒球"
36android:layout_height="wrap_content"
37android:layout_width="wrap_content"
38android:textColor="#00FF00"/>
39
40</RadioGroup>
41
42</LinearLayout>
43
44<TextView android:id="@+id/txtResult"
45android:text="显示结果"
46android:layout_height="wrap_content"
47android:layout_width="fill_parent"
48android:textColor="#FFFFFF"
49android:textSize="20sp"/>
50
51</LinearLayout>
```

- 第 2～51 行，创建外层的 LinearLayout，并使用 android:orientation="vertical"设置外层组件为垂直排列，布局宽和高都是填满整个屏幕。
- 第 7～11 行，在外层的 LinearLayout 创建 TextView，宽度填满整个屏幕，高度自动调整，其功能是用来显示标题。
- 第 13～42 行，创建内层的 LinearLayout，并以 android:orientation="horizontal"设置内层组件为水平排列，组件的宽和高都是自动调整。
- 第 17～40 行，创建内层组件，加入 RadioGroup 及 RadioButton 组件，所有组件的宽和高都是自动调整。
- 第 44～49 行，在外层的 LinearLayout 创建 TextView 命名为"txtResult"，这个组件将会创建在最下方，并以垂直排列方式将宽度填满整个屏幕，其功能是用来显示选择的结果。

保存项目后，按 Ctrl+F11 组合键执行项目，界面上 RadioGroup 及 RadioButton 组件选项，因为加入了嵌套式 LinearLayout，可以用水平的方式显示在界面上，用户在选中选项后会将结果显示在下方的文本框中，如图 5-9 所示。

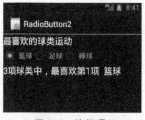

▲图 5-9　执行项目

5.3 Spinner 界面组件——下拉式列表

Spinner 界面组件称为下拉式列表，它可以创建选项列表供用户从中选择，对手机的应用程序而言，这算是很人性的设计，可以避免用户输入错误，而且平时 Spinner 界面组件不做选择操作时，会自动收起来，节省空间。

5.3.1 Spinner 的语法示例

例如：创建 Spinner 组件，名称为"spnPrefer"，宽度填满整个屏幕，高度根据选项的数目自动调整。

```
<Spinner android:id="@+id/spnPrefer"
android:layout_height="wrap_content"
android:layout_width="fill_parent"/>
```

5.3.2 新增 Spinner 组件

下面将以 Spinner 界面组件创建下拉式的选项列表，让用户可以在选项中选择喜欢的球类运动，并将结果显示在 TextView 组件，如图 5-10 所示。

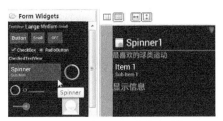

▲图 5-10　创建下拉选项列表

新建<Spinner1>项目，打开<main.xml>布局配置文件，由界面组件区 FormWidgets 组件库中分别拖曳一个 Spinner 界面组件、一个 TextView 界面组件到界面编辑区中。最后完成的<main.xml>布局配置文件如下：

```
<Spinner1/res/layout/main.xml>

    <?xmlversion="1.0"encoding="utf-8"?>
    <LinearLayout xmlns:android="http://schemas.android.com/apk/res/
    android"
    android:orientation="vertical"
    android:layout_width="fill_parent"
    android:layout_height="fill_parent">

    <TextView android:layout_width="fill_parent"
    android:layout_height="wrap_content"
    android:text="最喜欢的球类运动"
    android:textColor="#00FF00"
    android:textSize="20sp"/>

    <Spinner android:id="@+id/spnPrefer"
    android:layout_height="wrap_content"
    android:layout_width="fill_parent"/>

    <TextView android:id="@+id/txtResult"
    android:layout_width="fill_parent"
    android:layout_height="wrap_content"
    android:text="显示消息"
    android:textColor="#00FF00"
```

```
    android:textSize="24sp"/>

</LinearLayout>
```

spnPrefer 提供选项列表，txtResult 显示选择的结果，三个组件的宽度均设为填满屏幕。

5.3.3 创建 Spinner 选项的步骤

要特别注意的是 Spinner 组件加入后是没有选项的，如果要创建选项列表就必须在程序文件中设置数据源，图 5-11 是创建 Spinner 组件选项的步骤。

▲图 5-11 创建 Spinner 选项的步骤

列表的数据源是以 ArrayAdapter 对象的形式存在，常用的创建方法有两种，最简单的方式，就是在程序中使用数组的方式声明，Spinner 组件就能在程序里直接使用。

但如果要考虑本地化的情况，就适合使用另一种方式，将选项列表设置在项目的 <res/values/strings.xml>中，再由程序通过资源文件获取列表数组来使用。

5.3.4 利用数组声明加入 Spinner 选项列表

回到示例中，首先我们将使用数组声明的方式设置喜爱球类的选项，最后再将数据源设置到 Spinner 组件中来显示。这些程序代码必须写在<src/Spinner1.com/Spinner1Actcvity.java>中，程序代码如下：

```
<Spinner1/src/Spinner1.com/Spinner1Actcvity.java>

…略
public class Spinner1 extends Activity{
    private SpinnerspnPrefer;
❶  String[] Balls=new String[]{"篮球","足球","棒球","其他"};

    @Override
    public void onCreate(BundlesavedInstanceState){
        super.onCreate(savedInstanceState);
        setContentView(R.layout.main);

        spnPrefer=(Spinner)findViewById(R.id.spnPrefer);
        //创建 ArrayAdapter
❷      ArrayAdapter<String> adapterBalls=new ArrayAdapter<String>
        (this,android.R.layout.simple_spinner_item,Balls);

        //设置 Spinner 显示的格式
❸      adapterBalls.setDropDownViewResource(android.R.layout.
        simple_spinner_dropdown_item);

        //设置 Spinner 的数据源
❹      spnPrefer.setAdapter(adapterBalls);
    }
}
```

❶首先声明 String 类型的数组：Balls。

❷创建一个 ArrayAdapter 对象，并设置其选项的数据源是 Balls 数组。ArrayAdapter 是泛型类，ArrayAdapter<String>adapterBalls 表示声明一个 String 类型的对象，对象名称是 adapterBalls。必

须输入三个参数：第一个参数 "this" 代表将对象创建在此项目中的主程序类 Spinner1Actcvity 中。第二个参数 "android.R.layout.simple_spinner_item" 代表使用系统提供的布局配置文件。第三个参数 "Balls" 设置其选项内容是 Balls 数组。

❸设置 Spinner 组件显示的格式。参数 "android.R.layout.simple_spinner_dropdown_item" 代表设置以下拉式的格式来显示。

❹使用 setAdapter()方法，将 adapterBalls 设置为 Spinner 的选项，设置后 spnPrefer 显示的选项即是 Balls 数组。

保存项目后，按 Ctrl+F11 组合键执行项目，用户在选择下拉式列表后会在界面中显示选项，但目前选择并不会有任何执行动作，如图 5-12 所示。

▲图 5-12　执行项目

5.3.5　创建 Spinner 组件的触发事件

如果希望在选择 Spinner 列表中的选项可以进行相关的处理，就必须为 Spinner 组件创建选项选择的监听器：OnItemSelectedListener 对象，这个监听器中会包括 onItemSelected() 和 onNothingSelected()两个方法。

1. 设置 Spinner 组件当选择选项后触发事件的 listener

在示例的程序文件中，利用 id 编号获取 spinner 组件：spnPrefer，接着为组件增加监听动作和触发后执行的方法：

```
spnPrefer.setOnItemSelectedListener(spnPreferListener);
```

2. 设置 Spinner 触发事件的 listener 程序内容

最后要为 Spinner 所触发事件后执行的方法加入处理的程序，特别要注意的是 Spinner 组件的 OnItemSelectedListener 方法中一定要包括 onItemSelected()和 onNothingSelected()两个方法，也就是选项被选择或没有选项被选择的处理。

例如在示例中触发 spnPrefer 都会执行 spnPreferListener 的方法内容，一定要包括 onItemSelected()和 onNothingSelected()两个方法，然后将 Spinner 选择后实际要执行的事件写在 onItemSelected()方法中：

```
Private spnPrefer.OnItemSelectedListenerspnPreferListener=
    new Spinner.OnItemSelectedListener(){
    @Override
    public void onItemSelected(AdapterView<?> parent,View v,int position,long id){
        实际要执行的程序代码;
    }
    @Override
    public void onNothingSelected(AdapterView<?> parent){
        //TODO Auto-generated method stub
```

```
        }
    };
```

在 onItemSelected 方法中接收 4 个参数："parent"是触发的 Spinner，"v"是触发的选项，"position"是触发选项的索引位置，"id"代表触发选项 id 值。

3. 识别触发的选项并获取选项信息

程序要如何知道选择的是 Spinner 组件中哪个选项并获取相关信息呢？我们用 getSelectedItem()方法可以获取触发选项的内容。

如要获取选项的值：

```
String sel=parent.getSelectedItem().toString();
```

4. 加入 spnPrefer 触发事件和完整程序代码

了解 Spinner 触发事件的 listener 的结构及如何设置触发后，我们回到示例中，完成 spnPrefer 触发事件及所有程序并在 onItemSelected()方法加入获取选项内容并显示选项内容的动作。完成后 <Spinner1Activity.java>程序代码如下：

```
<Spinner1/src/Spinner1.com/Spinner1Activity.java>
…略
11public class Spinner1Activity extends Activity{
12private TextView txtResult;
13private Spinner spnPrefer;
14String[] Balls=new String[]{"篮球","足球","棒球","其他"};
16@Override
17public void onCreate(BundlesavedInstanceState){
18super.onCreate(savedInstanceState);
19setContentView(R.layout.main);
20
21txtResult=(TextView)findViewById(R.id.txtResult);
22spnPrefer=(Spinner)findViewById(R.id.spnPrefer);
23//创建 ArrayAdapter
24ArrayAdapter<String> adapterBalls=new
ArrayAdapter<String>(
25this,android.R.layout.simple_spinner_item,Balls);
26
27//设置 Spinner 显示的格式
28adapterBalls.setDropDownViewResource(android.
R.layout.simple_spinner_dropdown_item);
29
30//设置 Spinner 的数据源
31spnPrefer.setAdapter(adapterBalls);
32
33//设置 spnPrefer 组件 ItemSelected 事件的 listener 为 spnPreferListener
34spnPrefer.setOnItemSelectedListener(spnPreferListener);
35}
36
37//定义 onItemSelected 方法
38private Spinner.OnItemSelectedListenerspnPreferListener=
39new Spinner.OnItemSelectedListener(){
40@Override
41public void onItemSelected(AdapterView<?> parent,View v,
42int position,long id){
43String sel=parent.getSelectedItem().toString();
44txtResult.setText(sel);
45}
46@Override
47public void onNothingSelected(AdapterView<?> parent){
48//TODO Auto-generated method stub
49}
50};
51}
```

- 第 12～14 行，创建全局对象。
- 第 21～22 行，获取资源文件中的 TextView 和 Spinner 界面组件。
- 第 24～25 行，设置其数据源是 Balls 数组。
- 第 28 行，设置 Spinner 显示的格式。
- 第 31 行，设置 spnPrefer 的数据源是 adapterBalls。
- 第 34 行，设置 spnPrefer 组件的事件 listener 为 spnPreferListener。
- 第 38～50 行，创建 spnPreferListener，其中包含 onItemSelected()和 onNothingSelected()两个方法。
- 第 43～44 行，使用 getSelectedItem()获取选项的内容并显示在 txtResult 上。

保存项目后，按 Ctrl+F11 组合键执行项目，用户在选择下拉式选项后，会将选择的内容显示在下方的文本框中，如图 5-13 所示。

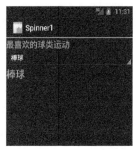

▲图 5-13 执行项目

5.3.6 利用 string.xml 文件加入 Spinner 选项列表

如果选项内容有多语言的考虑，可以将选项列表内容创建在<res/values/string.xml>中，再通过资源文件获取列表数组来使用。

1. 创建<res/values/string.xml>的列表数组

在<string.xml>创建列表数组的语法如下：

```
<string-arrayname="数组名">
<item>选项内容 1</item>
…
<item>选项内容 n</item>
</string-array>
```

例如：我们希望在<res/values/string.xml>文件中，创建 Balls 数组，内含"篮球、足球、棒球、其他"4 个选项，其内容如下：

```
<?xmlversion="1.0"encoding="utf-8"?>
<resources>
    <string-array name="Balls">
        <item>篮球</item>
        <item>足球</item>
        <item>棒球</item>
        <item>其他</item>
    </string-array>
</resources>
```

完成之后请保存文件，即可以在程序中以 R.array.Balls 获取此数组内容。

2. 创建 ArrayAdapter 并设置其数据源

使用 R.array 数组创建的 ArrayAdapter 其数据类型必须是 CharSequence，并使用

createFromResource()方法获取<string.xml>文件的 R.array.Balls 数组：

```
ArrayAdapter<CharSequence>adapterBalls=ArrayAdapter.createFromResource(this,R.array.
Balls,android.R.layout.simple_spinner_item);
```

ArrayAdapter<CharSequence>adapterBalls 表示声明一个 CharSequence 类型的对象，对象名称是 adapterBalls。createFromResource()方法必须输入三个参数：第一个参数"this"代表创建在此项目中，第二个参数"R.array.Balls"是设置其数据源为<string.xml>中的 Balls 数组，第三个参数"android.R.layout.simple_spinner_item"代表使用系统提供的界面布局配置文件。

ArrayAdapter 链接两种数组的比较

使用 ArrayAdapter 链接 Balls 数组和 R.array.Balls 数组有下列的差异。

（1）ArrayAdapter 的数据类型不同，Balls 数组的数据类型是 String，而 R.array.Balls 的数据类型是 CharSequence。

（2）构建方式不同。Balls 数组是用 new 构建，而 R.array.Balls 是使用 createFromResource() 方法获取 string.xml 文件的 R.array.Balls 数组。

3. 示例：复制 Spinner 选项链接 string.xml 项目

按照<Spinner1>项目新建<Spinner2>项目，其中布局配置文件是相同，但 Spinner 组件的选项列表改为使用<string.xml>创建。首先打开<res/values/string.xml>文件创建 Balls 数组，内含"篮球、足球、棒球、其他"4 个选项：

```
<Spinner2/res/values/string.xml>

<?xmlversion="1.0"encoding="utf-8"?>
<resources>
    <string name="hello">HelloWorld,Spinner2Activity!</string>
    <string name="app_name">Spinner2</string>
    <string-array name="Balls">
        <item>篮球</item>
        <item>足球</item>
        <item>棒球</item>
        <item>其他</item>
    </string-array>
</resources>
```

<Spinner2Activity.java>中，Spinner 组件的选项列表改为使用<string.xml>创建，即链接至 R.array.Balls 数组。

```
<Spinner2/src/Spinner2.com/Spinner2Activity.java>
…略
16public void onCreate(BundlesavedInstanceState){
…略
20txtResult=(TextView)findViewById(R.id.txtResult);
21spnPrefer=(Spinner)findViewById(R.id.spnPrefer);
22//创建 ArrayAdapter,数据源是 strings.xml 的 Balls 数组
23ArrayAdapter<CharSequence>adapterBalls
=ArrayAdapter.createFromResource(
24this,R.array.Balls,
25android.R.layout.simple_spinner_item);
27//设置 Spinner 显示的格式
28adapterBalls.setDropDownViewResource(
android.R.layout.simple_spinner_dropdown_item);
29
30//设置 Spinner 的数据源
31spnPrefer.setAdapter(adapterBalls);
32
```

```
33//设置 spnPrefer 组件 ItemSelected 事件的 listener 为 spnPreferListener
34spnPrefer.setOnItemSelectedListener(spnPreferListener);
35}
36
37//定义 onItemSelected 方法
38private Spinner.OnItemSelectedListenerspnPreferListener=
39new Spinner.OnItemSelectedListener(){
40@Override
41public void onItemSelected(AdapterView<?> parent,View v,
42int position,longid){
43String sel=parent.getSelectedItem().toString();
44txtResult.setText(sel);
45}
…略
50};
```

- 第 23～25 行，设置其数据源是 string.xml 文件的 Balls 数组。
- 第 28 行，设置 Spinner 显示的格式。
- 第 31 行，设置 spnPrefer 的数据源是 adapterBalls。
- 第 34 行，设置 spnPrefer 组件的事件 listener 为 spnPreferListener。
- 第 38～50 行，创建 spnPreferListener。
- 第 43～44 行，使用 getSelectedItem()获取选项的内容并显示在 txtResult 上。

保存项目后，按 Ctrl+F11 组合键执行项目，用户在选择下拉式选项后，会将选择的内容显示在下方的文本框中，如图 5-14 所示。

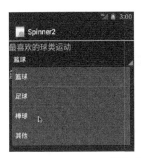

▲图 5-14 执行项目

扩展练习

1. 制作"最喜欢的程序语言"复选选项，并将结果显示在下面。
2. 在个人基本资料中，填写"姓名"和"血型"单选选项，并将结果显示在下面。
3. 在个人基本资料中填写"姓名"，并在下拉式列表中选择"学历"，并将结果显示在下面。

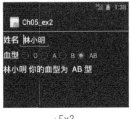
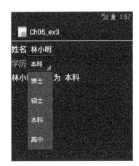

▲Ex1　　　　　　　　▲Ex2　　　　　　　　▲Ex3

第6章 图片相关界面组件

ImageView 界面组件主要用以显示图像，Gallery 以图片列表显示所有图片，支持手指左右拖曳滑动的效果，并且可以选择指定的图片。GridView 以行列二维的方式显示表格，并在表格中放置图片。

学习重点

- ImageView 界面组件
- Gallery 界面组件
- 继承 BaseAdapter
- 影片循环的 Gallery
- GridView 界面组件

6.1 ImageView 界面组件——显示图像

ImageView 界面组件主要用以显示图像，让显示画面更加美观和生动。

6.1.1 ImageView 的语法与常用属性

1. ImageView 的语法

在 Andrioid 程序中使用图像图片有以下几个注意事项。

（1）图像图片必须根据使用的分辨率，分别放置在<res/drawable-hdpi>、<res/drawable-ldpi>或<res/drawable-mdpi>中。但如果没有那么讲究，可以直接放置在<res/drawable>的目录中。

（2）程序的图像文件格式可以使用 png、jpg 或 gif，要注意的是文件命名时无论文件名或扩展名都必须使用小写字母，否则执行时会产生应用程序的错误。

ImageView 界面组件的标准语法如下：

```
<Image View android:id="@+id/组件名称"android:属性="属性值"
…其他属性/>
```

例如：创建 ImageView 组件，名称为"imgPhoto"，图像的图片为"R.drawable.img01"，图片按原来的尺寸居中显示。

```
<ImageView android:id="@+id/imgPhoto"
android:layout_width="wrap_content"
android:layout_height="wrap_content"
android:src="@drawable/img01"
android:scaleType="fitCenter"/>
```

在程序中设置 ImageView 组件显示指定的图片，可以使用 setImageResource()方法设置

ImageView 显示的图像。例如我们要指定名称为"imgPhoto"，图像的图片为"R.drawable.img01"，方式如下：

```
imgPhoto.setImageResource(R.drawable.img01);
```

2. ImageView 的常用属性

属性名称	对应的 xml 程序代码	说　　明	
Src	android:src	设置图片来源。图片放置在指定的文件夹后，系统会自动在资源类文件<R.java>中注册，一般来源文件会由其中的 R.darwable 获取 id	
Scaletype	android:scaleType	设置显示图片的缩放方式。以下是常用类型。	
		center	按尺寸居中显示
		centerCrop	按比例扩大图片的尺寸居中显示，超过部分裁剪
		centerInside	将图片的内容完整居中显示
		fitCenter	按比例居中完整显示图片
		fitEnd	按比例靠右或下完整显示图片
		fitStart	按比例靠左或上完整显示图片
		fixXY	不按比例按组件大小显示图片
		matrix	根据 matrix 矩阵显示图片

3. 在 Eclipse 项目中加入图片文件

刚才曾说过 Android 图片的位置为<res/drawable>目录，但是新的项目下默认并没有这个文件夹，所以我们必须先新增文件夹后再将图片放进去，具体步骤如下。

（1）在 Eclipse 中打开 Package Explorer 窗口，打开编辑的项目后，在<res>文件夹右键单击，点击 New/Folder，在对话框的 Foldername 中输入"drawable"后点击 Finish 按钮完成。

（2）在 Windows 资源管理器中选择要加入的图片文件后按 Ctrl+C 组合键复制，然后在 Eclipse 中刚新增的<res/drawable>目录上右键单击 Paste 按钮，即可将选择的图片加入到 drawable 目录中。

> 如果用户是在 Windows 资源管理器下新增或删除图像文件，则必须在 Eclipse 中，再选择该项目并在主功能中使用 File/Refresh 更新资源类文件。

6.1.2　示例：图像浏览器

利用 ImageView 显示图像，并可以点击上一张、下一张按钮显示其他的图像，如图 6-1 所示。

图片的切换是利用按钮，所以程序的触发要写在按钮上。

▲图 6-1　利用 ImageView 显示图像

1. 新建项目并完成布局配置

新建<PhotoPlayer>项目，在<main.xml>中增加两个 Button 界面组件、一个 ImageView 界面组件，并设置相关属性如下：

```
<PhotoPlayer/res/layout/main.xml>

  <?xmlversion="1.0"encoding="utf-8"?>
<LinearLayout xmlns:android="http://schemas.android.com/apk/res/android"
  android:orientation="vertical"
  android:layout_width="fill_parent"
  android:layout_height="fill_parent">

  <Button android:id="@+id/btnPrev"
  android:layout_width="fill_parent"
  android:layout_height="wrap_content"
  android:text="上一张"/>
  <Button android:id="@+id/btnNext"
  android:layout_width="fill_parent"
  android:layout_height="wrap_content"
  android:text="下一张"/>

  <ImageView android:id="@+id/imgPhoto"
  android:layout_width="wrap_content"
  android:layout_height="wrap_content"
  android:src="@drawable/img01"
  android:layout_gravity="center_horizontal"
  android:scaleType="fitCenter"/>

</LinearLayout>
```

三个组件名称分别是 btnPrev、btnNext、imgPhoto，imgPhoto 默认的图像文件是"R.drawable. img01"，宽和高根据图片原来大小居中显示。

2. 加入图片

在项目<res>目录下创建<drawable>文件夹，并加入附书程序中所提供的原始图形文件 <img01.jpg>～<img06.jpg>共 6 张，注意文件名必须使用小写字母。

3. 加入执行的程序代码

打开<src/PhotoPlayer.com/PhotoPlayerActivity.java>。程序中 import 包程序省略，程序中也加入了一些注释，帮助读者了解程序。

```
<PhotoPlayer/src/PhotoPlayer.com/PhotoPlayerActivity.java>
…略
9public class PhotoPlayerActivity extends Activity{
10//将所有的图片储存到数组中
11int[] imgId={R.drawable.img01,R.drawable.img02,
            R.drawable.img03,R.drawable.img04,R.drawable.img05,
        R.drawable.img06};
12private Button btnPrev,btnNext;
13private ImageViewi mgPhoto;
14int p=0;//图片的索引(第几张图片)
15int count=imgId.length;//共有多少张图片
16/**Called when the activity is first created.*/
17@Override
18public void onCreate(BundlesavedInstanceState){
19super.onCreate(savedInstanceState);
20setContentView(R.layout.main);
21
22//获取资源文件中的界面组件
23btnPrev=(Button)findViewById(R.id.btnPrev);
24btnNext=(Button)findViewById(R.id.btnNext);
25imgPhoto=(ImageView)findViewById(R.id.imgPhoto);
```

❶

❷

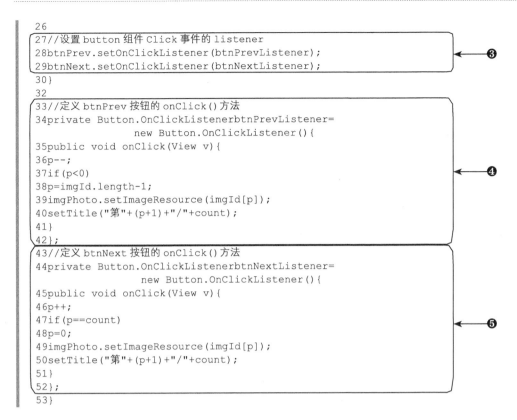

```
26
27//设置 button 组件 Click 事件的 listener
28btnPrev.setOnClickListener(btnPrevListener);                    ◀——❸
29btnNext.setOnClickListener(btnNextListener);
30}
32
33//定义 btnPrev 按钮的 onClick()方法
34private Button.OnClickListenerbtnPrevListener=
                new Button.OnClickListener(){
35public void onClick(View v){
36p--;
37if(p<0)                                                          ◀——❹
38p=imgId.length-1;
39imgPhoto.setImageResource(imgId[p]);
40setTitle("第"+(p+1)+"/"+count);
41}
42};
43//定义 btnNext 按钮的 onClick()方法
44private Button.OnClickListenerbtnNextListener=
                new Button.OnClickListener(){
45public void onClick(View v){
46p++;
47if(p==count)                                                     ◀——❺
48p=0;
49imgPhoto.setImageResource(imgId[p]);
50setTitle("第"+(p+1)+"/"+count);
51}
52};
53}
```

❶声明全局变量：因为 btnPrev、btnPrev 和 imgPhoto 对象变量必须在不同的方法中存取，必须声明为全局变量。

第 11 行，将图像文件保存在 imgId 数组中，再通过数组来存取。

第 14 行，设置图片的索引 p（第几张图片），初始值是 0。

第 15 行，利用 count 记录共有多少张图片，imgId.length 可获取数组的长度，本例是 6。

❷接着在 onCreate 方法中利用 findViewById()获取的 btnPrev、btnPrev 和 imgPhoto 界面组件并保存到刚才声明的 3 个变量中。

❸为按钮 btnPrev 单击事件设置监听器及触发时执行 btnPrevListener 自定义方法，btnNext 单击事件设置监听器及触发时执行 btnNextListener 自定义方法。

❹自定义 btnPrevListener 方法用来处理 btnPrev 的单击事件。单击"上一张"按钮，将 p 减 1，并判断是否 p<0，也就是目前显示的照片数如果是第一张，则将 p 的索引设为 imgId.length-1 跳到最后一张。第 38 行，因为是 p 图片的索引值，必须再减 1 作修正。第 39 行，imgPhoto.setImageResource(imgId[p])设置显示的图片。第 40 行，使用 setTitle()在标题栏上显示目前图片是第几张，共几张的信息。

❺自定义 btnNextListener 方法用来处理 btnNext 的单击事件。单击"下一张"按钮，将 p 加 1，并判断是否 p==count，也就是目前显示的照片数，如果是最后一张，则将 p 的索引设为 0 返回第一张。

保存项目后按 Ctrl+F11 组合键执行项目，单击上方的按钮来切换图片，在标题处会显示图片共几张，目前在第几张的消息，如图 6-2 所示。

▲图 6-2　执行项目

6.2 Gallery 界面组件——画廊展示

　　Gallery 组件的展示方式是将图片从左到右的方式排列，如同画廊放置作品一样。但是较为特殊的是 Gallery 组件支持手指左右拖曳滑动的效果，并且可以选择指定的图片，从界面布局来看是相当灵活而有用的组件。

6.2.1　Gallery 语法示例与常用的属性

　　例如：我们要创建一个 Gallery 组件，名称为 "Gallery01"，Gallery 组件和边界的距离是 5dp，图片间的间隔是 2dp，宽度填满整个屏幕，高度根据图片高度调整。

```
<Gallery android:id="@+id/Gallery01"
  android:layout_width="fill_parent"
  android:layout_height="wrap_content"
  android:padding="5dp"
  android:spacing="2dp"/>
```

　　Gallery 提供许多属性来设置其特性，常用的属性如下。

属性名称	对应的 xml 程序代码	说　　明
Animationduration	android:animationDuration	设置动画过渡时间
Gravity	android:gravity	图片对齐方式
Unselectedalpha	android:unselectedAlpha	选中图片的透明度
Spacing	android:spacing	图片间的间隔

6.2.2　Gallery 程序执行的流程

　　一般来说 Gallery 程序的执行流程重点如图 6-3 所示。

▲图 6-3　Gallery 程序的执行流程

　　Gallery 组件所使用图片的数据源是以 BaseAdapter 对象的形式存在，所以在使用前必须要先声明 BaseAdapter。

6.2.3 继承 BaseAdapter

使用 Gallery 组件的数据源必须创建一个继承自 BaseAdapter 的对象来放置想要呈现的图片数据。在程序中继承 BaseAdapter 后，必须实现 getCount()、getView()、getItem()、getItemId()等方法，并将 Gallery 组件欲显示的图片创建在 getView()方法中。

创建继承 BaseAdapter 的类

下面我们以创建继承 BaseAdapter 的 myAdapter 类为例，产生的程序结构如下，我们最主要的工作就是在 getView()方法加入要显示的内容，当然默认的参数命名也可改为较易识别的名称。getCount()获取共有多少张图片，getItem()是获取目前的选项，getItemId()是获取目前的选项的 Id，getView()方法定义要显示的内容。

```
public class MyAdapterextendsBaseAdapter{
    @Override
    public int getCount(){
        //TODO Auto-generated method stub
        return 0;
    }
    @Override
    Public ObjectgetItem(int arg0){
        //TODO Auto-generated method stub
        return null;
    }
    @Override
    public long getItemId(int arg0){
        //TODO Auto-generated method stub
        Return 0;
    }
    @Override
    public View getView(int arg0,View arg1,ViewGroup arg2){
        //TODO Auto-generated method stub
        return null;
    }
}
```

> 这里是第一次接触 BaseAdapter，未来有许多组件都必须利用它来显示内容，务必要多多练习。

默认创建的参数名称不易识别，通常会更改为较易识别的名称。

例如：定义 Gallery 组件要显示的图片是一个 ImageView 组件，ImageView 宽、高为 120*80，图像居中，图像来源为 imageIds 数组。

```
//定义显示的图片
public View getView(int position,View contextView,View Group
parent)
{
    ImageView iv=new ImageView(mContext);
    iv.setImageResource(imageIds[position]);
    iv.setScaleType(ImageView.ScaleType.FIT_CENTER);
    iv.setLayoutParams(newGallery.LayoutParams(120,80));
    return iv;
}
```

6.2.4 示例：使用 Gallery 组件显示图片行

使用 Gallery 组件显示图片行，当在 Gallery 组件中选择指定的图片，同时会在下方的 ImageView 组件显示完整图片，如图 6-4 所示。

▲图 6-4　显示图片行

1. 新建项目并完成布局配置

新建<Gallery1>项目，在<main.xml>中创建一个 Gallery 组件、ImageView 组件，并设置 Gallery 组件属性 Padding="5dp"、Spacing="-5dp"。

```
<Gallery1/res/layout/main.xml>

<?xmlversion="1.0"encoding="utf-8"?>
<LinearLayout xmlns:android="http://schemas.android.com/apk/res/android"
android:orientation="vertical"
android:layout_width="fill_parent"
android:layout_height="fill_parent">

    <Gallery android:id="@+id/Gallery01"
    android:layout_width="fill_parent"
    android:layout_height="wrap_content"
    android:padding="5dp"
    android:spacing="-5dp"/>

    <ImageView android:id="@+id/imgShow"
    android:layout_width="wrap_content"
    android:layout_height="wrap_content"/>

</LinearLayout>
```

2. 加入图片

在项目<res>目录下创建<drawable>文件夹，加入<img01.jpg>～<img06.jpg>共 6 张，注意文件名必须使用小写字母。

3. 加入执行的程序代码

打开<Gallery1/src/Gallery1.com/Gallery1Activity.java>。程序中自动创建 MyAdapter 类继承 BaseAdapter 类，作为 Gallery 的图片数据源，并加入 ItemSelected()事件，当选择 Gallery 中的图片后会在下方的 ImageView 显示完整图片。

```
<Gallery1/src/Gallery1.com/Gallery1Activity.java>
…略
13public class Gallery01Activity extends Activity{
14private static finalint[] imageIds={
15R.drawable.img01,R.drawable.img02,R.drawable.img03,
16R.drawable.img04,R.drawable.img05,R.drawable.img06
17};
18private ImageView imgShow;
19@Override
20public void onCreate(BundlesavedInstanceState){
21super.onCreate(savedInstanceState);
```

```
22setContentView(R.layout.main);
23
24//获取资源文件中的界面组件
25 imgShow=(ImageView)findViewById(R.id.imgShow);
26 Gallerygal=(Gallery)findViewById(R.id.Gallery01);
27
28//创建自定义的 Adapter
29 MyAdapteradapter=newMyAdapter(this);
30
31//设置 Gallery 的数据源
32 gal.setAdapter(adapter);
33
34//设置 Gallery 组件 ItemSelected 事件的 listener 为 galListener
35 gal.setOnItemSelectedListener(galListener);
36  }
```

- 第 14～18 行，创建全局变量，包含图片来源的 imageIds 数组和 imgShow。
- 第 29 行，以自定义的 MyAdapter 类创建对象 adapter，这个 adapter 的功能就是在定义 Gallery 组件的布局配置，等一下会进行设置。
- 第 32 行，设置 Gallery 组件的数据源是 adapter。
- 第 35 行，设置 Gallery 组件 ItemSelected 事件的 listener 为 galListener。

续: <Gallery1/src/Gallery1.com/Gallery1Activity.java>
```
38private Gallery.OnItemSelectedListenergalListener=new
        Gallery.OnItemSelectedListener(){
39@Override
40public void onItemSelected(AdapterView<?> parent,
41View view,int position,long id){
42imgShow.setImageResource(imageIds[position]);
43}
44
45@Override
46public void onNothingSelected(AdapterView<?> arg0){
47//TODO Auto-generated method stub
48}
49};
```

- 第 38～49 行，创建设置 Gallery 组件 ItemSelected 事件的 listener。
- 第 40～43 行，触发后会执行 onItemSelected()方法，该方法将 imageIds 数组中当前选择的图片以 setImageResource()方法显示在 imageView 组件中。

续: <Gallery1/src/Gallery1.com/Gallery1Activity.java>
```
51//自定义的 MyAdapter 类, 继承 BaseAdapter 类
52class MyAdapter extends BaseAdapter{
53private Context mContext;
54public MyAdapter(Context c){
55mContext=c;
56}
57public int getCount(){
58return imageIds.length;//图片共有多少张
59}
60public Object getItem(int arg0){
61return null;
62}
63public long getItemId(int arg0){
64return 0;
65}
66
67//设置 imageView 的图片、显示方式居中, 大小是 120x80
68public View getView(int position,View contextView,
        View Group parent){
69ImageView iv=new ImageView(mContext);
70iv.setImageResource(imageIds[position]);
71iv.setScaleType(ImageView.ScaleType.FIT_CENTER);
72iv.setLayoutParams(newGallery.LayoutParams(120,80));
73return iv;
```

```
74}
75}
```

- 第 52~75 行，继承 BaseAdapter 创建 MyAdapter 类，在 BaseAdapter 类下必须实现 getCount()、getView()、getItem()、getItemId()等方法，最重要的部分是将 Gallery 组件的布局配置创建在 getView()方法中。

- 第 54~56 行，创建 MyAdapter 的构造函数，在构造函数中以 mContext=c;初始化，参数"c"是 Content 类型的全局变量，它是第 29 行：MyAdapteradapter=newMyAdapter(this);中的"this"参数，也就是项目执行的主程序类"Gallery1Activity"。

- 第 57~59 行，getCount()中使用 imageIds.length 获取图片共有多少张。

- 第 60~65 行，getItem()与 getItemId()暂时不使用但仍需保留实现结构，所以保留默认内容。

- 第 68~74 行，其实 Gallery 组件的内容是一张张的 ImageView 组合起来，这里我们要利用 getView()的内容来设置 Gallery 的布局配置。

- 第 69 行，创建一个 ImageView 类型的对象 iv，必须加入 mContext 参数，表示对象要创建在主程序类 Gallery1Activity 中。

- 第 70~72 行，设置 ImageView 图像来源为 imageIds 数组，并设置图片宽、高为 120*80，居中显示。

- 第 73 行，完成设置传回自定义的 imageView 组件。

保存项目后，按 Ctrl+F11 组合键执行项目，在上方显示的即是 Gallery 组件，用户可以利用鼠标拖曳，下方的 ImageView 组件会显示 Gallery 组件目前中间所显示的图片，如图 6-5 所示。

别急着说再见，下一页的修改会让你的作品更完美。

▲图 6-5　执行项目

6.2.5　示例：图片循环播放的 Gallery 组件

Gallery 组件并不支持图片循环播放，当显示至最后一张时，下一张图片并不会循环至第一张。这里就必须自行处理，按照<Gallery1>项目创建<Gallery2>项目，其中布局配置文件与程序文件大致是相同，只要针对<Gallery2Activity.java>进行调整即可，其源文件如下：

```
<Gallery2/src/Gallery2.com/Gallery2Activity.java>
…略
    private Gallery.OnItemSelectedListenergalListener=new Gallery.
    OnItemSelectedListener(){
        @Override
        public void onItemSelected(AdapterView<?> parent,View view,int position,long id){
            imgShow.setImageResource(imageIds[position%imageIds.length]);          ➌
            …略
        };
```

```
//自定义的 MyAdapter 类，继承 BaseAdapter 类
class MyAdapter extends BaseAdapter{
   …略
   public int getCount(){
   returnInteger.MAX_VALUE;//设置图片数量为系统最大整数          ←————❶
   }
…略
   //设置 imageView 的图片、显示方式居中，大小是 120x80
   public View getView(int position,View contextView,View Groupparent){
       ImageView iv=newImageView(mContext);
       iv.setImageResource(imageIds[position%imageIds.length]);   ←————❷
       …略
       return iv;
   }
…略
```

❶更改 getCount()获取的图片数量，Integer.MAX_VALUE 为最大整数。

❷原来图片播放的索引值一定小于或等于图片数量，但是目前的索引值大于图片的数量，所以相除后的余数为播放图片的索引，即可正常播放图片。

❸将当前图片显示在下方的 ImageView。图片索引也和上方的计算方式相同。

保存项目后，按 Ctrl+F11 组合键执行项目。

6.3　GridView 界面组件——表格展示

GridView 界面组件是在表格中放置图片进行展示，在设置时的重点是规定每一行的字段数，图片展示时会根据列自动折行显示。

6.3.1　GridView 语法示例与常用的属性

例如：我们要创建一个名称为"GridView01"的 GridView 组件，每行有 3 张图片，Gallery 组件和边界的距离是 20dp，图片的水平和垂直间隔是 6dp，宽度填满整个屏幕，高度根据图片高度调整。

```
<GridView android:id="@+id/GrieView01"
   android:numColumns="3"
   android:layout_width="fill_parent"
   android:layout_height="wrap_content"
   android:padding="20dp"
   android:horizontalSpacing="6dp"
   android:verticalSpacing="6dp"/>
```

GridView 提供许多属性来设置其特性。常用的属性如下。

属性名称	对应的 xml 程序代码	说　　明
Numcolumns	android:numColumns	设置表格的行数
Gravity	android:gravity	图片对齐方式
Horizontalspacing	android:horizontalSpacing	图片的水平间隔
Verticalspacing	android:verticalSpacing	图片的垂直间隔

6.3.2　GridView 程序执行的流程

一般来说 GridView 程序的执行流程重点如图 6-6 所示。

▲图 6-6　GridView 程序的执行流程

GridView 组件所使用图片的数据源，是以 BaseAdapter 对象的类型存在。

6.3.3　继承 BaseAdapter

使用 GridView 组件和 Gallery 相似，都必须创建一个继承 BaseAdapter 的对象来放置要呈现的图片数据，在使用时利用 BaseAdapter 的 getView()方法定义 GridView 显示的图片。

例如：定义 GridView 组件要显示的图片是一个 ImageView 组件，ImageView 宽、高为 80*60，图像居中，图像来源为 imageIds 数组。

```
Public View getView(int position,View convertView,View Group
parent)
{
    ImageView iv=new ImageView(mContext);
    iv.setImageResource(imageIds[position]);
    iv.setScaleType(ImageView.ScaleType.FIT_CENTER);
    iv.setLayoutParams(newGridView.LayoutParams(80,60));
    return iv;
}
```

6.3.4　示例：GridView 显示图片行

使用 GridView 组件表显示所有图片，并将选择的图片显示在下方的 ImageView 中，如图 6-7 所示。

GridView 组件呈现图片的方式是表格，所以不只一行喔。

▲图 6-7　显示所有图片

1. 打开项目并完成布局配置

打开<GridView>项目，在<main.xml>中创建一个每行可显示3列的 GridView 和一个 ImageView。

```
<GridView/res/layout/main.xml>
<?xmlversion="1.0"encoding="utf-8"?>
<LinearLayout xmlns:android="http://schemas.android.com/apk/res/android"
    android:orientation="vertical"
    android:layout_width="fill_parent"
    android:layout_height="fill_parent"
    android:gravity="center_horizontal">
```

```
<GridView android:id="@+id/GrieView01"
    android:numColumns="3"
    android:layout_width="fill_parent"
    android:layout_height="wrap_content"
    android:padding="20dp"
    android:horizontalSpacing="6dp"
    android:verticalSpacing="6dp"/>

<ImageView android:id="@+id/imgShow"
    android:layout_width="fill_parent"
    android:layout_height="200dp"/>

</LinearLayout>
```

2. 加入图片

在项目<res>目录下的<drawable>文件夹，加入<img01.jpg>～<img06.jpg>共 6 张图片。

3. 加入执行的程序代码

打开<src/GridView.com/GridViewActivity.java>。程序中自建 MyAdapter 类继承 BaseAdapter 类，作为 GridView 的 Adapter，并加入 onItemClick()事件，当选择 GridView 中的图片后会在下方的 ImageView 显示完整图片。

```
<GridView/src/GridView.com/GridViewActivity.java>
…略
14public class GridViewActivity extends Activity{
15privatestatic finalint[] imageIds={
16R.drawable.img01,R.drawable.img02,R.drawable.img03,
17R.drawable.img04,R.drawable.img05,R.drawable.img06
18};
19private ImageView imgShow;
20
21@Override
22public void onCreate(BundlesavedInstanceState)
23{
24super.onCreate(savedInstanceState);
25setContentView(R.layout.main);
26
27//获取资源文件中的界面组件
28imgShow=(ImageView)findViewById(R.id.imgShow);
29GridView gridView=(GridView)findViewById(R.id.GrieView01);
30
31//创建自定义的 Adapter
32MyAdapteradapter=new MyAdapter(this);
33
34//设置 GridView 的数据源
35gridView.setAdapter(adapter);
36
37//创建 GridView 的 ItemClick 事件
38gridView.setOnItemClickListener(new OnItemClickListener()
39{
40@Override
41public void onItemClick(AdapterView<?>
                        parent,View v,int position,lon gid)
42{
43imgShow.setImageResource(imageIds[position]);
44}
45});
46}
```

- 第 32 行，使用自定义的 MyAdapter 创建对象 adapter，这个 adapter 中的 getView()方法就

113

是定义 GridView 的布局配置。

- 第 35 行，设置 GridView 的数据源是 adapter。
- 第 38～45 行，创建 GridView 组件 ItemClick 事件的触发事件，当选择 GridView 中的图片即会在 ImageView 上显示选择的图片。

```
续：<GridView/src/GridView.com/GridViewActivity.java>
48//自定义的 myAdapter 类，继承 BaseAdapter 类
49class MyAdapter extends BaseAdapter
50{
51private Context mContext;
52public MyAdapter(Context c)
53{
54mContext=c;
55}
56@Override
57public int getCount()
58{
59return imageIds.length;//图片共有多少张
60}
61@Override
62public Object getItem(int arg0)
63{
64return null;
65}
66@Override
67public long getItemId(int arg0)
68{
69return 0;
70}
71
72//定义 GridView 显示的图片
73@Override
74public View getView(int position,View convertView,ViewGroup parent)
75{
76ImageView iv=newImageView(mContext);
77iv.setImageResource(imageIds[position]);
78iv.setScaleType(ImageView.ScaleType.FIT_CENTER);
79iv.setLayoutParams(newGridView.LayoutParams(80,60));
80return iv;
81}
82}
83}
```

- 第 49～82 行，继承 BaseAdapter 创建 MyAdapter 类，在 BaseAdapter 类下必须实现 getCount()、getView()、getItem()、getItemId()等方法，最重要的部分是将 GridView 组件的布局配置创建在 getView()方法中。
- 第 57～60 行，getCount()中以 imageIds.length 获取图片共有多少张。
- 第 61～70 行，getItem()与 getItemId()暂时仍需保留实现结构，所以保留默认内容。
- 第 74～81 行，其实 GridView 组件的内容是一张张的 ImageView 组合起来，这里我们要利用 getView()的内容来创建 GridView 的布局配置。
- 第 76 行，创建一个 ImageView 类型的对象 iv，必须加入 mContext 参数，表示对象要创建在主程序类 GridViewActivity 中。
- 第 77～79 行，设置 ImageView 图像来源为 imageIds 数组，并设置图片宽、高为 80*60，居中显示。
- 第 80 行，完成设置传回自定义的 imageView 组件。

保存项目后，按 Ctrl+F11 组合键执行项目，在上方显示的即是 GridView 组件，选择其中的图片会在下方的 ImageView 组件显示指定的图片，如图 6-8 所示。

▲图 6-8　执行项目

🔵 扩展练习

1. 利用 ImageView 显示书籍图片，点击下一张按钮依次显示下一张的书籍图片并在 TextView 组件上显示书籍的说明，如果图片已到最后一张，则循环到第一张。

2. 使用 Gallery 组件显示书籍图片行，Gallery 也可以循环显示，当在 Gallery 组件中选中指定的书籍图片，同时会在下方的 ImageView 组件显示完整的图片，并在 TextView 组件上显示书籍的说明。

▲Ex1

▲Ex2

第 7 章　ListView 界面组件

ListView 界面组件称为选项列表，它可以创建选项列表供用户从中选择，对于数量较大的列表数据如短信、通讯录等，通常会使用 ListView 来显示。

学习重点

- ListView 界面组件
- 改变 ListView 的属性
- 可以多选的 ListView
- 自定义 ListView 列表项目

7.1　ListView 界面组件——选项列表

ListView 界面组件称为选项列表，用户可以从中选择选项，通常使用于数量较大的列表数据，如短信、通讯录等。使用 ListView 必须搭配 Adapter 连接的数据源，再通过 ListView 来显示。

7.1.1　ListView 的语法示例

例如：创建 ListView 组件，名称为"lstPrefer"，宽度会填满整个外框、高度根据选项自动调整。

```
<ListView android:id="@+id/lstPrefer"
android:layout_width="fill_parent"
android:layout_height="wrap_content"/>
```

7.1.2　新增 ListView 组件

以下将使用 ListView 界面组件创建选项列表，让用户可以在其中选择最喜欢的球类运动，并将结果显示在 TextView 组件中。

新建<ListView1>项目，打开<main.xml>布局配置文件，由界面组件区 Composite 组件库中分别拖曳一个 ListView 和 TextView 界面组件到界面编辑区中。最后完成的<main.xml>界面配置文件如图 7-1 所示。

▲图 7-1　界面配置

```
<ListView1/res/layout/main.xml>
<?xmlversion="1.0"encoding="utf-8"?>
<LinearLayout xmlns:android="http://schemas.android.com/apk/res/android"
    android:orientation="vertical"
    android:layout_width="fill_parent"
    android:layout_height="fill_parent">
    <TextView android:layout_width="fill_parent"
    android:layout_height="wrap_content"
    android:text="最喜欢的球类运动"
    android:textColor="#00FF00"
    android:textSize="20sp"/>

    <ListView android:id="@+id/lstPrefer"
    android:layout_width="fill_parent"
    android:layout_height="wrap_content"/>

    <TextView android:id="@+id/txtResult"
    android:layout_width="fill_parent"
    android:layout_height="wrap_content"
    android:text="显示消息"
    android:textColor="#00FF00"
    android:textSize="24sp"/>

</LinearLayout>
```

lstPrefer 提供选项列表，txtResult 显示选择的结果，3 个组件的宽度均设为填满屏幕。

7.1.3 创建 ListView 的选项步骤

要特别注意的是 ListView 组件加入后是没有选项的，若要创建选项列表就必须在程序文件中设置数据源，图 7-2 是创建 ListView 组件选项的步骤。

▲图 7-2 创建 ListView 组件选项的步骤

与 Spinner 组件相同的，ListView 组件选项的数据源是以 ArrayAdapter 对象的类型存在，常用的创建方法有两种，最简单的方式，就是在程序中使用数组的方式声明，ListView 组件就能在程序里直接使用，这是本书将使用的方式。

但如果有其他语言的情况，就较适合另一种方式，将选项列表设置在项目的<res/values/strings.xml>中，再由程序通过资源文件获取列表数组来使用。

7.1.4 设置 ListView 的选项列表

回到示例中，首先我们将使用数组声明的方式设置喜爱球类的选项，最后再将数据源设置到 ListView 组件中来显示。这些程序代码必须写在<ListView1/src/ListView1.com/ListView1Actcvity.java>中，程序代码如下：

```
<ListView1/src/ListView1.com/ListView1Activity.java>
public class ListView1 extends Activity{
    private ListView lstPrefer;
    String[] Balls=new String[]{"篮球","足球","棒球","其他"};    ←❶

    @Override
    public void onCreate(BundlesavedInstanceState){
```

```
        super.onCreate(savedInstanceState);
        setContentView(R.layout.main);

        //获取资源文件中的界面组件
        lstPrefer=(ListView)findViewById(R.id.lstPrefer);

        //创建 ArrayAdapter
        ArrayAdapter<String> adapterBalls=new ArrayAdapter<String>(   ◀── ❷
            this,android.R.layout.simple_list_item_1,Balls);

        //设置 ListView 的数据源
        lstPrefer.setAdapter(adapterBalls);   ◀──── ❸
    }
}
```

❶首先声明 String 类型的数组 Balls。

❷创建一个 ArrayAdapter 对象，并设置其选项的数据源是 Balls 数组。ArrayAdapter 是泛类型，ArrayAdapter<String>adapterBalls 表示声明一个 String 类型的对象，对象名称是 adapterBalls。必须输入三个参数：第一个参数"this"代表将对象创建在此项目中的主程序类中。第二个参数"android.R.layout.simple_list_item_1"代表使用系统提供的界面配置文件。第三个参数"Balls"设置其选项内容是 Balls 数组。

❸使用 setAdapter()方法，将 adapterBalls 设置为 ListView 的选项，设置后 lstPrefer 显示的选项即是 Balls 数组。

保存项目后，按 Ctrl+F11 执行项目，用户在选择列表选项后目前并不会有任何执行动作，如图 7-3 所示。

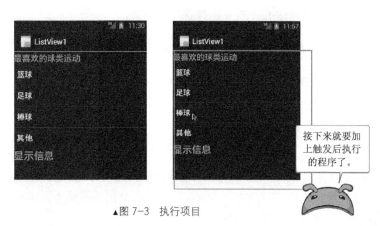

▲图 7-3　执行项目

7.1.5　创建 ListView 组件的触发事件

如果希望在选择 ListView 列表中的选项可以进行相关的处理，就必须为 ListView 组件创建选项单击事件监听：OnItemClickListener 对象。

1. 设置 ListView 组件当选择选项后触发事件的 listener

在示例的程序文件中，利用 id 编号获取 ListView 组件：lstPrefer，接着为组件增加监听器以及触发后执行的方法：

```
lstPrefer.setOnItemClickListener(lstPreferListener);
```

2. 设置 ListView 触发事件的 listener 程序内容

例如在示例中触发 lstPrefer 会执行 lstPreferListener 方法。其中必须创建 onItemClick()方法，

然后将选择后实际要执行的事件写在方法中：

```
Private ListView.OnItemClickListenerlstPreferListener=
        new ListView.OnItemClickListener(){
    @Override
    public void onItemClick(AdapterView<?> arg0,View arg1,
        int arg2,long arg3){
            //TODO Auto-generated method stub
        实际要执行的程序代码；
    }
};
```

3. 增加 lstPrefer 触发器和完整程序代码

了解 ListView 触发事件的 listener 的结构及如何设置触发后，我们回到示例中，完成 lstPrefer 触发事件及所有程序并在 onItemClick()方法加入获取选项内容并显示选项内容的动作，同时也将参数改为较易识别的名称。完成后<ListView1Activity.java>程序代码如下：

```
<ListView1/src/ListView1.com/ListView1Activity.java>
…略
11public class ListView01Activity extends Activity{
12private TextView txtResult;
13private ListViewlstPrefer;
14String[]Balls=newString[]{"篮球","足球","棒球","其他"};
15
16@Override
17public void onCreate(BundlesavedInstanceState){
18super.onCreate(savedInstanceState);
19setContentView(R.layout.main);
20
21//获取资源文件中的界面组件
22txtResult=(TextView)findViewById(R.id.txtResult);
23lstPrefer=(ListView)findViewById(R.id.lstPrefer);
24
25//创建 ArrayAdapter
26ArrayAdapter<String> adapterBalls=new ArrayAdapter<String>(
27this,android.R.layout.simple_list_item_1,Balls);
28
29//设置 ListView 的数据源
30lstPrefer.setAdapter(adapterBalls);
31
32//设置 lstPrefer 组件 ItemClick 事件的 listener 为 lstPreferListener
33lstPrefer.setOnItemClickListener(lstPreferListener);
34}
35
36//定义 onItemClick 方法
37private ListView.OnItemClickListenerlstPreferListener=
38new ListView.OnItemClickListener(){
39@Override
40public void onItemClick(AdapterView<?> parent,View v,
41int position,long id){
42//显示 ListView 的选项内容
43String sel=parent.getItemAtPosition(position).toString();
44txtResult.setText("我最喜欢的球类运动是:"+sel);
45}
46};
47}
```

- 第 12~14 行，创建全局变量。
- 第 22~23 行，获取资源文件中的 TextView 和 ListView 界面组件。
- 第 26~27 行，设置其数据源是 Balls 数组。
- 第 30 行，设置 lstPrefer 的数据源是 adapterBalls。

- 第 33 行，设置 lstPrefer 组件 ItemClick 事件的 listener 为 lstPreferListener。
- 第 37~46 行，创建 lstPreferListener，其中包含 onItemClick()方法。
- 第 43~44 行，使用 getItemAtPosition(position)获取选项的内容，position 是选项的索引，

最后显示在 txtResult 框中。

保存项目后，按 Ctrl+F11 组合键执行项目，用户在选择列表选项后，会将选择的内容显示在下方的文本框中，如图 7-4 所示。

▲图 7-4　执行项目

7.2　改变 ListView 属性及选项过滤

在这一节中我们要讨论几个 ListView 组件的重点：选项的默认值、选项的属性修改及选项的过滤筛选。

1. 修改 ListView 的选项颜色

我们常会因为界面配色的问题进行 ListView 选项选中时的背景颜色修改，这个动作其实不是很容易。当执行项目后单击↑↓键，默认选择项目的背景色为蓝色，可以先在<drawable>的资源文件中定义背景色的图形，然后以 setSelector()改变选择项目的背景色。

例如：我们在<drawable>的资源文件中定义 R.drawable.green 为绿色图片文件，并以 setSelector()设置选择项目的背景色为 R.drawable.green（绿色）。

```
lstPrefer.setSelector(R.drawable.green);//改变选择项目的背景色为绿色
```

setSelector(defaultSelector)可以将选择项目的背景色还原为默认的背景色。

```
lstPrefer.setSelector(defaultSelector);//还原为默认的背景色
```

2. 设置 ListView 默认选择的项目

ListView 组件默认会以第一个选项为默认值，我们可以使用 setSelection()修改默认选择的项目，例如：默认选项为第三个项目。

```
lstPrefer.setSelection(2);//选择第三个项目
```

3. 设置 ListView 选项过滤

如果 ListView 的项目很多，可以打开过滤功能，根据目前输入的内容对选项进行过滤。举例来说在 ListView 组件打开了过滤设置后，当按下键盘的"b"时所有的选择就会过滤出以"b"开头的项目。

如果要打开 ListView 选择过滤的功能，需要在程序文件中为组件增加 setTextFilterEnabled(true) 设置，例如：

```
lstPrefer.setTextFilterEnabled(true);//打开按键过滤功能
```

4．示例：设置 ListView 背景并增加选择过滤

按照<ListView1>项目新建<ListView2>项目，其中布局配置文件与程序文件大部分是相同的，只要针对<ListView2Activity.java>进行调整即可。

先在项目<res>目录下<drawable>文件夹中加入 R.drawable.green 绿色图片文件，供 setSelector() 方法设置项目的背景色用。

最后完成程序文件如下：

```
<ListView2/src/ListView2.com/ListView2Activity.java>
…略
11public class ListView2Activity extends Activity{
12private TextView txtResult;
13private ListView lstPrefer;
14String[] Balls=newString[]{"basketball","soccer",
        "baseball","篮球","足球","棒球"};
15
16@Override
17public void onCreate(BundlesavedInstanceState){
18super.onCreate(savedInstanceState);
19setContentView(R.layout.main);
    …略
35//改变 ListView 的属性
36lstPrefer.setTextFilterEnabled(true);//打开按键过滤功能
37lstPrefer.setSelector(R.drawable.green);//改变选择项目的背景色为图片
38lstPrefer.setSelection(2);//ListView 默认会选取第三条数据
39}
40
    …略
52}
```

- 第 14 行，Balls 数组加入英文名称选项方便测试按键过滤功能。
- 第 36 行，打开按键过滤功能。
- 第 37 行，设置选择项目的背景色为指定的图片。
- 第 38 行，设置 ListView 默认选择第三条数据。

保存项目后，按 Ctrl+F11 执行项目，在移动选项时，目前的选项背景已经换成加入的图片了。当直接使用键盘输入"b"时选项也会筛选为符合的内容，如图 7-5 所示。

▲图 7-5 执行项目

> **Android 系统默认的 layout**
>
> 　　在设置 ListView 时，参数 "android.R.layout.simple_list_item_1" 并不是我们定义的，而是 android 系统中默认创建的，它的实际目录是<Android SDK 安装目录\platforms\android-14\data\res\layout>。
>
> 　　Android 系统中默认的其他样式如下。
>
> 　　（1）android.R.layout.simple_list_item_1：一行文字。
>
> 　　（2）android.R.layout.simple_list_item_2：两行文字，一行文字较大，一行文字较小。
>
> 　　（3）android.R.layout.simple_list_item_single_choice：单选按钮。
>
> 　　（4）android.R.layout.simple_list_item_multiple_choice：多选按钮。
>
> 　　（5）android.R.layout.simple_list_item_checked：复选按钮。

7.3　设置多选的 ListView 组件

　　在刚才的示例中 ListView 组件的选项只能单选，如果要修改为可以进行多选的项目，则必须使用 "android.R.layout.simple_list_item_multiple_choice" 模板，并通过 setChoiceMode()方法将 ListView 组件设置为多选。

7.3.1　ListView 组件多选语法示例

　　例如：我们要将 lstPrefer 设置为多选的 ListView 组件，先以 "android.R.layout.simple_list_item_multiple_choice" 为显示模板，并设 ListView 允许多选。

```
ListView lstPrefer=(ListView)findViewById(R.id.lstPrefer);
ArrayAdapter<String> adapterBalls=newArray Adapter<String>(this,android.R.layout.
simple_list_item_multiple_choice,Balls);
lstPrefer.setAdapter(adapter);
lstPrefer.setChoiceMode(ListView.CHOICE_MODE_MULTIPLE);//可多选
```

7.3.2　示例：设置 ListView 组件为多选

　　设置 ListView 组件允许多选，单击选项时会在标题栏上显示选择内容，在点击运行按钮会显示所有复选的项目，如图 7-6 所示。

1. 新建项目并完成布局配置

　　新建<ListView3>项目，在<main.xml>包含一个 ListView 选项列表、一个 Button 和一个 TextView 显示选择的结果，名称分别是 lstPrefer、btnDo 和 txtResult 显示选择的结果，三个组件的宽度均设为填满屏幕。

▲图 7-6　设置 ListView 组件允许多送

```
<ListView3/res/layout/main.xml>
<?xmlversion="1.0"encoding="utf-8"?>
<LinearLayout xmlns:android="http://schemas.android.com/apk/res/android"
    android:orientation="vertical"
    android:layout_width="fill_parent"
    android:layout_height="fill_parent">

  <ListView android:id="@+id/lstPrefer"
  android:layout_width="fill_parent"
  android:layout_height="wrap_content"/>

  <Button android:id="@+id/btnDo"
  android:layout_width="fill_parent"
  android:layout_height="wrap_content"
```

```
android:textColor="#000000"
android:textSize="24sp"
android:text="运行"/>

<TextView android:id="@+id/txtResult"
android:layout_width="fill_parent"
android:layout_height="wrap_content"
android:text="显示消息"
android:textColor="#00FF00"
android:textSize="24sp"/>

</LinearLayout>
```

2. 加入执行的程序代码

打开<ListView3/src/ListView3.com/ListView3Activity.java>进行编辑。

```
<src/ListView3.com/ListView3Activity.java>
…略
12public class ListView3Activity extends Activity{
13private TextView txtResult;
14private ListView lstPrefer;
15private Button btnDo;
16String[]Balls=newString[]{"篮球","足球","棒球","其他"};
17intcount;
18@Override
19public void onCreate(BundlesavedInstanceState){
20super.onCreate(savedInstanceState);
21setContentView(R.layout.main);
22
23//获取资源文件中的界面组件
24btnDo=(Button)findViewById(R.id.btnDo);
25txtResult=(TextView)findViewById(R.id.txtResult);
26lstPrefer=(ListView)findViewById(R.id.lstPrefer);
27
28//使用多选模板创建ArrayAdapter
29ArrayAdapter<String> adapterBalls=newArray Adapter<String>(this,android.R.
layout.simple_list_tem_multiple_choice,
30Balls);
31//设置可多选
32lstPrefer.setChoiceMode(ListView.CHOICE_MODE_MULTIPLE);
33
34//设置ListView的数据源
35lstPrefer.setAdapter(adapterBalls);
36
37count=adapterBalls.getCount();//获取选择项目总数
38
39//设置button组件Click事件的listener为btnDoListener
40btnDo.setOnClickListener(btnDoListener);
41
42//设置lstPrefer组件ItemClick事件的listener为lstPreferListener
43lstPrefer.setOnItemClickListener(lstPreferListener);
44}
```

- 第 13～17 行，创建全局变量。
- 第 16 行，创建字符串数组 Balls，提供 ListView 选项数据。
- 第 17、37 行，"count=adapterBalls.getCount();"获取选择项目总数。
- 第 24～26 行，获取 Button、TextView 和 ListView 界面组件。
- 第 29～30 行，设置其数据源是 Balls 数组，并使用可多选的布局配置模板。
- 第 32 行，设置可多选。
- 第 35 行，设置 lstPrefer 的数据源是 adapterBalls。
- 第 40 列，设置 button 组件 Click 事件的 listener 为 btnDoListener。
- 第 43 列，设置 lstPrefer 组件 ItemClick 事件的 listener 为 lstPreferListener。

续：<ListView3/src/ListView3.com/ListView3Activity.java>
```
46//定义 onClick()方法
47private Button.OnClickListenerbtnDoListener=new
            Button.OnClickListener(){
48          Public void onClick(Viewv){
49              StringselAll="";
50              for(intp=0;p<count;p++){
51              if(lstPrefer.isItemChecked(p))//已复选
52                  selAll+=Balls[p]+"";
53              }
54              txtResult.setText("我最喜欢的球类运动是:"+selAll);
55      }
56  };
```

- 第 47～56 行，创建 btnDoListener，这个 listener 中包含 onClick()方法。

- 第 50～55 行，依次检查 ListView 的项目，if(lstPrefer.isItemChecked(p))为 true 就表示已复选，即可以索引 p 自 Balls 数组中获取选项内容。

续：<ListView3/src/ListView3.com/ListView3Activity.java>
```
58//定义 onItemClick 方法
59private ListView.OnItemClickListenerlstPreferListener=
60new ListView.OnItemClickListener(){
61@Override
62public void onItemClick(AdapterView<?> parent,View v,
63int position,long id){
64//显示 ListView 的选项内容
65if(lstPrefer.isItemChecked(position)){//已复选
66String sel=parent.getItemAtPosition(position).toString();
67setTitle("目前选择: "+sel);
68}else{
69setTitle("目前选择: ");
70}
71}
72};
73}
```

- 第 59～72 行，创建 lstPreferListener，其中包含 onItemClick()方法。

- 第 66 行，通过 getItemAtPosition(position)获取选项的内容，position 是选项的索引，本例特意以 setTitle()将结果显示在标题栏上。

保存项目后，按 **Ctrl+F11** 组合键执行项目，在选择项目时，标题栏会显示你目前选择的项目名称，再点击运行按钮会显示所有复选的项目名称，如图 7-7 所示。

▲图 7-7　执行项目

7.4　自定义 ListView 列表项目

在刚才的示例中所用的界面都是系统内建的，看起来中规中矩，这些界面的呈现是否能让设计者自定义布局呢？答案当然是肯定的。

7.4.1 定义自定义的布局配置文件

1. 为什么要自定义布局配置文件？

如果要自定义组件的布局，很快的就会联想到使用 BaseAdapter。之前在 Gallery 及 GridView 组件中使用 BaseAdapter 定义数据源时，都是直接在 getView()方法中以程序动态创建布局组件。但是在 ListView 组件中的呈现样式是较为特殊的，若是直接在 getView()方法中定义会相当复杂。

这里将要新增另一个自定义的布局配置文件，将选项的样式定义完成后，再由 BaseAdapter 中的 getView()加载使用，即可简化流程，也增加实现的灵活性。

2. 新增自定义布局配置文件的方法

自定义的布局配置文件与<main.xml>一样是放置在<res\layout>目录下。例如：我们如果想要新增一个<mylayout.xml>，步骤如下。

（1）在 Eclipse 菜单中单击 Files/New/Other...，在 New 窗口单击 XML/XML File 后单击 Next 按钮。如图 7-8 所示。

（2）在 New XML File 窗口中，选择<项目名称/res/layout>文件夹，并在 File Name 字段输入文件名"mylayout.xml"后点击 Finish 按钮即可，如图 7-9 所示。

▲图 7-8 新建 XML File

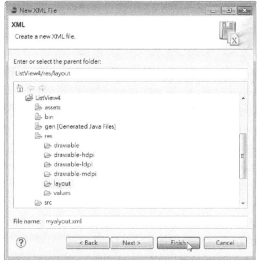

▲图 7-9 输入文件名

新增的文件内容只有 XML 的版本声明，加入组件的方式与<main.xml>是相同的。

> 新增的布局配置文件的文件名与扩展名，必须使用小写的英文字母，否则程序会无法正常执行。

3. 程序中读取自定义布局

如果要在程序中读取自定义的布局，可以使用 LayoutInflater 对象，再利用 LayoutInflater 对象的 inflate()方法获取自定义的布局，获取的布局会以 View 类型的对象传回。例如：创建 LayoutInflater 对象 myInflater，获取自定义的<myalyout.xml>布局，并传回 View 类型的对象

convertView。

```
Private Layout InflatermyInflater;
convertView=myInflater.inflate(R.layout.mylayout,null);
```

4. 程序中获取自定义布局中的组件

在程序中得到 View 类型的对象 convertView，就可以 findViewById()获取<myalyout.xml>布局中的组件，例如：获取 imgLogo 组件。

```
ImageView imgLogo=(ImageView)convertView.findViewById(R.id.imgLogo);
```

5. 程序中设置自定义布局中的组件内容

在程序中可以将组件的内容如文字、图标文件定义在数组中，再通过改变数组索引的方式来改变组件内容。

例如：将图标文件定义在 resIds 数组中，再使用索引 position 改变图标文件。

```
int[] resIds=new int[]{R.drawable.basketball,R.drawable.
football,R.drawable.baseball,R.drawable.other};
imgLogo.setImageResource(resIds[position]);
```

7.4.2　继承 BaseAdapter

使用 ListView 组件若要自定义列表项目，就必须创建一个继承 BaseAdapter 的对象来定义布局。在自定义类继承 BaseAdapter 后，必须实现 getCount()、getView()、getItem()、getItemId()等方法，并将欲显示的内容创建在 getView()方法中。例如以下我们继承 BaseAdapter 的操作，创建 MyAdapter，并在 getView()方法定义要显示的内容，结构如下：

```
Public class MyAdapter extends BaseAdapter{
    @Override
    public int getCount(){
        return 0;
    }
    @Override
    public Object getItem(intarg0){
        return null;
    }
    @Override
    public long getItemId(intarg0){
        return 0;
    }
    @Override
    public View getView(int position,View convertView,View Groupparent)
    {
        convertView=myInflater.inflate(R.layout.mylayoutnull);
        …获取 mylayout.xml 中的组件
        …设置组件内容
        return convertView;
    }
}
```

在自定义 ListView 列表中的 getView()方法，会使用 LayoutInflater 的 inflate()方法，从自建的布局配置文件<mylayout.xml>获取其中的组件。

7.4.3　示例：自定义 ListView 列表项目

使用自定义<mylayout.xml>进行 ListView 组件的布局配置，继承 BaseAdapter 创建 MyAdapter 类，来定义 ListView 的显示内容，如图 7-10 所示。

▲图 7-10　自定义 ListView 列表项目

1. 新建项目并完成布局配置

新建<ListView4>项目，在<main.xml>中创建一个 ListView 组件。

```
<ListView4/res/layout/main.xml>

<?xmlversion="1.0"encoding="utf-8"?>
<LinearLayout xmlns:android="http://schemas.android.com/apk/res/android"
    android:orientation="vertical"
    android:layout_width="fill_parent"
    android:layout_height="fill_parent">


    <ListView android:id="@+id/lstPrefer"
    android:layout_width="fill_parent"
    android:layout_height="wrap_content"/>

</LinearLayout>
```

除了<main.xml>之外，我们还要新增一个<mylayout.xml>文件进行 ListView 组件的布局配置，这个自定义的布局希望呈现较活泼的效果，我们是采用嵌套的 Linearlayout，并且使用布局的 android:layout_margin、android:layout_marginLeft、android:layout_marginTop 属性来设置组件四周的距离，如图 7-11 所示。

▲图 7-11

```
<ListView4/res/layout/myalyout.xml>
  <?xmlversion="1.0"encoding="utf-8"?>
<LinearLayout xmlns:android="http://schemas.android.com/apk/res/android"
    android:layout_width="fill_parent" android:layout_height="wrap_content"
    android:orientation="horizontal">

    <ImageView android:id="@+id/imgLogo"
    android:layout_width="50dp"
    android:layout_height="50dp"
    android:src="@drawable/basketball"
    android:layout_margin="10dp"/>

    <LinearLayout android:id="@+id/linearLayout2"
    android:layout_height="fill_parent"
    android:layout_width="fill_parent"
    android:orientation="vertical">
```

```
                    <TextView android:id="@+id/txtName"
                    android:layout_width="fill_parent"
                    android:layout_height="wrap_content"
                    android:text="第一行文字"
                    android:textSize="24dp"
                    android:textColor="#FFFFFF"
                    android:layout_marginLeft="10dp"
                    android:layout_marginTop="5dp"/>

                    <TextView android:id="@+id/txtengName"
                    android:layout_width="fill_parent"
                    android:layout_height="wrap_content"
                    android:text="第二行文字"

                    android:textSize="16dp"
                    android:textColor="#00FF00"
                    android:layout_marginLeft="10dp"/>

            </LinearLayout>

    </LinearLayout>
```

<myalyout.xml>布局中，imgLogo 是以水平方式排列在最左边，并且以 android:layout_ margin="10dp"设置图示四周的距离。

txtName 和 txtengName 文本框则以上、下并排方式排列在 imgLogo 的右边，并在 txtName 组件中，使用 android:layout_marginLeft="10dp"、android:layout_marginTop="5dp"分别设置左边界距离和上边界距离。

2.　加入图片

在项目<res/drawable>文件夹中加入 4 张球类的图片。

3.　加入执行的程序代码

打开<ListView4/src/ListView4.com/ListView4Activity.java>加入程序代码。

```
<src/ListView4.com/ListView4Activity.java>
…略
14public class ListView4Activity extends Activity{
15ListView lstPrefer;
16int[] resIds=new int[]{R.drawable.basketball,R.drawable.
        football,R.drawable.baseball,R.drawable.other};
18String[]Balls=newString[]{"篮球","足球","棒球","其他"};
19String[]engNames={"BasketBall","FootBall","BaseBall","Other"};
20MyAdapteradapter=null;
21@Override
22public void onCreate(BundlesavedInstanceState)
23{
24super.onCreate(savedInstanceState);
25setContentView(R.layout.main);
26
27//获取资源文件中的界面组件
28lstPrefer=(ListView)findViewById(R.id.lstPrefer);
30//创建自定义的 Adapter
31 adapter=new MyAdapter(this);
32
33//设置 ListView 的数据源
34 lstPrefer.setAdapter(adapter);
35 }
```

- 第 15～20 行，创建全局变量，包了数组、lstPrefer 和 adapter。
- 第 28 行，获取资源文件中的界面组件 lstPrefer。
- 第 31 行，使用自定义的 MyAdapter 创建对象 adapter，这个 adapter 中 getView()方法就会定义 ListView 的界面配置。
- 第 34 行，设置 ListView 的数据源是 adapter。

接下来要创建 BaseAdapter 的实现如下：

续：<ListView4/src/ListView4.com/ListView4Activity.java>

```
37public class MyAdapter extends BaseAdapter{
38private LayoutInflatermyInflater;
39public MyAdapter(Context c){
40myInflater=LayoutInflater.from(c);
41}
42@Override
43public int getCount(){
44returnBalls.length;
45}
46@Override
47public Object getItem(int position){
48return Balls[position];
49}
50@Override
51public long getItemId(int position){
52return position;
53}
54@Override
55public View getView(int position,
            View convertView,View Groupparent){
56convertView=myInflater.inflate(R.layout.mylayout,null);
57//获取 mylayout.xml 中的组件
58ImageView imgLogo=(ImageView)
                convertView.findViewById(R.id.imgLogo);
59TextView txtName=((TextView)convertView.
                findViewById(R.id.txtName));
60TextView txtengName=((TextView)convertView.
                findViewById(R.id.txtengName));
61
62//设置组件内容
63imgLogo.setImageResource(resIds[position]);
64txtName.setText(Balls[position]);
65txtengName.setText(engNames[position]);
66
67return convertView;
68}
69}
70}
```

- 第 37～69 行，继承 BaseAdapter 创建 MyAdapter 类，实现 getCount()、getView()、getItem()、getItemId()等方法，并将欲显示的内容创建在 getView()方法中。
- 第 38 行，创建 LayoutInflater 类型的全局变量 myInflater。
- 第 39～41 行，创建 MyAdapter 的构造函数，使用 myInflater=LayoutInflater.from(c)初始化，参数"c"是 Content 类，是第 31 行：adapter=newMyAdapter(this);中的"this"参数，也就是项目执行的主程序类"ListView4Activity"。
- 第 43～45 行，getCount()中以 Balls.length 获取选项的数目。
- 第 47～49 行，getItem()获取 Balls[position]选项的中文文字。
- 第 51～53 行，getItemId()获取数组索引 position。
- 第 56 行，使用 myInflater 获取自定义的<myalyout.xml>布局，并传回 View 类型的对象 convertView。
- 第 58 行，使用 findViewById()获取<myalyout.xml>布局中的 imgLogo 组件。
- 第 59～60 行，同理，获取 txtName 和 txtengName 组件。
- 第 63～65 行，设置组件内容，这些组件的内容包括文字、图标文件都定义在数组中。
- 第 67 行，return convertView 传回自定义的<myalyout.xml>布局配置。

保存项目后，按 Ctrl+F11 组合键执行项目。

扩展练习

1．使用 ListView 显示水果名称，当选择列表选项时，会在上方的 TextView 上显示选择的项目名称和价格。

2．使用 ListView 显示水果名称，选择列表选项时，会在上方的标题栏显示选择的项目名称和价格。复选欲选购的选项后点击放入购物车按钮，会在上方的 TextView 上显示购买的列表和总金额。

▲Ex1

▲Ex2

第 8 章　菜单组件

OptionMenu 菜单平时并不会显示；只有在单击手机的 MENU 键时，才会出现菜单，因此可以节省界面空间。Android 采用"长按方式"，也就是在手机上按 1~2 秒的方式来启动 ContextMenu 快捷菜单，用户可以在这些菜单的选项中选择所需的执行项目。

学习重点

- 菜单—OptionMenu
- 加入菜单的选项
- 菜单选项的处理
- 快捷菜单—ContextMenu
- 加入快捷菜单的选项
- 快捷菜单注册
- 快捷菜单选项的处理

8.1　菜单——OptionMenu

当点击手机的 MENU 键时，会在屏幕上出现 OptionMenu 菜单，用户可以在这些菜单的选项中定义如使用说明、版本声明或执行其他的程序等，如图 8-1 所示。

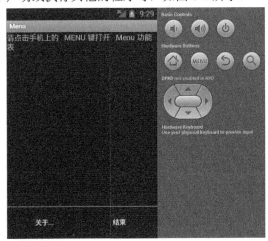

▲图 8-1　点击 MENU 键打开菜单

8.1.1　加入菜单项

菜单并不是一个组件，所以无论是加入菜单项或是执行菜单项的动作，都必须写在程序文件中。当用户点击手机的 **MENU** 键时，Android 系统会调用 onCreateOptionsMenu()方法，并传递 Menu 类型的参数。

1. 菜单的语法格式

在菜单加入 onCreateOptionsMenu()方法的格式如下：

```
public Boolean onCreateOptionsMenu(Menu menu){
        //TODO Auto-generated method stub
        程序内容...
        return super.onCreateOptionsMenu(menu);
}
```

> 另一种插入的方式是由菜单的 Source/Override/Implement Methods 进入对话框，在 Activity 选项中选择 onCreateOptionsMenu(Menu)后单击 OK 按钮即可插入到源代码中。

2. 加入菜单项

在 onCreateOptionsMenu()方法中可以利用 add()方法，即可以加入指定的菜单项；它的基本格式为：

```
public abstract MenuItemadd(int groupId,int itemId,int order,int title)
```

- "groupId"表示选项组的 ID，由 0 开始编号。
- "itemId"表示每个单一选项的 ID，这个 ID 是一个整数的常数，可以自己定义；但不可以重复，为了避免使用到系统保留的 ID，通常使用 Menu.FIRST 来定义第一个选项的常数，以后再以 Menu.FIRST+1 来递增。
- "order"表示选项安排的顺序，也是由 0 开始编号。
- "title"表示每个单一选项要显示的标题。

例如：我们要在菜单中加入两个选项。

```
//定义单一选项的常数
protected static final int MENU_ABOUT=Menu.FIRST;
protectedstatic final int MENU_QUIT=Menu.FIRST+1;
//加入 OptionMenu 的选项
@Override
public Boolean onCreateOptionsMenu(Menu menu){
    menu.add(0,MENU_ABOUT,0,"关于...");
    menu.add(0,MENU_QUIT,1,"结果");
    return super.onCreateOptionsMenu(menu);
}
```

我们也可以在选项上加入其他的属性，例如.setShortcut()则可以加入快捷键。例如：我们为"MENU_ABOUT"选项设置快捷键为"a"。

```
menu.add(0,MENU_ABOUT,0,"关于...")
          .setShortcut('0','a');
```

> OptionMenu 菜单的特性，是必须使用 Menu 键来调用，平时它并不显示在界面上。

8.1.2　菜单项的处理

若要对于菜单项进行处理，必须利用 onOptionsItemSelected()方法，它的格式如下：

```
@Override
public boolean onOptionsItemSelected(MenuItem item){
    //TODO Auto-generated method stub
    程序内容...
    return super.onOptionsItemSelected(item);
}
```

当选择菜单项时，Android 系统会自动调用 onOptionsItemSelected()方法，利用 getItemId()即可以根据 ID 判断是哪一个选项，再执行指定的程序。例如：我们要在菜单中为项目设置处理的程序代码。

```
@Override
public boolean onOptionsItemSelected(MenuItem item){
    switch(item.getItemId()){
        case MENU_ABOUT:
            //处理 MENU_ABOUT 的程序代码
            break;
        case MENU_QUIT:
            //处理 MENU_QUIT 的程序代码
            break;
    }
    return super.onOptionsItemSelected(item);
}
```

> 另一种插入的方式是由菜单的 Source/Override/Implement Methods 进入对话框，在 Activity 选项中选择 onOptionsItemSelected(MenuItemitem)点击 OK 按钮即可插入到源代码中。

8.1.3 示例：自定义菜单选项

在菜单列表中加入两个 MenuItem 选项，点击关于按钮会显示版权的声明；点击结束按钮，则会结束程序执行，如图 8-2 所示。

▲图 8-2 加入两个菜单选项

1. 新建项目并完成布局配置

新建<Menu>项目，在<main.xml>中创建一个 TextView 显示提示信息。

```
<Menu/res/layout/main.xml>
```

```
<?xmlversion="1.0"encoding="utf-8"?>
<LinearLayout xmlns:android="http://schemas.android.com/apk/res/android"
    android:orientation="vertical"
    android:layout_width="fill_parent"
    android:layout_height="fill_parent">

    <TextView android:layout_width="fill_parent"
      android:layout_height="wrap_content"
      android:text="请点击手机上的 MENU 键打开 Menu 菜单"
      android:textColor="#00FF00"
      android:textSize="16sp"/>


</LinearLayout>
```

2. 加入执行的程序代码

```
<Menu/src/Menu.com/MenuActivity.java>
…略
9public class MenuActivity extendsActivity{
10/**Called when the activityisfirstcreated.*/
11@Override
12public void onCreate(BundlesavedInstanceState){
13super.onCreate(savedInstanceState);
14setContentView(R.layout.main);
15}
16
17protected static final int MENU_ABOUT=Menu.FIRST;
18protected static final int MENU_QUIT=Menu.FIRST+1;
19//加入菜单项
20@Override
21public boolean onCreateOptionsMenu(Menu menu){
22          menu.add(0,MENU_ABOUT,0,"关于...")
23          .setShortcut('0','a');
24
25          menu.add(0,MENU_QUIT,1,"结束")
26          .setShortcut('1','e');
27          return super.onCreateOptionsMenu(menu);
28      }
29
30@Override
31      public boolean onOptionsItemSelected(MenuItem item){
32          switch(item.getItemId()){
33              case MENU_ABOUT:
34                  Toast.makeText(MenuActivity.this,
                  "这是一个免费的版本!",Toast.LENGTH_LONG).show();
35                  break;
36              case MENU_QUIT:
37              finish();
38              break;
39          }
40      return super.onOptionsItemSelected(item);
41  }
42 }
```

- 第 17～18 行，通过 Menu.FIRST、Menu.FIRST+1 的方式定义 MENU_ABOUT、MENU_QUIT 两个常数。
- 第 22～27 行，加入两个 MenuItem 的选项。
- 第 33～38 行，如果是点击 MENU_ABOUT 选项，使用 Toast 显示版本消息。点击 MENU_QUIT 选项，调用 finish()结束程序。

保存项目后按 Ctrl+F11 组合键执行项目，当点击手机的 MENU 键时会显示功能表；点击关于按钮会显示版权的声明；点击结束按钮，则会结束程序执行，如图 8-1 所示。

▲图 8-3 执行项目

8.2 快捷菜单——ContextMenu

在 Windows 中点击鼠标的右键，会在屏幕上出现快捷菜单，用户可以在这些菜单项中选择要执行项目。但是在手机中并没有鼠标，无法提供右键的快捷菜单，因此 Android 改用"长按方式"，也就是在手机上按 1~2 秒的方式来启动名为 ContextMenu 的快捷菜单，如图 8-4 所示。

▲图 8-4 ContextMenu

8.2.1 加入快捷菜单的选项

当用户长按屏幕时，Android 系统会调用 onCreateContextMenu()方法。

1. 快捷菜单的语法格式

在菜单加入 onCreateOptionsMenu()方法的格式如下：

```
public void onCreateContextMenu(ContextMenu menu,View v,
        ContextMenuInfo menuInfo){
    //TODO Auto-generated method stub
    程序内容...
    super.onCreateContextMenu(menu,v,menuInfo);
}
```

其中参数"View"表示选择快捷菜单的组件，参数"ContextMenuInfo"则提供选择组件的信息。

> 另一种插入的方式是由菜单的 Source/Override/Implement Methods 进入对话框，在 Activity 选项中选中 onCreateContextMenu(ContextMenu,View,ContextMenuInfo)点击 OK 按钮即可插入到源代码中。

2. 加入快捷菜单项目

在 onCreateContextMenu()方法中可以利用 add()方法，即可以加入指定的菜单项，它的基本格式与 OptionMenu 相同为：

```
public abstract MenuItemadd(int groupId,int itemId,int order,int title)
```

例如：我们要加入一个快捷菜单项目 MENU_BACKCOLOR。

```
//定义单一选项的常数
protected static final int MENU_BACKCOLOR=Menu.FIRST;
//加入 ContextMenu 的选项
@Override
public void onCreateContextMenu(ContextMenu menu,View v,ContextMenuInfo menuInfo){
    super.onCreateContextMenu(menu,v,menuInfo);
    menu.add(0,MENU_BACKCOLOR,0,"设置背景颜色");
    }
}
```

8.2.2　快捷菜单注册

快捷菜单会随着在屏幕上长按的位置不同而有不同的内容，例如我们如果设置在文字组件上的快捷菜单与图片组件所显示的不同，就必须在新增弹出功能之后在系统进行组件注册的动作。

1. 快捷菜单注册语法

快捷菜单注册语法如下：

```
registerForContextMenu(组件名称)
```

例如：注册 txtShow 组件可以创建快捷菜单。

```
TextView txtShow=(TextView)findViewById(R.id.txtShow);
registerForContextMenu(txtShow);
```

2. 识别不同的注册组件

如果有多个组件向系统注册，则必须根据不同组件的名称，产生不同的弹出功能表，利用 View 类型参数 "v" 可以识别不同的注册组件。例如：我们要为两个不同的组件加上快捷菜单的项目。

```
@Override
public void onCreateContextMenu(ContextMenu menu,View v,ContextMenuInfo menuInfo){
    super.onCreateContextMenu(menu,v,menuInfo);
    if(v==组件一){
            //加入组件一快捷菜单项目;
    }
    elseif(v==组件二){
            //加入组件二快捷菜单项目;
    }
}
```

8.2.3　快捷菜单选项的处理

当选择快捷菜单的选项时，Android 系统会自动调用 onOptionsItemSelected()方法，利用 getItemId()即可以根据 ID 判断是哪一个选项，再执行指定的程序。例如：我们要在快捷菜单中为项目设置处理的程序代码。

```
@Override
public boolean onContextItemSelected(MenuItem item){
```

```
    switch(item.getItemId()){
        case MENU_BACKCOLOR:
            //处理 MENU_BACKCOLOR 的程序代码
        break;
        case MENU_SMALLSIZE:
            //处理 MENU_SMALLSIZE 的程序代码
            break;
    }
    return super.onContextItemSelected(item);
}
```

8.2.4 示例：自定义快捷菜单选项

在两个 TextView 组件上分别增加快捷菜单，一个能修改背景颜色；一个能修改字体大小，如图 8-5 所示。

▲图 8-5 增加快捷菜单

1. 新建项目并完成布局配置

新建<ContextMenu>项目，在<main.xml>中创建两个 TextView 显示提示的文字。

```
<ContextMenu/res/layout/main.xml>

<?xmlversion="1.0"encoding="utf-8"?>
<LinearLayout xmlns:android="http://schemas.android.com/apk/res/android"
    android:id="@+id/myLayout"android:orientation="vertical"
    android:layout_width="fill_parent"android:layout_height="fill_parent">

    <TextView android:id="@+id/txtShow1"
    android:layout_width="fill_parent"
    android:layout_height="wrap_content"
    android:text="请按此 1 秒钟修改背景颜色"
    android:textColor="#00FF00"
    android:textSize="18sp"
    android:padding="10px"/>

    <TextView android:id="@+id/txtShow2"
    android:layout_width="fill_parent"
    android:layout_height="wrap_content"
    android:text="请按此 1 秒钟修改字体大小"
    android:textColor="#00FF00"
    android:textSize="18sp"
    android:padding="10px"/>

</LinearLayout>
```

2. 加入执行的程序代码

```
    <ContextMenu/src/ContextMenu.com/ContextMenuActivity.java>
    …略
15public class ContextMenuActivity extends Activity{
16LinearLayout myLayout;
```

```
17TextView txtShow1;
18TextView txtShow2;
19@Override
20public void onCreate(BundlesavedInstanceState){
21super.onCreate(savedInstanceState);
22setContentView(R.layout.main);
23
24myLayout=(LinearLayout)findViewById(R.id.myLayout);
25txtShow1=(TextView)findViewById(R.id.txtShow1);
26txtShow2=(TextView)findViewById(R.id.txtShow2);
27registerForContextMenu(txtShow1);
28registerForContextMenu(txtShow2);
29}
30
31protected static final int MENU_BACKCOLOR=Menu.FIRST;
32protected static final intMENU_SMALLSIZE=Menu.FIRST+1;
33protected static final intMENU_LARGESIZE=Menu.FIRST+2;
34@Override
35public void onCreateContextMenu(ContextMenu menu,View v,
36ContextMenuInfo menuInfo){
37super.onCreateContextMenu(menu,v,menuInfo);
38if(v==txtShow1){
39menu.add(0,MENU_BACKCOLOR,0,"设置背景颜色");
40}
41        elseif(v==txtShow2){
42                menu.add(0,MENU_SMALLSIZE,1,"较小字体");
43                menu.add(0,MENU_LARGESIZE,2,"较大字体");
44        }
45    }
46
47@Override
48public boolean onContextItemSelected(MenuItemitem){
49switch(item.getItemId()){
50case MENU_BACKCOLOR:
51myLayout.setBackgroundColor(Color.BLUE);
52break;
53case MENU_SMALLSIZE:
54txtShow1.setTextSize(12);
55txtShow2.setTextSize(12);
56break;
57case MENU_LARGESIZE:
58txtShow1.setTextSize(24);
59txtShow2.setTextSize(24);
60break;
61}
62return super.onContextItemSelected(item);
63}
64}
```

- 第 27～28 行，txtShow1、txtShow2 组件向系统注册快捷菜单。
- 第 31～33 行，使用 Menu.FIRST、Menu.FIRST+1、Menu.FIRST+2 的方式定义 MENU_BACKCOLOR、MENU_SMALLSIZE 及 MENU_LARGESIZE 三个常数。
- 第 35～45 行，加入快捷菜单的选项。
- 第 38～40 行，如果是由 textShow1 组件执行 onCreateContextMenu()方法，则加入一个 MENU_BACKCOLOR 菜单项。
- 第 41～44 行，如果是由 textShow2 组件执行 onCreateContextMenu()方法，则加入 MENU_SMALLSIZE、MENU_LARGESIZE 两个菜单项。
- 第 49～61 行，判断 getItemId()执行不同的选项。
- 第 50～52 行，MENU_BACKCOLOR 的程序内容，设置画面的背景颜色。
- 第 53～56 行，MENU_SMALLSIZE 的程序内容，设置显示缩小字体。
- 第 57～60 行，MENU_LARGESIZE 的程序内容，设置显示放大字体。

保存项目后按 **Ctrl+F11** 组合键执行项目，当长按第一个文本框 1 秒后会显示设置背景颜色的快捷菜单，执行后即可更换背景颜色，如图 8-6 所示。

▲图 8-6 设置背景颜色的快捷菜单

当长按第二个文本框 1 秒后会显示较小字体及较大字体的快捷菜单，执行后即可更换字体大小，如图 8-7 所示。

▲图 8-7 设置字体的快捷菜单

扩展练习

1．在菜单中加入两个 MenuItem 选项，点击 Help 会显示说明文字；点击 Quit 按钮，则会结束程序执行。

2．利用 ImageView 显示书籍图片，点击下一张按钮依次显示下一张的图片并支持循环显示功能。在 ImageView 组件上长按 1~2 秒，会以 Toast 显示该图片的说明信息。

▲Ex1　　　　　　　　　　　　　　　　　　　▲Ex2

第 9 章　Intent 的使用

Intent 是由一个动作和内容组成，相当于一串的网址，可以打开指定的网页并传递数据，Intent 就是执行各网页间的切换。Intent 除了执行 Android 内建的动作之外，也可以执行自定义的 Activity。

学习重点

- AndroidManifest.xml 文件
- 认识 Intent
- 浏览网站
- 调用拨号按钮
- 拨打电话
- 执行自定义的 Activity
- 附带数据的 Intent
- 从被调用的 Intent 传回数据

9.1　认识 Android Manifest.xml

在新建项目时除了自动产生文件夹基本结构外，还有<AndroidManifest.xml>、<proguard.cfg>及<project.properties> 3 个文件。

其中<AndroidManifest.xml>文件是 Android 应用程序必备的文件，记录了应用程序的包名称、版本信息、所使用的组件数据、各种权限设置及其他相关的属性信息。

> 在介绍 Intent 使用前我们先介绍<AndroidManifest.xml>，因为在 Intent 中必须依靠它来设置项目中功能的权限，以及声明新增的 Activity 等动作。

例如，以 Hello 项目所产生的<AndroidManifest.xml>文件内容为：

```
<?xmlversion="1.0"encoding="utf-8"?>
<manifest xmlns:android="http://schemas.android.com/apk/res/android"
    package="Hello.com"
    android:versionCode="1"
    android:versionName="1.0">
    <uses-sdkandroid:minSdkVersion="14"/>

  <application android:icon="@drawable/ic_launcher"
      android:label="@string/app_name">
    <activity android:name=".HelloActivity"
      android:label="@string/app_name">
      <intent-filter>
        <action android:name="android.intent.action.MAIN"/>
        <category android:name="android.intent.category.LAUNCHER"/>
      </intent-filter>
```

```
        </activity>
    </application>


</manifest>
```

1. 版本信息

在<AndroidManifest.xml>文件中设置版本信息的内容如下：

```
android:versionCode="1"
android:versionName="1.0"
<uses-sdkandroid:minSdkVersion="14"/>
```

（1）**versionCode**：让开发者记录的版本编号，通常使用流水号。如果应用程序上传到 Google Play 时，应用程序的更新是检查此属性。更新的程序版本编号必须比原版本大，Google Play 才允许上传更新原有程序。

（2）**versionName**：让用户查看的版本编号，也就是一般软件的版本编号，例如 PhotoShop9.0 中的"9.0"。

（3）**minSdkVersion**：设置此应用程序可使用最低的 Android SDK 版本，也就是新建项目时 MinimumSDK 字段所设置的版本。

这 3 个版本属性皆非必要属性，也就是可以不必设置。但如果要上传到 Google Play，则 3 个属性都必须设置，否则就不允许上传。

2. application 标签

<application>标签是<AndroidManifest.xml>文件中最重要的部分，应用程序用到的组件、服务等都在此标签内定义。

```
<application android:icon="@drawable/ic_launcher"
android:label="@string/app_name">
..............................
</application>
```

icon 属性设置显示在主界面中的应用程序图标，"@drawable/ic_launcher"为<res/drawable>文件夹默认产生的图标索引，也就是<res/drawable>文件夹中<ic_launcher.png>图形文件。

label 属性设置显示于主界面中的应用程序名称，"@string/app_name"为<res/values/strings.xml>文件 app_name 字符串的索引，如图 9-1 所示。

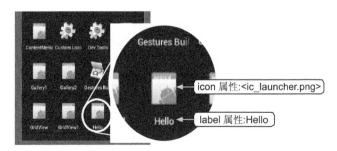

▲图 9-1　icon 属性和 label 属性

3. activity 标签

```
<activity android:name=".HelloActivity"
android:label="@string/app_name">
```

```
.........................
</activity>
```

新建项目时选中 CreateActivity，系统会自动将<activity>标签的 name 属性设置成项目启动的 Activity 名称。"android:name=".HelloActivity""表示项目启动时执行<HelloActivity.java>。"."表示和项目相同路径，可以省略。但如果是在不同的路径，则必须设置完整的路径，例如"android:name="Hello.com.HelloActivity""。label 属性是执行应用程序时显示的标题名称，如图 9-2 所示。

▲图 9-2 label属性

4. intent–filter 标签

```
<intent-filter>
    <action android:name="android.intent.action.MAIN"/>
    <category android:name="android.intent.category.LAUNCHER"/>
</intent-filter>
```

<intent-filter>标签的功能是根据设置的条件来筛选 Intent 要执行的 Activity。一般来说是以 action、category 及 data 为筛选的条件。

（1）action 是用来定义 Activity 执行动作，例如"android.intent.action.MAIN"是定义 Activity 执行的是内建项目种类的 MAIN，其他内建的项目还有 VIEW、EDIT、DIAL、SEND。

（2）category 是用来定义 Activity 所属类型，一般来说有两种，如果是程序一开始即要执行要设置为 LAUNCHER 类型，否则就为 DEFAULT 类型。

（3）data 是用来定义 Activity 可以处理的数据类型，例如"android:mimeType"属性为 image/*、video/*时表示这个 Activity 可以处理图片或视频文件。

如果没有特别的设置，默认的<intent-filter>标签只有一个用来执行内建项目种类的 MAIN 的动作，并设置程序一开始就执行的 LAUNCHER 类型。

9.2 认识 Intent

Intent 的功能类似于网页上的超链接，用户可以通过超链接前往另一个页面，或是链接到电子邮件软件来发送电子邮件。Intent 是由一个动作和内容组成，相当于一串的网址，可以打开指定的网页并传递数据，Intent 就是执行各页面间的切换。

Intent 的动作有两种，第一种是 Android 内部定义的动作，第二种是用户自定义的 Activity。Activity 是 Android 手机应用程序人机交互机制当中用户定义的显示界面，可以把 Activity 看成是包含有文字、按钮、图像、动画、影音以及表单输入界面的网页。

Intent 的动作实际上就是从目前的 Activity 执行另一个 Activity，当目前的 Activity 执行另一个 Activity，原来的 Activity 会进入休眠的状态，然后将执行权交给另一个 Activity。

Intent 定义的语法格式如下：

```
Intent intent=new Intent(动作,内容);
```

9.2.1 使用 Intent 执行浏览网站的动作

最简单的动作就是使用 Android 内部定义的动作"ACTION_VIEW"，来浏览"URL"网站。

例如：链接"http://www.sina.com.cn"网站。

```
Intent intent=newIntent(Intent.ACTION_VIEW,
  Uri.parse("http://www.sina.com.cn"));
```

在这里 Intent 的内容是一个 Uri 类型的网址，必须加入所需的包。

```
import android.net.Uri;
```

另外，我们可以将 uri 网址单独写在一行，程序较容易理解。

```
Uri uri=Uri.parse("http://www.sina.com.cn");
Intent intent=new Intent(Intent.ACTION_VIEW,uri);
```

9.2.2 使用 Intent 调用拨号按钮与拨打电话

在 Eclipse 编辑界面中输入"Intent."时，Eclipse 编辑器会弹出可输入的建议动作选项，常用的 Intent 内建动作 ACTION_DIAL、ACTION_CALL 使用方式如下：

1. 调用拨号按钮

例如：我们要在程序中利用 ACTION_DIAL 调用拨号按钮。

```
Uri uri=Uri.parse("tel:01012345678");
Intent intent=new Intent(Intent.ACTION_DIAL,uri);
```

2. 拨打电话

例如：我们要在程序中利用 ACTION_CALL 拨打电话。

```
Uri uri=Uri.parse("tel:01012345678");
Intent intent=new Intent(Intent.ACTION_CALL,uri);
```

虽然 ACTION_CALL 可以拨打电话，但必须在<AndroidManifest.xml>文件中设置拨打电话的权限，否则会出现"应用程序异常终止"的错误。在<AndroidManifest.xml>中加入下列框线内的程序代码来赋予权限，这段程序必须加在<application>标签外面。

```
<?xmlversion="1.0"encoding="utf-8"?>
<manifest xmlns:android="http://schemas.android.com/apk/res/android"
    …略
    android:versionName="1.0">
  <uses-sdkandroid:minSdkVersion="14"/>

  <uses-permissionandroid:name="android.permission.CALL_PHONE">
  </uses-permission>

  <application android:icon="@drawable/icon"
    android:label="@string/app_name">
    …略
  </application>
</manifest>
```

9.2.3 执行 Activity

定义好 Intent 后必须使用 startActivity()或 startActivityForResult()方法将执行权交给这个 Intent。不同的是 startActivity()在不需要返回值的情况下使用，而 startActivityForResult()则是用在需要返回值时的情况下使用。

最简单的方式是 startActivity()，因为它不需要返回值，其格式为：

```
startActivity(定义完成的 Intent);
```

9.2.4　示例：浏览网站、调用拨号按钮、拨打电话按钮

在这个示例中以 Intent.ACTION_VIEW 浏览网站、Intent.ACTION_DIAL 调用拨号按钮、Intent.ACTION_CALL 拨打电话，并以 startActivity()执行 Intent，如图 9-3 所示。

1.　新建项目并完成布局配置

新建<Intent1>项目，打开<main.xml>布局配置文件后创建三个 Button，命名为 btnView、btnDial 和 btnCall 分别打开对应的 Intent。

▲图 9-3　新建 Intent1 项目

```
<Intent1/res/layout/main.xml>

<?xmlversion="1.0"encoding="utf-8"?>
<LinearLayout xmlns:android="http://schemas.android.com/apk/res/android"
    android:orientation="vertical"
    android:layout_width="fill_parent"
    android:layout_height="fill_parent">

  <Button android:id="@+id/btnView"
   android:layout_width="fill_parent"
   android:layout_height="wrap_content"
   android:text="浏览网页"/>


  <Button android:id="@+id/btnDial"
   android:layout_width="fill_parent"
   android:layout_height="wrap_content"
   android:text="调用拨号按钮"/>

  <Button android:id="@+id/btnCall"
   android:layout_width="fill_parent"
   android:layout_height="wrap_content"
   android:text="拨打电话"/>

</LinearLayout>
```

2.　加入执行的程序代码

```
<Intent1/src/Intent1.com/Intent1Activity.java>
…略
10public class Intent1Activity extends Activity{
11//private Button btnView,btnCall;
12@Override
13public void onCreate(BundlesavedInstanceState){
14super.onCreate(savedInstanceState);
15setContentView(R.layout.main);
16
17//获取资源文件中的界面组件
18Button btnView=(Button)findViewById(R.id.btnView);
19Button btnCall=(Button)findViewById(R.id.btnCall);
20Button btnDial=(Button)findViewById(R.id.btnDial);
21
22//设置button组件Click事件共享myListner
23btnView.setOnClickListener(myListner);
24btnCall.setOnClickListener(myListner);
25btnDial.setOnClickListener(myListner);
26}
28//定义onClick()方法
29private Button.OnClickListenermyListner=new
            Button.OnClickListener(){
30public void onClick(Viewv){
31switch(v.getId())
32{
33case R.id.btnView:
34{
```

```
35Uri uri=Uri.parse("http://www.sina.com.cn");
36Intent intent=new Intent(Intent.ACTION_VIEW,uri);
37startActivity(intent);
38break;
39}
40case R.id.btnDial:
41{
42Uri uri=Uri.parse("tel:01012345678");
43Intent intent=new Intent(Intent.ACTION_DIAL,uri);
44startActivity(intent);
45break;
46}
47case R.id.btnCall:
48{
49Uri uri=Uri.parse("tel:01012345678");
50Intent intent=new Intent(Intent.ACTION_CALL,uri);
51startActivity(intent);
52break;
53}
54}
55}
56};
57}
```

- 第33~39行，浏览网站。
- 第40~46行，调用拨号按钮。
- 第47~53行，拨打电话。

3. 设置拨打电话权限

使用 ACTION_CALL 拨打电话，记得在<AndroidManifest.xml>中加入设置拨打电话的权限。

```
<?xmlversion="1.0"encoding="utf-8"?>
<manifest xmlns:android="http://schemas.android.com/apk/res/android"
    …略
  <uses-permissionandroid:name="android.permission.CALL_PHONE">
  </uses-permission>


  <application android:icon="@drawable/icon"
      android:label="@string/app_name">
      …略
  </application>
</manifest>
```

保存项目后，按 Ctrl+F11 组合键执行项目，用户选择不同的按钮即可执行浏览网站、调用拨号按钮及拨打电话等不同功能，如图 9-4 和图 9-5 所示。

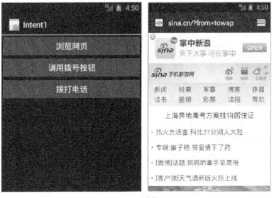

▲图 9-4　浏览网页

▲图 9-5　拨打电话

9.3　执行自定义的 Activity

通常大型项目中不会只有一个 Activity，而是可能分为多个不同的 Activity，并且展示在不同的页面中，再利用 Intent 来做切换的动作。

9.3.1　Intent 执行自定义 Activity 的方法

1.　主程序类切换到自定义类

程序中可以利用 setClass() 即可从主程序类切换到自定义的类。它的格式如下：

```
setClass(主程序类.this,自定义类.class)
```

例如：从主程序类 Intent2Activity 切换到自定义的类 Second。

```
Intent intent=new Intent();
intent.setClass(Intent2Activity.this,Second.class);
startActivity(intent);
```

2.　Intent 执行自定义 Activity 的流程

我们之前新建的项目都是只有一个 Activity，如果要让 Intent 切换到另外一个自定义的 Activity，就必须在项目中新增另一个类，并为该类创建一个布局配置文件，最后要在 <AndroidManifest.xml> 文件声明加入自定义的类。

9.3.2　示例：利用 Intent 切换自定义 Activity

以下的示例将在项目中再新增一个自定义的 Activity，并设置 Intent 进行切换。

1.　新建项目并完成主布局配置

新建 <Intent2> 项目，在 <main.xml> 主布局配置文件中创建一个 TextView 用以显示提示消息，设置名称为 btnPage2 的 Button 按钮，在点击时会打开自定义的 Activity。设置相关属性如下：

```
<Intent2/res/layout/main.xml>

<?xmlversion="1.0"encoding="utf-8"?>

<LinearLayout xmlns:android="http://schemas.android.com/apk/res/android"
```

```
    android:orientation="vertical"
    android:layout_width="fill_parent"
    android:layout_height="fill_parent">

    <TextView android:layout_width="fill_parent"
        android:layout_height="wrap_content"
        android:text="这是主程序!"
        android:textColor="#00FF00"
        android:textSize="16sp"/>

    <Button android:id="@+id/btnPage2"
        android:layout_width="fill_parent"
        android:layout_height="wrap_content"
        android:text="打开另一个自定义的 Activity"/>

</LinearLayout>
```

2. 新增自定义类

新增自定义的类，就是新增一个 Class，操作如下：

（1）打开 Package Explorer 窗口，在<src/Intent2.com>上单击鼠标右键，在弹出菜单中选择 New/Class 出现 New Java Class 窗口。

（2）在 Name 字段输入类名称，本例是"Second"。将 Superclass 字段修改为"android.app. Activity"，表示创建的 Second 类要继承 Activity 类，点击 Finish 按钮，如图 9-6 所示。

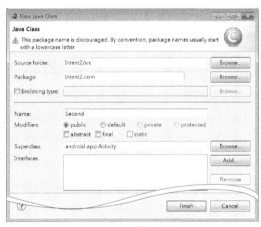

▲图 9-6   新增自定义类

也可以点击 Superclass 右边的 Browse 按钮，打开 Superclass Selection 窗口，在 Choose a type 字段输入"Activity"然后点击 OK 按钮，完成后 Superclass 字段由"java.lang.Object"变成"android.app.ActivityJ"

（3）完成后在<src/Intent2.com/>中创建一个<Second.java>文件，其程序代码如下：

`<Intent2/src/Intent2.com/Second.java>`

```
package Intent2.com;

import android.app.Activity;

public class Second extends Activity{

}
```

　　完成的 Second 类只是一个结构，因为自定义类需要一个布局配置文件，这里先加入程序代码，先来创建自定义类的布局配置文件，完成后再回来继续。

3. 新增自定义类的布局配置文件

　　在 Eclipse 菜单中单击 Files/New/Other...，在 New 窗口单击 XML/XML File，然后点击 Next 按钮。。在 New XML File 窗口中，选择<项目名称/res/layout>文件夹，并在 Filename 字段输入文件名"page2.xml"，然后点击 Finish 按钮即可。

　　在新增的<page2.xml>文件中只有版本和编码声明，必须再加入自定义的布局配置。以下为加入一个垂直配置的 LinearLayout 布局，布局中配置一个 TextView 和一个 Button 按钮命名为 btnHome。

```
<Intent2/res/layout/page2.xml>

<?xmlversion="1.0"encoding="UTF-8"?>
<LinearLayout xmlns:android="http://schemas.android.com/apk/res/android"
    android:orientation="vertical"
    android:layout_width="fill_parent"
    android:layout_height="fill_parent">

    <TextView android:layout_width="fill_parent"
       android:layout_height="wrap_content"
       android:text="第二个页面!"
       android:textColor="#00FF00"
       android:textSize="16sp"/>


       <Button android:id="@+id/btnHome"
       android:layout_width="fill_parent"
       android:layout_height="wrap_content"
       android:text="返回主程序"/>

</LinearLayout>
```

> 注意：布局配置文件命名必须使用小写字母、数字或下划线，否则会出现意想不到的错误。

4. 完成主程序类的程序代码

　　在主程序类<Intent2Activity.java>中，加入点击 btnPage2 按钮可以由 Intent2Activity 类切换到 Second 类。

```
<Intent2/src/Intent2.com/Intent2Activity.java>
…略
9public class Intent2Activity extends Activity{
10@Override
11public void onCreate(BundlesavedInstanceState){
12super.onCreate(savedInstanceState);
13setContentView(R.layout.main);
14
15//获取资源界面组件
16Button btnPage2=(Button)findViewById(R.id.btnPage2);
17//设置button的myListner
18btnPage2.setOnClickListener(myListner);
19}
20
21private Button.OnClickListenermyListner=new
            Button.OnClickListener(){
22public void onClick(Viewv){
23Inten tintent=new Intent();
```

```
24intent.setClass(Intent2Activity.this,Second.class);
25startActivity(intent);
26}
27};
28}
```

- 第 22~26 行，点击 btnPage2 按钮，会打开 Second 类，因此会看到该类配置的布局<page2.xml>。

5. 完成自定义类的程序代码

回到 Second 类，加入重载的 onCreate()方法，及相关程序代码如下：

`<src/Intent2.com/Second.java>`

```
1package Intent2.com;
2
3import android.app.Activity;
4import android.os.Bundle;
5import android.view.View;
6import android.widget.Button;
7
8public class Second extends Activity{
9@Override
10public void onCreate(BundlesavedInstanceState){
11super.onCreate(savedInstanceState);
12setContentView(R.layout.page2);
13
14//获取界面组件
15Button btnHome=(Button)findViewById(R.id.btnHome);
16//设置 button 的 myListner
17btnHome.setOnClickListener(myListner);
18}
19
20private Button.OnClickListenermyListner=new
            Button.OnClickListener(){
21public void onClick(Viewv){
22finish();
23}
24};
25}
```

- 第 12 行，设置 Second 类显示的布局是<page2.xml>。
- 第 17 行，加入按钮 btnHome 的监听。
- 第 20~24 行，并以"finish()"强迫结束目前的 Activity，本例就是结束 Second 类，然后返回主程序 Intent2Activity 类。

另一种加入结构的方式，可以点击菜单的 Source/Override/ImplementMethods 进入对话框，在 Activity 选项中复选 onCreate(Bundle)即会加入 onCreate()方法的结构，然后再进行编辑。

6. 在 AndroidManifest.xml 加入自定义类的声明

到目前为止，虽然创建了两个 Activity 和相应的布局，也定义了按钮切换的程序，但是程序仍然无法做页面的切换，因为我们还必须在<AndroidManifest.xml>文件中加入自定义 Activity 的信息。如下加入下列框线内的程序代码，这段程序必须加在<application>标签中。

`<src/res/AndroidManifest.xml>`

```
<?xmlversion="1.0"encoding="utf-8"?>
<manifest xmlns:android="http://schemas.android.com/apk/res/android"
    package="Intent2.com"
    android:versionCode="1"android:versionName="1.0">
```

```
<uses-sdkandroid:minSdkVersion="14"/>
<application android:icon="@drawable/ic_launcher"android:label="@string/app_name">
<activity android:label="@string/app_name"
  android:name=".Intent2Activity">
  <intent-filter>
  <action android:name="android.intent.action.MAIN"/>
    <category android:name="android.intent.category.LAUNCHER"/>
    </intent-filter>
  </activity>
 <activity android:label="Second"android:name=".Second"/>
</application>
</manifest>
```

● android:label 代表显示的标题，android:name=".Second"是 Activity 的路径和名称。其中 "." 表示目前项目的目录，"Second" 表示加入的类。

保存项目后，按 Ctrl+F11 组合键执行项目，用户在点击界面中的按钮时，可以通过 Intent 的设置切换到另一个 Activity，如图 9-7 所示。

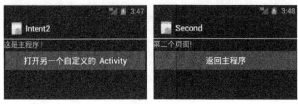

▲图 9-7　执行项目

9.4　附带数据的 Intent

Intent 除了可以单纯地切换不同的 Activity 到屏幕上显示外，还可以将相关的数据从目前的 Activity 传递到指定的 Activity 中使用。它的原理是在目前的 Activity 里将要附带的数据放在 Bundle 对象中，当对方收到 Intent 附带的 Bundle 对象后，再从 Bundle 中取出附带的数据。

9.4.1　使用 Intent 传递数据

1．Intent 传递数据的流程（如图 9-8 所示）

▲图 9-8

（1）利用 Intent 中 setClass()的方法来设置要执行的自定义类，也就是要确定 Intent 中的发件人和收件者，例如 Intent3Activity 传递给 Second：

```
Intent intent=new Intent();
intent.setClass(Intent3Activity.this,Second.class);
```

（2）使用 Bundle 对象打包，这个 Bundle 有点像是邮寄的包裹，包裹里包含许多的邮包，可以使用 Bundle 的 putXXX()方法，将邮包根据不同的数据类型打包并写上邮包名称。其中 XXX 代表的是数据的类型，如 String 字符串类型使用的方法为 putString()。例如要打包一个名为 Name

的字符串数据，值为"David"：

```
Bundle bundle=newBundle();
bundle.putString("NAME","David");
```

（3）利用 Intent 的 putExtras()方法可以将数据传递给其他的 Activity，Intent 像是邮差，而"intent.putExtras(bundle)"则是带有包裹的邮差。

```
intent.putExtras(bundle);
```

（4）最后使用 startActivity()方法将包裹寄出。

```
startActivity(intent);
```

2. Bundle 对象打包数据的方式

Bundle 对象 putXXX()语法如下，其中值代表传递的数据内容，名称为邮包名称：

```
putXXX(名称，值)
```

使用 putXXXArray()则可以将数组类型的数据打包，其语法如下：

```
putXXXArray(数组名，数组)
```

Bundle 对象常用的 put()方法如下所示。

方　　的	说　　明
putString()	将 String 类型数据放入 Bundle 中
putBoolean()	将 Boolean 类型数据放入 Bundle 中
putByte()	将 Byte 类型数据放入 Bundle 中
putChar()	将 Char 类型数据放入 Bundle 中
putDouble()	将 Double 类型数据放入 Bundle 中
putFloat()	将 Float 类型数据放入 Bundle 中
putInt()	将 Int 类型数据放入 Bundle 中
putShort()	将 Short 类型数据放入 Bundle 中
putStringArray()	将 String 类型数据数组放入 Bundle 中
putIntArray()	将 Int 类型数据数组放入 Bundle 中

例如：我们要将不同类型的数据使用 Bundle 对象进行打包，其中 NAME 为字符串，数据为"David"；AGE 为整数，数据为"27"；TALL 为双精度数，数据为"183.5"。

```
//定义数据变量
String pname="David";
int page=27;
Double ptall=183.5;
//使用 Bundle 对象进行打包
Bundle bundle=new Bundle();
bundle.putString("NAME",pname);
bundle.putInt("AGE",page);
bundle.putDouble("TALL",ptall);
```

9.4.2 取出 Intent 的数据

在一个 Activity 打包数据后利用 Intnet 传递给另一个 Activity 后，就必须在收到 Intent 后将 Bundle 的数据取出后再使用。

1.　取出 Intent 数据的流程

在指定的 Activity 接收到带有数据的 Intent 时，取出 Bundle 数据的过程如下。

（1）使用 getIntent()方法获取传递的 Intent。

```
Intent intent=this.getIntent();
```

（2）利用 Intent 的 getExtras()方法，从 Intent 中获取 Bundle 对象。

```
Bundle bundle=intent.getExtras();
```

（3）根据邮包名称获取 Bundle 对象中的数据。

2.　取出 Bundle 对象数据的方式

Bundle 可以使用 getXXX()方法获取 Bundle 对象中不同类型的数据，语法如下：

```
getXXX(名称)
```

其中 XXX 代表的是数据的类型，如 String 字符串类型使用的方法为 getString()。使用 getXXXArray()则可以获取 Bundle 对象中不同类型的数组数据。语法如下：

```
getXXXArray(数组名)
```

例如，我们将名称为 NAME 的字符串数据、AGE 整数数据、TALL 的双精度数据由 Bundle 对象中取出，并存入变量中。

```
String pname=bundle.getString("NAME");
int page=bundle.getInt("AGE");
Double ptall=bundle.getDouble("TALL");
```

> Bundle 是 Intent 传递数据的重要对象

9.4.3　示例：利用 Intent 传递数据

以下将在项目中新增一个 Activity，在主类中打包一些数据后，利用 Intent 的 Bundle 对象传递到另一个类中显示。

1.　新建项目并完成主布局配置

新建<Intent3>项目，在<main.xml>主布局配置文件中创建一个 TextView 显示提示的文字，Button 按钮打开自定义的 Activity 并传递数据。

```
<Intent3/res/layout/main.xml>

  <?xmlversion="1.0"encoding="utf-8"?>
<LinearLayout xmlns:android="http://schemas.android.com/apk/res/android"
    android:orientation="vertical"
    android:layout_width="fill_parent"
    android:layout_height="fill_parent">

    <TextView android:layout_width="fill_parent"
      android:layout_height="wrap_content"
      android:text="这是主程序！"
      android:textColor="#00FF00"
      android:textSize="16sp"/>

    <Button android:id="@+id/btnPage2"
      android:layout_width="fill_parent"
      android:layout_height="wrap_content"
      android:text="打开另一个自定义的 Activity"/>

</LinearLayout>
```

2. 加入执行的程序代码

```
<Intent3/src/Intent3.com/Intent3Activity.java>
…略
9public class Intent3Activity extends Activity{
10@Override
11public void onCreate(BundlesavedInstanceState){
12super.onCreate(savedInstanceState);
13setContentView(R.layout.main);
14
15        //获取界面组件
16        Button btnPage2=(Button)findViewById(R.id.btnPage2);
17        //设置 button 的 myListner
18        btnPage2.setOnClickListener(myListner);
19    }
21private Button.OnClickListenermyListner=new
            Button.OnClickListener(){
22public void onClick(Viewv){
23Intent intent=new Intent();
24intent.setClass(Intent3Activity.this,Second.class);
25
26String pname="David";
27int page=27;
28Double ptall=183.5;
29
30Bundle bundle=new Bundle();
31bundle.putString("NAME",pname);
32bundle.putInt("AGE",page);
33bundle.putDouble("TALL",ptall);
34intent.putExtras(bundle);
35
36//执行附带数据的 Intent
37startActivity(intent);
38}
39};
40}
```

- 第 23～24 行，设置点击 btnPage2 按钮，打开 Second 类。
- 第 30～34 行，使用 Bundle 传递 NAME、AGE 和 TALL 3 个数据。
- 第 37 行，开始传递数据。

3. 完成自定义类布局配置

等一下新增的自定义类<Second.java>必须配置布局：<page2.xml>，在新增后配置一个 TextView 用来显示接收的数据，button 按钮则用来结束 Second 类返回主程序 Intent3Activity 类。

```
<Intent3/res/layout/page2.xml>

<?xmlversion="1.0"encoding="UTF-8"?>
<LinearLayout xmlns:android="http://schemas.android.com/apk/res/android"
      android:orientation="vertical"
      android:layout_width="fill_parent"
      android:layout_height="fill_parent">

<TextView android:id="@+id/txtShow"
 android:layout_width="fill_parent"
 android:layout_height="wrap_content"
 android:text="显示数据"
 android:textColor="#00FF00"
 android:textSize="16sp"/>

  <Button android:id="@+id/btnHome"
  android:layout_width="fill_parent"
  android:layout_height="wrap_content"
  android:text="返回主程序"/>
```

```
</LinearLayout>
```

4. 加入自定义类的程序代码

在自定义的 Second 类中要显示接收的数据，程序代码如下：

```
<Intent3/src/Intent3.com/Second.java>
…略
10public class Second extends Activity{
11@Override
12public void onCreate(BundlesavedInstanceState){
13super.onCreate(savedInstanceState);
14setContentView(R.layout.page2);
16//获取界面组件
17TextView txtShow=(TextView)findViewById(R.id.txtShow);
18Button btnHome=(Button)findViewById(R.id.btnHome);
20//设置 button 的 myListner
21btnHome.setOnClickListener(myListner);
22
23//获取 bundle
24Intent intent=this.getIntent();
25Bundle bundle=intent.getExtras();
26String name=bundle.getString("NAME");
27intage=bundle.getInt("AGE");
28Double tall=bundle.getDouble("TALL");
29Strings="姓名: "+name+"\n\r"+
30"年龄: "+age+"\n\r"+
31"身高: "+tall;
32txtShow.setText(s);
33}
34
35private Button.OnClickListenermyListner=new
            Button.OnClickListener(){
36public void onClick(View v){
37finish();
38}
39};
40}
```

- 第 24～28 行，接收由主程序类 Intent3Activity 传递过来的数据。
- 第 29～32 行，显示接收的数据。
- 第 35～39 行，结束 Second 返回主程序 Intent3Activity。

5. 在 AndroidManifest.xml 加入自定义类的声明

```
<src/res/AndroidManifest.xml>

<?xmlversion="1.0"encoding="utf-8"?>
<manifest xmlns:android="http://schemas.android.com/apk/res/android"
    …略
    <application android:icon="@drawable/ic_launcher"android:label="@string/app_name">
        <activity
            …略
        </activity>
    <activity android:label="Second"android:name=".Second"/>
    </application>
</manifest>
```

保存项目后，按 Ctrl+F11 组合键执行项目，用户在点击界面中的按钮时，可以通过 Intent 的设置切换到另一个 Activity 并显示传递过去的数据，如图 9-9 所示。

▲图 9-9 执行项目

9.5 从被调用的 Intent 传回数据

使用 startActivity()方法仅能将 Bundle 对象中的数据，从主程序传递给被调用的程序，但无法将数据从被调用的程序传递回原来调用的主程序。要完成这样的动作，必须改用 startActivityForResult()方法。

startActivityForResult()方法同样也是使用 Intent 来传递数据，但是它增加了一个识别的代码，用来识别回传数据的来源。在原来的主程序也必须使用 onActiveResult()方法来处理被调用程序的传回值。

9.5.1 主程序传递数据

使用 startActivityForResult()方法与 startActivity()方法来调用的程序传递数据的过程差不多，步骤如下。

（1）使用 setClass()方法确定 Intent 的发件人和收件者，例如：Intent4Activity 传递给 Second。

```
Intent intent=newIntent();
intent.setClass(Intent4Activity.this,Second.class);
```

（2）使用 Bundle 对象的 put()方法打包数据，并利用 putExtras()来进行传递，例如要包含 NAME、AGE 两个邮包，并委托 intent 邮差传递。

```
Bundle bundle=new Bundle();
bundle.putString("NAME","David");
bundle.putInt("AGE",27);
intent.putExtras(bundle);
```

（3）最后使用 startActivityForResult()方法取代 startActivity()方法将包里寄出，并等待另一方的回音。其中最不同的是在 startActivityForResult()方法中要设置"ACTIVITY_EDIT"识别代码，这个代码用来表示发件人是谁，命名可以自定义，这样当收件者回寄数据时就知道发件人是谁，方便将数据寄给原来的发件人。例如："ACTIVITY_EDIT"委托 intent 邮差传递包里。

```
private static final int ACTIVITY_EDIT=1;
…
startActivityForResult(intent,ACTIVITY_EDIT);
```

9.5.2 被调用的程序取出 Intent 的数据

在一个 Activity 打包数据后利用 Intnet 传递到另一个 Activity 后，就必须在收到 Intent 后将 Bundle 的数据取出后再使用。例如这里要在被调用程序的 Activity 中的 onCreate()方法中取出 Intent 数据，并获取 Bundle 对象中名称为 NAME、AGE 的数据。

```
Intent intent=this.getIntent();
Bundle bundle=intent.getExtras();
String name=bundle.getString("NAME");
int age=bundle.getInt("AGE");
```

9.5.3　被调用的程序传回 Intent 的数据

在被调用程序的 Activity 中要传回返回值给调用主程序，必须先创建 Intent 对象，然后将要回传的数据放入 Bundle 中，再把这个 Bundle 交给 Intent 处理，同时使用 setResult()方法将 Intent 传回。传回 Intent 数据的过程如下。

（1）创建 Intent 对象，这里并不需要以 setClass()设置邮件的收发者，因为当初传送是使用" startActivityForResult(intent,ACTIVITY_EDIT) " 方式 ，也就是说已经清楚写明发件人是"ACTIVITY_EDIT"。

```
Intent intent=newIntent();
```

（2）将要回传的数据放入 Bundle 中，再把这个 Bundle 交给 Intent 处理。例如：回传名称是AGE 的数据，内容是 age 的值。

```
age=Integer.parseInt(edtAge.getText().toString());
Bundle bundle=new Bundle();
bundle.putInt("AGE",age);
intent.putExtras(bundle);
```

（3）最后使用 setResult()方法将 Intent 传回，同时必须传回一个结果的代码。例如：当点击确定按钮后使用 setResult()传回 intent 和 RESULT_OK 的代码。

```
setResult(RESULT_OK,intent);
```

如果只有传回代码，则只会返回主程序，但不会传回 Intent 的返回值。例如：当点击取消按钮后以 setResult()返回主程序并传回 RESULT_CANCELED 的代码。

```
setResult(RESULT_CANCELED);
```

9.5.4　主程序接收传回的数据

主程序要接收被调用程序传回的数据，必须重载 onActiveResult()方法。
onActiveResult()语法如下：

```
protected void onActivityResult(int requestCode,
int resultCode,Intent data)
```

"requestCode"是调用主程序传递 Intent 时所记录的代码，相当于原来的寄件者的 ID，这样被调用程序传回的数据才知道要回送给谁。

"resultCode"是被调用程序以 setResult()方法传回结果的代码，如 RESULT_OK、RESULT_CANCELED，根据这个代码就可以判断被调用程序返回时点击的按钮。

"data"则是回传的 Intent，它就是在 Bundle 中就是被调用程序传回的数据。例如：在主程序中接收传回的数据，如果是回寄给"ACTIVITY_EDIT"，再判断回寄者是不是点击确定按钮，如果是才处理接收的数据。

```
@Override
protected void onActivityResult(int requestCode,int resultCode,
Intent data){
    super.onActivityResult(requestCode,resultCode,data);
    if(requestCode==ACTIVITY_EDIT)                          ❶
```

```
    {
            if(resultCode==RESULT_OK){          ←————————————————❷
                //获取bundle
                  Bundle bundle=data.getExtras();
                  age=bundle.getInt("AGE");

                String s="姓名: "+name+"\n\r"+"年龄: "+age;
                txtShow.setText(s);
            }
            if(resultCode==RESULT_CANCELED){  ←————————————————❸
            }
        }
    }
}
```

❶判断当初主程序传递数据者是不是 ACTIVITY_EDIT。

❷再判断是不是点击确定按钮，如果是就将 Bundle 中的数据取出并显示。

❸如果是点击取消按钮则不予处理。

9.5.5　示例：利用 Intent 接收回传数据

以下将在项目中新增一个 Activity，在主类中打包一些数据后，利用 Intent 的 Bundle 对象传递到另一个类中显示，若有修改则可以传回主程序显示。

1.　新建项目并完成主布局配置

新建<Intent4>项目，在<main.xml>主布局配置文件中创建一个 TextView 显示提示的文字，Button 按钮打开自定义的 Activity 并传递数据。

```
<Intent4/res/layout/main.xml>

<?xmlversion="1.0"encoding="utf-8"?>
<LinearLayout xmlns:android="http://schemas.android.com/apk/res/
android"
    android:orientation="vertical"
    android:layout_width="fill_parent"
    android:layout_height="fill_parent">

    <TextView android:id="@+id/txtShow"
     android:layout_width="fill_parent"
     android:layout_height="wrap_content"
     android:text="显示信息"/>

      <Button android:id="@+id/btnPage2"
      android:layout_width="fill_parent"
      android:layout_height="wrap_content"
      android:text="目前实际年龄"/>

</LinearLayout>
```

2.　加入执行的程序代码

```
<Intent4/src/Intent4.com/Intent4Activity.java>
…略
10public class Intent4Activity extends Activity{
11TextView txtShow;
12Button btnPage2;
13String name=null;
14int age;
15@Override
16public void onCreate(BundlesavedInstanceState){
17        super.onCreate(savedInstanceState);
18        setContentView(R.layout.main);
19
20        //获取资源文件中的界面组件
```

```
21          txtShow=(TextView)findViewById(R.id.txtShow);
22          btnPage2=(Button)findViewById(R.id.btnPage2);
23          //设置 button 的 myListner
24          btnPage2.setOnClickListener(myListner);
25          //
26          name="David";
27          age=27;
28          String s="姓名: "+name+"\n\r"+
29              "年龄: "+age;
30          txtShow.setText(s);
31      }
32
33@Override
34protected void onActivityResult(int requestCode,
            Int resultCode,Int entdata){
35super.onActivityResult(requestCode,resultCode,data);
36if(requestCode==ACTIVITY_EDIT)//回传 ACTIVITY_EDIT
37{
38if(resultCode==RESULT_OK){
39//获取 bundle
40Bundle bundle=data.getExtras();
41age=bundle.getInt("AGE");
42
43Strings="姓名: "+name+"\n\r"+
44"年龄: "+age;
45txtShow.setText(s);
46}
47if(resultCode==RESULT_CANCELED){
48}
49}
50}
```

- 第 33～49 行，在主程序实现 onActivityResult()并接收参数 "requestCode"、"resultCode" 和 "data"。

- 第 36～49 行，判断当初主程序传递数据者是不是 ACTIVITY_EDIT。

- 第 38～48 行，判断接收程序返回时是不是点击确定按钮，如果是就将 Bundle 中的数据取 出并显示，如果是点击取消按钮则不予处理。

- 第 40～41 行，"data" 就是回传的数据，使用 Bundle 将它取出。

续: <Intent4/src/Intent4.com/Intent4Activity.java>

```
52private static final int ACTIVITY_EDIT=1;
53private Button.OnClickListenermyListner=new
        Button.OnClickListener(){
54public void onClick(Viewv){
55Intent intent=new Intent();
56intent.setClass(Intent4Activity.this,Second.class);
57
58Bundle bundle=newBundle();
59          bundle.putString("NAME",name);
60          bundle.putInt("AGE",age);
61          intent.putExtras(bundle);
62
63          startActivityForResult(intent,ACTIVITY_EDIT);
64      }
65};
66}
```

- 第 52 行，定义发件人的代码是 "ACTIVITY_EDIT"。

- 第 56 行，设置 Intent4Activity 传递给 Second。

- 第 58～63 行，使用 Bundle 传递 NAME、AGE 两个数据。

3. 完成自定义类布局配置

等一下新增的自定义类<Second.java>必须配置布局：<page2.xml>，在新增后配置两个 TextView、一个 EditText 和两个 Button 按钮。

```
<Intent4/res/layout/page2.xml>
<?xmlversion="1.0"encoding="UTF-8"?>
<LinearLayout xmlns:android="http://schemas.android.com/apk/res/android"
    android:orientation="vertical"
    android:layout_width="fill_parent"
    android:layout_height="fill_parent">

    <TextView android:id="@+id/txtName"
     android:layout_width="fill_parent"
     android:layout_height="wrap_content"
     android:text="姓名"/>

    <TextView android:id="@+id/txtAge"
     android:layout_width="fill_parent"
     android:layout_height="wrap_content"
     android:text="请输入目前实际年龄"/>

    <EditText android:id="@+id/edtAge"
     android:layout_width="fill_parent"
     android:layout_height="wrap_content"/>

    <Button android:id="@+id/btnSure"
     android:layout_width="fill_parent"
     android:layout_height="wrap_content"
     android:text="确定"/>

    <Button android:id="@+id/btnCancel"
     android:layout_width="fill_parent"
     android:layout_height="wrap_content"
     android:text="取消"/>

</LinearLayout>
```

txtName 显示从主程序接收的数据，txtAge 提示输入目前实际年龄，edtAge 输入目前实际年龄，btnSure 和 btnCancel 按钮用以确认是否真正传回数据。

4. 完成自定义类的程序代码

Second 类中显示接收的数据，程序代码如下：

```
<Intent4/src/Intent4.com/Second.java>
…略
11public class Second extends Activity{
12EditText edtAge;
13int age;
14@Override
15public void onCreate(BundlesavedInstanceState){
16super.onCreate(savedInstanceState);
17setContentView(R.layout.page2);
18
19//获取界面组件
20TextView txtName=(TextView)findViewById(R.id.txtName);
21edtAge=(EditText)findViewById(R.id.edtAge);
22          Button btnSure=(Button)findViewById(R.id.btnSure);
23          Button btnCancel=(Button)findViewById(R.id.btnCancel);
24
25          //设置button的myListner
26          btnSure.setOnClickListener(myListner);
27          btnCancel.setOnClickListener(myListner);
```

```
28
29          //获取bundle
30          Intent intent=this.getIntent();
31          Bundle bundle=intent.getExtras();
32          String name=bundle.getString("NAME");
33          age=bundle.getInt("AGE");
34          txtName.setText("姓名: "+name);
35          edtAge.setText(""+age);
36      }
```

- 第 30 行，获取发件人。
- 第 31～33 行，获取名为"NAME"和"AGE"的数据。
- 第 34～35 行，显示 NAME、AGE 数据。

续: <Intent4/src/Intent4.com/Intent4Activity.java>

```
38private Button.OnClickListenermyListner=new
               Button.OnClickListener(){
39public void onClick(View v){
40if(v.getId()==R.id.btnSure){
41Intent intent=new Intent();
42
43age=Integer.parseInt(edtAge.getText().toString());
44Bundle bundle=new Bundle();
45bundle.putInt("AGE",age);
46intent.putExtras(bundle);
47
48setResult(RESULT_OK,intent);
49finish();
50}
51if(v.getId()==R.id.btnCancel){
52setResult(RESULT_CANCELED);
53finish();
54}
55}
56};
57}
```

- 第 40～50 行，点击确定按钮，使用"setResult(RESULT_OK,intent)"传回数据，其中 intent 是数据内容，RESULT_OK 告诉主程序点击的是确定按钮。
- 第 51～54 行，点击取消按钮，使用"setResult(RESULT_CANCELED)"告诉主程序点击的是取消按钮，不传回 intent 数据。

5. 在 AndroidManifest.xml 加入自定义类的声明

<src/res/AndroidManifest.xml>

```
<?xmlversion="1.0"encoding="utf-8"?>
<manifest xmlns:android="http://schemas.android.com/apk/res/android"
    …略
    <application
        …略
        <activity
            …略
        </activity>
        <activity android:label="Second"android:name=".Second"/>
    </application>
</manifest>
```

保存项目后，按 Ctrl+F11 组合键执行项目，用户在点击目前实际年龄按钮时，可以通过 Intent 的设置切换到另一个界面显示数据，若修改后再点击确定按钮可以回到原来的界面显示修改后的数据，如图 9-10 所示。

▲图 9-10　执行项目

扩展练习

1. 在主程序的<main.xml>布局配置文件中点击打开第二页按钮，会以 Intent 打开自定义的 Activity，并显示第二页<page2.xml>的界面，在<page2.xml>上点击返回主程序按钮，则返回主程序。

2. 在主程序的<main.xml>界面配置文件中，输入 A、B 两数，点击打开另一页面显示两数之和按钮，会以 Intent 打开自定义的 Activity，并在第二页<page2.xml>的界面显示 A+B 的和，在<page2.xml>上点击返回主程序按钮，则返回主程序。

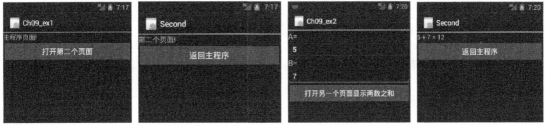

▲Ex1　　　　　　　　　　　　　　　　　　▲Ex2

第 10 章　Activity 的生命周期

Android 使用 Activity 生命周期（Lifecycle）的机制来管理资源的分配，当内存资源不足时系统会根据优先级进行回收。但是移动设备同一般的计算机不一样，若能考虑程序运行时资源使用的状况，对于系统的稳定与执行的性能是相当有帮助的。

学习重点

- Activity 的生命周期
- 调用内建的 Activity
- 调用自定义的 Activity
- 由系统强制回收后再启动
- 系统内存不足时的处理
- 观察 Activity 生命周期

10.1　Activity 的生命周期

随着移动设备的流行，现代人已经习惯在智能手机或平板电脑上使用软件进行工作、生活与娱乐。所以有很多的情况下会同时执行多个程序，例如一边听音乐，一边收发电子邮件。在使用完目前的软件后也不一定会关闭就继续打开其他程序，时间一久就会感到设备执行速度越来越慢，甚至系统产生不稳定的情况。

10.1.1　什么是 Activity 生命周期

Android 是以多任务的方式运行的，执行一个应用程序会启动一个进程（Process），并占据一部分的资源。如果没有妥善的管理，启动了多个不同的程序时就可能会导致系统资源的不足，进而使设备效率下降，甚至发生故障。

1. 为什么要了解 Activity 的生命周期

所以 Activity 就使用了生命周期（Lifecycle）的机制来管理资源的分配，当内存资源不足时系统会根据优先级进行回收。但是这个动作是由系统自动完成的，用户或开发者都无法控制这一过程。

其实现在开发者都不太注意软件运行时系统资源分配的问题，大多将注意力集中在功能开发上。原因是目前的硬件设备功能强大，资源分配也就容易被忽略。但是移动设备同一般的计算机不一样，若能考虑程序运行时资源使用的情况，对于系统的稳定与执行的性能是相当有帮助的。

2. Activity 运行时的基本状态

在进行 Activity 生命周期的讨论前，我们先来了解 Activity 在执行时的 4 个基本状态。

（1）如果是在屏幕前台显示的 Activity，它是存在并处于运行状态。

（2）如果 Activity 失去焦点但仍继续运行，它会处于暂停状态。暂停的 Activity 并没有消失，但如果系统处于低资源状态是会被优先结束回收的。

（3）如果 Activity 因为另一个 Activity 的运行而退到后台，它会处于停止状态。虽然这个 Activity 会记录停止前的状态及数据，但程序窗口会消失在屏幕上，而且在系统处于低资源的状态下是会被优先结束回收的。

（4）当 Activity 处于暂停或是停止状态时，系统会视资源的情况要求结束，甚至直接移除它的活动。当该 Activity 被重新执行时会自动恢复到原来的状态。

3. Activity 执行的重要循环

那 Activity 在这些基本状态下，实际在系统中运行的内容是什么呢？我们可以分析为以下的循环。

（1）Activity 完整的生命周期是由 onCreate()开始，最后在 onDestroy()后结束。系统会在程序 onCreate()时配置使用资源，在 onDestory()时释放资源。

（2）Activity 执行到 onStart()时即可在屏幕上看到界面，一直到对应的 onStop()出现时才会消失。

（3）当另一个 Activity 被执行时，目前的 Activity 就会自动进入 onPause()暂停的状态，并放弃屏幕读取权退到后台执行，但是 Activity 并未结束。在另一个 Activity 执行完成后，原来的 Activity 可以通过执行 onResume()取回屏幕控制权，并回到程序暂停前的状态。

10.1.2　系统内存不足时的处理

那 Android 是根据什么标准来回收程序占据的资源呢？以下是移除时考虑的顺序。

（1）最优先被移除的是 EmptyProcess（空进程）。EmptyProcess 是指和其他的 Activity 或其他的应用程序组件如 Service 或 IntentReceiver 没有关连的 Activity，也就是独立的 Activity。

（2）第二考虑被移除的是 BackgroundActivity。BackgroundActivity 表示 Activity 已处于 onStop()的状态，这个 Activity 用户是无法看到的。

（3）第三被移除的是 ServiceProcess。在 Android 应用程序里，有一种没有 UI 的类，称为 Service。ServiceProcess 通常在后台执行，例如：播放音乐、上传或下载文件等。

（4）第四被移除的是 VisibleActivity。应用程序处于 onPaused()状态时，原来的 Activity 仍然是属于 Visible，只是没有显示在屏幕前端。

（5）最后被移除的是目前活动 Activity，当这个 Activity 所需要的内存大小已经超出系统所能提供的时，系统将会取消这个 Activity 的执行。

10.2　Activity 运行流程

图 10-1 是 Activity 运行时各种状态的流程图。其中矩形代表各种可以调用的方法，也就是当 Activity 状态改变时可以执行的动作。灰色的椭圆形代表 Activity 会执行的重要状态。

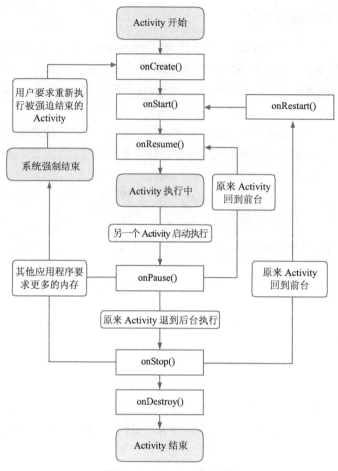

▲图 10-1　Activity 运行流程图

生命周期包含许多种不同的状态和变化，在实际应用上，Activity 较常使用的运作流程有以下几种。

10.2.1　启动 Activity

当一个 Activity 启动后会先执行 onCreate()，系统也在此时配置资源，接着执行 onStart()和 onResume()，此时就可以在屏幕上看到这个 Activity，如图 10-2 所示。

▲图 10-2　启动 Activity

10.2.2　结束一个 Activity

当点击手机的⊙键或使用程序的 finish()结束 Activity 时，执行过程为 onPause()，接着执行 onStop()和 onDestroy()，通常会在 onDestroy()时释放资源，如图 10-3 所示。

▲图 10-3　结束一个 Activity

10.2.3 调用内建的 Activity

在执行应用程序时，用户执行 Toast、AlertDiaog 或是点击手机的 ![按钮] 按钮拨打电话，就会使得目前执行的 Activity 进入暂停的状态，目前执行的 Activity 会退到后台执行，但是 Activity 并未结束。这个时候执行过程为 onPause()，接着执行 onStop()，然后将执行权交给另一个内建的 Activity，如图 10-4 所示。

▲图 10-4 调用内建的 Activity

10.2.4 由内建的 Activity 返回原来的 Activity

等接完电话回来时，原来进入暂停的 Activity 又会恢复执行。这个时候执行过程为 onRestart()，接着执行 onStart() 和 onResume()，原来的 Activity 就会取回屏幕控制权，如图 10-5 所示。

▲图 10-5 由内建的 Activity 返回原来的 Activity

10.2.5 调用自定义的 Activity

从目前执行的 Activity 调用另一个自定义的 Activity，目前执行的 Activity 会进入暂停的状态，也就是退到后台执行，但是 Activity 并未结束。同时另一个 Activity 被启动执行。执行过程为 onPause(1)→onCreate(2)→onStart(2)→onResume(2)→onStop(1)，如图 10-6 所示。

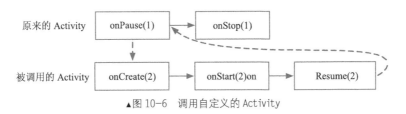

▲图 10-6 调用自定义的 Activity

10.2.6 结束自定义的 Activity 返回原来的 Activity

接着如果由另一个自定义的 Activity 结束返回原来调用的 Activity，自定义的 Activity 将会结束，而原来的 Activity 又会再恢复执行。执行过程为 onPause(2)→onRestrat(1)→onStart(1)→onResume (1)→onStop(2)→onDestroy(2)，如图 10-7 所示。

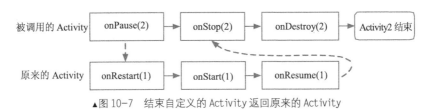

▲图 10-7 结束自定义的 Activity 返回原来的 Activity

10.2.7 点击 POWER 键锁定屏幕/解除锁定

在执行 Activity 时点击 Power 键锁定屏幕时，将执行 onPause()→onStop()。再点击 Power 并滑动解除锁定时，将执行 onRestart()→onStart()→onResume()，并取回原来 Activity 的屏幕控制权，

如图 10-8 所示。

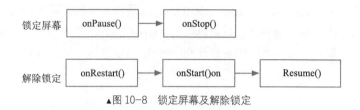

▲图 10-8　锁定屏幕及解除锁定

10.2.8　点击 HOME 键

程序启动会执行 onCreate()→onStart()→onResume()并进入主界面，这时在主界面点击⌂将返回桌面，执行过程为如图 10-9 所示。

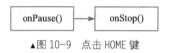

▲图 10-9　点击 HOME 键

10.2.9　重新执行原来的程序

返回桌面后，在桌面选择原来程序的图标，将会取回原来 Activity 的屏幕控制权，执行过程如图 10-10 所示。

▲图 10-10　重新执行原来的程序

10.2.10　由系统强制回收后再启动

当 Android 系统内存不足时，就必须将较不重要的应用程序移除，移除由系统根据 Activity 生命周期来判断。当 Activity 被系统强制回收后，如果要再启动执行，可以根据一般 Activity 启动的方式启动执行，执行过程如图 10-11 所示。

▲图 10-11　由系统强制回收后再启动

> **Android2.X POWER 锁定屏幕/解除锁定方式**
>
> Android 4.X 和 Android 2.X 处理 POWER 锁定屏幕/解除锁定方式稍有不同。在 Android 2.X 目前执行的 Activity 点击 Power 键锁定屏幕时，将执行 onPause()，再点击 Power 并滑动解除锁定时，将执行 onResume()，并取回原来 Activity 的屏幕控制权。

10.3　观察 Activity 生命周期

谈了这么多，我们还是用示例来帮助理解。

10.3.1　示例：Activity 的生命周期观察

在以下的示例中，我们将利用几个按钮来观察 Activity 的生命周期。

（1）点击"调用拨号按钮"按钮相当于点击 按钮，会执行拨打电话的应用程序。在拨打电话的应用程序点击 按钮可以结束返回 Activity1 的应用程序中，如图 10-12 所示。

请注意 Toast 显示的消息喔!

▲图 10-12　调用拨号按钮

（2）点击"启动另一个自定义的 Activity"按钮，原来 Activity1 进入暂停的状态，然后启动自定义的另一个 Activity："Second"。点击手机面板上的 按钮结束"Second"，这时原来进入暂停的状态的 Activity1 将被复原，如图 10-13 所示。

（3）点击 **finish()** 结束按钮相当于点击 按钮，会结束应用程序。在这些应用程序的执行过程中，我们将使用 Toast 消息来观察生命周期的变化。

▲图 10-13　启动另一个自定义的 Activity

1. 新建项目并完成主布局配置

新建<Activity1>项目，打开<main.xml>布局配置文件后创建三个 Button，命名为 btnDial、btnPage2 和 btnFinish 分别启动对应的 Intent。

```
<Activity1/res/layout/main.xml>

<?xmlversion="1.0"encoding="utf-8"?>
<LinearLayout xmlns:android="http://schemas.android.com/apk/res/android"
    android:orientation="vertical"
    android:layout_width="fill_parent"
    android:layout_height="fill_parent">
    <Button android:id="@+id/btnDial"
      android:layout_width="fill_parent"
      android:layout_height="wrap_content"
      android:text="调用拨号按钮"/>
```

```xml
    <Button android:id="@+id/btnPage2"
      android:layout_width="fill_parent"
      android:layout_height="wrap_content"
      android:text="启动另一个自定义的 Activity"/>

    <Button android:id="@+id/btnFinish"
      android:layout_width="fill_parent"
      android:layout_height="wrap_content"
      android:text="finish()结束"/>

</LinearLayout>
```

2. 完成主程序类的程序代码

本例以 Toast 来观察生命周期，因此读者必须实际执行并仔细观察 Toast 的显示消息，稍微不留意，Toast 消息即会消失。

```
<Activity1/src/Activity1.com/Activity1Activity.java>
…略
11public class Activity1Activity extends Activity{
12@Override
13public void onCreate(BundlesavedInstanceState){
14super.onCreate(savedInstanceState);
15setContentView(R.layout.main);
            …略
25Toast.makeText(getApplicationContext(),
          "onCreate(1)",Toast.LENGTH_SHORT).show();
26}
27
28@Override
29protected void onStart(){
30super.onStart();
31Toast.makeText(getApplicationContext(),
                "onStart(1)",Toast.LENGTH_SHORT).show();
32}
33
34@Override
35protected void onResume(){
36super.onResume();
37Toast.makeText(getApplicationContext(),
                "onResume(1)",Toast.LENGTH_SHORT).show();
38}
39
40@Override
41protected void onRestart(){
42super.onRestart();
43Toast.makeText(getApplicationContext(),
                "onRestart(1)",Toast.LENGTH_SHORT).show();
44}
45
46@Override
47protected void onPause(){
48super.onPause();
49Toast.makeText(getApplicationContext(),
                "onPause(1)",Toast.LENGTH_SHORT).show();
50}
51
52@Override
53protected void onStop(){
54super.onStop();
55Toast.makeText(getApplicationContext(),
              "onStop(1)",Toast.LENGTH_SHORT).show();
56}
57
58@Override
59protected void onDestroy(){
60super.onDestroy();
61Toast.makeText(getApplicationContext(),
                "onDestroy(1)",Toast.LENGTH_SHORT).show();
```

```
62}
```

- 第 13~62 行，在 Activity 中加入 onCreate()、onStart()、onResume()、onRestart()、onPause()、onStop()和 onDestroy()方法，并在每个方法中使用 Toast 来观察生命周期的执行过程。

续：<Activity1/src/Activity1.com/Activity1Activity.java>

```
64private Button.OnClickListenermyListner=new
              Button.OnClickListener(){
65public void onClick(Viewv){
66if(v.getId()==R.id.btnFinish)//结束程序
67finish();
68elseif(v.getId()==R.id.btnPage2){//调用另一个自建的 Activity
69Intent intent=new Intent();
70intent.setClass(Activity1Activity.this,Second.class);
71startActivity(intent);
72}
73elseif(v.getId()==R.id.btnDial){//调用内建的 Activity
74Uri uri=Uri.parse("tel:01012345678");
75Intent intent=new Intent(Intent.ACTION_DIAL,uri);
76startActivity(intent);
77}
78}
79};
80}
```

- 第 66~67 行，以 finish()结束程序。
- 第 68~72 行，调用另一个自建的 Activity。
- 第 73~77 行，调用内建的 Activity。

3. 新增自定义类的布局配置文件

新增<page2.xml>后在其中创建一个 TextView 提示"第二个程序！"，表示正在执行自定义的 Activity，btnHome 则用来结束目前的 Activity 返回主程序。

<Activity1/res/layout/page2.xml>

```
<?xmlversion="1.0"encoding="UTF-8"?>
<LinearLayout xmlns:android="http://schemas.android.com/apk/res/
android"
    android:orientation="vertical"
    android:layout_width="fill_parent"
    android:layout_height="fill_parent">

        <TextView android:layout_width="fill_parent"
        android:layout_height="wrap_content"
        android:text="第二个程序！"
        android:textColor="#00FF00"
        android:textSize="16sp"/>

  <Button android:id="@+id/btnHome"
  android:layout_width="fill_parent"
  android:layout_height="wrap_content"
  android:text="返回主程序"/>

</LinearLayout>
```

4. 完成自定义类的程序代码

在<Second.java>的 Activity 中也加入 onCreate()、onStart()、onResume()、onRestart()、onPause()、onStop()和 onDestroy()方法，并在每个方法中以 Toast 来观察生命周期的执行过程。

<Activity1/src/Activity1.com/Second.java>
...略
```
public class Second extends Activity{
```

```
    @Override
    public void onCreate(BundlesavedInstanceState){
        super.onCreate(savedInstanceState);
        setContentView(R.layout.page2);

        Button btnHome=(Button)findViewById(R.id.btnHome);
        //设置 button 的 myListner
        btnHome.setOnClickListener(myListner);
        Toast.makeText(getApplicationContext(),
            "onCreate(2)",Toast.LENGTH_SHORT).show();
    }

    @Override
    protected void onStart(){
        super.onStart();
        Toast.makeText(getApplicationContext(),
        "onStart(2)",Toast.LENGTH_SHORT).show();
    }

    @Override
    protected void onResume(){
        super.onResume();
        Toast.makeText(getApplicationContext(),
        "onResume(2)",Toast.LENGTH_SHORT).show();
    }

    @Override
    protected void onRestart(){
        super.onRestart();
        Toast.makeText(getApplicationContext(),
        "onRestart(2)",Toast.LENGTH_SHORT).show();
    }

    @Override
    protected void onPause(){
        super.onPause();
        Toast.makeText(getApplicationContext(),
        "onPause(2)",Toast.LENGTH_SHORT).show();
    }

    @Override
    protected void onStop(){
        super.onStop();
        Toast.makeText(getApplicationContext(),
        "onStop(2)",Toast.LENGTH_SHORT).show();
    }

    @Override
    protected void onDestroy(){
        super.onDestroy();
        Toast.makeText(getApplicationContext(),
        "onDestroy(2)",Toast.LENGTH_SHORT).show();
    }

    private Button.OnClickListenermyListner=new
      Button.OnClickListener(){
        public void onClick(Viewv){
          finish();
        }
    };
}
```

5.　在 AndroidManifest.xml 加入自定义类的声明

在<AndroidManifest.xml>文件中加入自定义 Activity 的信息。

```
<activity android:label="Second" android:name=".Second"/>
```

6. 观察执行结果

前面程序都已构建完成，但是因为执行结果是以 Toast 显示，必须实际执行才会显示，读者要耐心地跟着下列的操作，观察各种状态的生命周期。

（1）应用程序启动执行，Toast 执行显示顺序为 onCreate(1)→onStart(1)→onResume(1)。

（2）点击"调用拨号按钮"按钮或手机面板上的按钮，Toast 执行显示顺序为 onPause(1)→onStop(1)，表示 Activity1 进入暂停的状态，这时执行的 Activity 是系统内建的拨号程序，也就是"Intent.ACTION_DIAL,uri"。

（3）在拨号程序点击手机面板上的按钮结束，这时原来进入暂停的状态的 Activity1 将被恢复，因为 Activity1 只是被放到后台，重新进入后不会执行 onCreate，此时 Toast 执行显示顺序为 onResart(1)→onStart(1)→onResume(1)。

（4）点击自定义的 **Activity** 按钮，原来 Activity1 进入暂停的状态，然后启动自定义的另一个 Activity："Second"。此时 Toast 执行显示顺序为 onPause(1)→onCreate(2)→onStart(2)→onResume(2)→onStop(1)。

（5）点击手机面板上的按钮结束"Second"，这时原来进入暂停的状态的 Activity1 将被恢复。此时 Toast 执行显示顺序为 onPause(2)→onResart(1)→onStart(1)→onResume(1)→onStop(2)→onDestroy(2)。

（6）回到主程序中，点击 **finish()** 结束按钮或手机面板上的按钮结束主程序，Toast 执行显示顺序为 onPause(1)→onStop(1)→onDestroy(1)。

上一个示例展示生命周期的执行过程，但这些复杂的状态，读者应该还是很难体会它的真正用途，我们再举一个实际应用的例子，并利用上面的生命周期完成我们的需求。

10.3.2 示例：Activity 的生命周期应用示例

本项目中模拟一个游戏程序音乐正被播放中，如果点击按钮，则会执行拨打电话的应用程序，这时必须将音乐暂停以不影响拨打电话，当电话接听完毕后，回到原来的程序，再继续播放音乐，如图 10-14 所示。

▲图 10-14 按拨打电话按钮暂停音乐

1. 新建项目并完成主布局配置

新建<Activity2>项目，打开<main.xml>布局配置文件后创建一个 TextView 显示提示的文字。

```
<Activity2/res/layout/main.xml>

<?xmlversion="1.0"encoding="utf-8"?>
<LinearLayout xmlns:android="http://schemas.android.com/apk/res/android"
    android:id="@+id/myLayout"
    android:orientation="vertical"
    android:layout_width="fill_parent"
    android:layout_height="fill_parent">

    <TextView android:layout_width="fill_parent"
```

```
        android:layout_height="wrap_content"
        android:text="音乐播放中，请按拨打电话按钮"/>

</LinearLayout>
```

2. 加入执行的程序代码

```
<Activity2/src/Activity2.com/Activity2Activity.java>
…略
7public class Activity2Activity extends Activity{
8public MediaPlayer player=new MediaPlayer();
9@Override
10public void onCreate(BundlesavedInstanceState){
11super.onCreate(savedInstanceState);
12setContentView(R.layout.main);
13
14player=MediaPlayer.create(getApplicationContext(),R.raw.music);
15player.setLooping(true);//连续播放
16player.start();//音乐播放
17}
18
19@Override
20protected void onPause(){
21super.onPause();
22player.pause();//音乐播放暂停
23}
24
25@Override
26protected void onResume(){
27super.onResume();
28player.start();//音乐继续播放
29}
30
31@Override
32protected void onDestroy(){
33super.onDestroy();
34player.release();//释放
35}
36}
```

● 第 8 行，这个示例使用了 MediaPlayer 媒体播放器，MediaPlayer 会在后面的章节中详细说明。在本例中，先创建一个全局的 MediaPlayer 对象，用来连续播放音乐。

● 第 10～17 行，先将音乐文件<music.mp3>放在<res\raw>目录中，系统会自动在资源文件中注册为"R.raw.music"。在 onCreate()方法中以"player=MediaPlayer.create(getApplicationContext(),R.raw.music)"来播放这个声音文件。

● 第 15 行，设置音乐连续播放。

● 第 16 行，音乐开始播放。

操作时可以对照之前的流程图

3. 观察执行结果

（1）在播放音乐的状态下，当点击 按钮时会执行拨打电话的应用程序，同时原来播放音乐的动作会执行 onPause()→onStop()，我们选择在 onPause()中将音乐使用"player.pause()"暂停播放。

```
Protected void onPause(){
    player.pause();//音乐播放暂停
}
```

（2）当电话接听完毕后，原来的播放音乐的程序会执行 onRestart()→onStart()→onResume()，我们选择在 onResume()中将音乐使用"player.start()"，再继续播放音乐。

```
protected void onResume(){
    player.start();//音乐继续播放
}
```

（3）在原来播放音乐的主程序中点击◎按钮结束主程式，这时会执行 onPause()→onStop()→onDestroy()，我们选择在 onDestroy()中将音乐使用"player.release()"将创建的对象释放。

```
Protected void onDestroy(){
    player.release();//释放
}
```

使用 onPause()保存状态、onResume()恢复状态

如果读者够细心，将会发现无论是执行内建的 Activity、调用自定义的 Activity、点击 **Power** 键锁定屏幕或点击◎按钮返回桌面，都会执行原来调用的 onPause()方法，并进入暂停状态，目前执行的 Activity 会退到后台执行。

而由 Android 内建的 Activity 返回原来的 Activity、由另一个自定义的 Activity 结束返回原来调用的 Activity、点击 **Power** 解除锁定或在桌面选择程序 icon，都会执行原来调用的 onResume()方法，获取原来 Activity 的屏幕控制权。

因此标准的机制通常将要保存状态的动作写在 onPause()方法中，回复状态的动作写在 onResume()方法中。

扩展练习

1. 一个 Activity 完整的生命周期，从创建到结束，会经历哪些生命周期？

2. Android 是根据什么标准来回收程序占据的资源呢？

3. 从目前执行的 Activity 调用另一个自定义的 Activity，目前执行的 Activity 会进入暂停状态，同时另一个 Activity 被启动执行，这一过程会经历哪些生命周期？

4. 由另一个自定义的 Activity 结束返回原来调用的 Activity，自定义的 Activity 将会结束，而原来的 Activity 又会再恢复执行，这一过程将会经历哪些生命周期？

第 11 章　程序调试及代码段

应用程序即使在设计时编译正确无误，但是到了运行时间，却仍可能会发生一些无法预料的错误。Android 可以利用 try…catch…finally 错误处理、Log 日志文件、设置断点及执行 Debug 方式来进行程序的调试。

代码段是某一特定功能程序代码，开发者可先将许多常用的功能分门别类整理好，要使用时即可将程序代码轻易放在适当位置。

学习重点

- try…catch…finally 错误处理
- Log 日志文件
- 设置断点
- 执行 Debug
- 代码段

11.1　程序错误的种类

一个应用程序即使在设计时间编译正确无误，但是到了运行时间，却仍可能会发生一些无法预料的错误，例如：输入的数据类型不符、除数为 0、打开的文件不存在、联机失败、数组的下标超出范围等。

如何调试一直是程序设计师困扰的问题，如果没有良好的调试技巧，当面对大型或复杂的程序，将会束手无策。

Android 应用程序错误的种类大致可分为语法错误、逻辑错误和执行时的错误，在 Eclipse 环境中开发时，有时也会发生其他如文件名不匹配或未更新产生的错误，以下我们就各个情况进行说明。

1. 语法的错误

一般语法的错误最常发生的是程序代码输入错误，例如大小写不匹配，变量命名错误，找不到组件，或是未以 Import 加入所需的包等，这些错误通常可以将鼠标指到错误的位置，再根据提示的错误信息进行修改。

2. 文件命名错误

另一种错误是文件命名的错误，因为在项目中使用到的文件都只能使用小写的英文字母，最常用的是如："*.png" 或 "*.mp3" 等文件命名使用大写的英文命名，这种错误在编译时并不产生错误，而是在执行时出现 "应用程序执行错误"，如果没有足够的经验，时常会不知所措而吃足苦头。

3. 组件未在资源文件中注册

有时用户修改布局配置文件后并未存盘，接着在程序文件中使用"findViewById"的方式要获取组件时就会出现找不到的问题。

一般有经验的开发者在更改布局配置文件时就会先"存盘"，或者是在项目上右键单击后在快捷菜单选择 Refresh，或按 F5 键更新。甚至可以按 Ctrl+Shift+O 组合键补充 Import 所需引入的包，以上都是建议的操作。

4. 导入文件未在资源文件中注册

Android 项目中常会使用到的图片、音乐或是影片文件，大都必须放置在<res>文件夹下，一般来说 Eclipse 在编译项目时也会将这些文件注册到资源文件中。

对 Android 程序结构有更多了解后，对于这些文件的新增和编辑，许多人会选择避开 Eclipse 而直接在 Windows 资源管理器下处理。这种方式开发效率最好，通常有经验的程序员会使用这种方式来辅助开发。

但文件的新增放置完毕是不能直接在 Android 项目中使用的，记得回到 Eclipse 环境中，或者是在项目上右键单击后在快捷菜单点击 Refresh，或按 F5 键更新，这样便可以在项目的资源文件中注册，使用时才不会出错。

5. AVD 模拟器或 Eclipse 并未重新启动

另外还有一种情况，就是程序明明都没有错误，但是执行结果就是不对，这很有可能是 AVD 模拟器中所执行的仍是旧的程序，或是 Eclipse 更新了并没有同步更新项目。

此时我们会建议你先将 AVD 模拟器关掉，同时重新启动 Eclipse 后，再进行测试，有时候不费任何力气就可以解决眼前的问题。

6. 逻辑错误、执行时的错误

逻辑错误和执行时的错误必须使用辅助工具，较常用的 try...catch...finally 直接在程序执行中捕获错误，也可以使用 Log 日志文件来查看，如果程序需要逐步调试，也可以设置断点，并使用 Debug 窗口来调试。

▲图 11-1　到底是哪里出错了

11.2　try...catch...finally 错误处理

try...catch...finally 是专门用于捕获错误的，将可能发生错误的程序代码写在 try 语句中，并指定一个以上的 catch 语句捕获，当有异常抛出时，try...catch...finally 语句就会捕获。

11.2.1　try...catch...finally 语法格式

try...catch...finally 的语法结构如下：

```
try{
    可能发生错误的程序代码；
    }catch(错误类型一变量一){
        处理错误类型一程序代码；
    }catch(错误类型二变量二){
        处理错误类型二程序代码；
    }catch(…){
        其他错误类型处理程序代码；
    }finally{
        一定会执行的程序代码；
}
```

例如：捕获"x%y"求余数的错误。

```
try{
    int x=Integer.parseInt(edtX.getText().toString());
    int y=Integer.parseInt(edtY.getText().toString());
    int r=x%y;
}catch(NumberFormatException err){
    //处理发生输入非数值的错误！
}catch(Exception err){
    //处理发生其他的错误，包括分母为 0 的错误！
}finally{
    //finally 中一律执行！
}
```

程序中会将 try 里的语句抛出异常信息（Exception），由 catch 根据错误类型做适当的处理。其中要注意的有下面的事项。

（1）一般的设计 catch 捕获异常必须由小范围到大范围，如果有想要特殊捕获的错误消息就先写在前方的 catch 中，最后一个 catch 的错误类型为"Exceptionerr"，就是前方没有列出的错误都在这里进行相关的处理。

例如在示例中先设置 catch 的错误类型是"NumberFormatException"，表示要先处理输入非数值错误，其他的 catch 的错误类型则由"Exception"来处理，因此习惯上会使用"Exception"来捕获所有类型的错误。

（2）finally 则是在 try、catch 完成后一定会执行的动作，一般用来删除对象或关闭文件等。

（3）参数"err"可以获取错误信息，通常使用 err.toString()来显示它。

11.2.2 示例：try…catch…finally 错误处理

使用 try…catch…finally 处理求余数时"输入非数字字符"、"除数为 0"的错误，如图 11-2 所示。

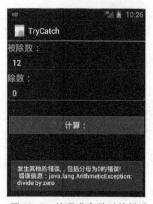

▲图 11-2 处理求余数时的错误

1. 新建项目并完成布局配置

新建<TryCatch>项目，在<main.xml>中创建 3 个 TextView 显示提示的文字和计算结果，两个 EditText 输入文字，1 个 Button 按钮执行计算。

```
<TryCatch/res/layout/main.xml>

<?xmlversion="1.0"encoding="utf-8"?>
<LinearLayout xmlns:android="http://schemas.android.com/apk/res/android"
    android:orientation="vertical"
    android:layout_width="fill_parent"
    android:layout_height="fill_parent">

    <TextView android:id="@+id/txtX"
    android:layout_height="wrap_content"
    android:layout_width="fill_parent"
    android:text="被除数: "
    android:textColor="#00FF00"
    android:textSize="20sp"/>

    <EditText android:id="@+id/edtX"
     android:layout_width="fill_parent"
     android:layout_height="wrap_content"/>

    <TextView android:id="@+id/txtY"
     android:layout_height="wrap_content"
     android:layout_width="fill_parent"
     android:text="除数"
     android:textColor="#00FF00"
     android:textSize="20sp"/>

    <EditText android:id="@+id/edtY"
     android:layout_width="fill_parent"
     android:layout_height="wrap_content"/>

    <TextView android:id="@+id/txtResult"
     android:layout_width="fill_parent"
     android:layout_height="wrap_content"
     android:textSize="20sp"
     android:textColor="#00FF00"/>

    <Button android:id="@+id/btnDo"
     android:layout_height="wrap_content"
     android:text="计算"
     android:layout_width="fill_parent"/>

</LinearLayout>
```

txtX、txtY 显示提示的文字，txtResult 显示计算的结果，edtX、edtY 输入被除数和除数，点击 btnDo 按钮执行计算的操作。

2. 加入执行的程序代码

```
<TryCatch/src/TryCatch.com/TryCatchActivity.java>
…略
11public class TryCatchActivity extends Activity{
12private EditText edtX,edtY;
13private TextView txtResult;
14private Button btnDo;
15@Override
16public void onCreate(BundlesavedInstanceState){
17super.onCreate(savedInstanceState);
18setContentView(R.layout.main);
19
20//获取界面组件 id
21edtX=(EditText)findViewById(R.id.edtX);
```

```
22edtY=(EditText)findViewById(R.id.edtY);
23txtResult=(TextView)findViewById(R.id.txtResult);
24btnDo=(Button)findViewById(R.id.btnDo);
25
26//设置 button 组件的 listener 为 btnDoListener
27btnDo.setOnClickListener(btnDoListener);
28}
29
30//定义 onClick()方法
31private Button.OnClickListenerbtnDoListener=new
                  Button.OnClickListener(){
32public void onClick(View v){
33try{
34int x=Integer.parseInt(edtX.getText().toString());
35int y=Integer.parseInt(edtY.getText().toString());
36int r=x%y;
37txtResult.setText(x+"%"+y+"="+r);
38}catch(NumberFormatException err){
39Toast.makeText(getApplicationContext(),
                  "发生输入非数值的错误!",Toast.LENGTH_SHORT).show();
40}catch(Exception err){
41Toast.makeText(getApplicationContext(),
                  "发生其他的错误,，包括分母为 0 的错误!\n\r 错误信息："
                  +err.toString(),Toast.LENGTH_SHORT).show();
42}finally{
43Toast.makeText(getApplicationContext(),
                  "finally 中总会执行!",Toast.LENGTH_SHORT).show();
44}
45}
46};
47}
```

- 第 33～37 行，捕获 x%y 的错误。

- 第 38～39 行，输入非数值时会抛出 NumberFormatException 的类型错误。

- 第 40～41 行，当分母输入 0 时，会抛出 ArithmeticException 的类型错误，在本例中并未使用 ArithmeticException 的类型来捕获错误，而是使用 Exception 类型捕获错误。由 Exception 类型来捕获所有发生的错误，是一般程序较常用的错误捕获方式。

- 第 42～43 行，不论是否捕获到错误，只要是放在 finally 的程序代码一定会被执行，一般都是删除对象或关闭文件等。

保存项目后，按 Ctrl+F11 组合键执行项目，当输入"12%5"显示结果为 2，并且会在 Toast 显示"finally 中总会执行!"的消息。输入"12abc%5"会在 Toast 先显示"发生输入非数值的错误!"，接着显示"finally 中总会执行!"的消息，如图 11-3 所示。

输入"12%0"会在 Toast 先显示"发生其他的错误,包括分母为 0 的错误!"，其中并使用 err.toString() 查看系统默认产生的错误信息，接着显示"finally 中总是执行!"的消息，如图 11-4 所示。

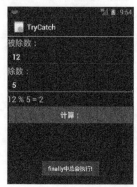

▲图 11-3　执行项目

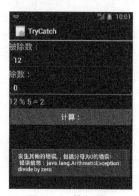
▲图 11-4　执行项目

11.3 Log——日志文件的使用

很多服务器的监视消息，都会输出在日志文件中，网管人员通过日志文件就可以了解执行的状态或错误的消息。Android 也提供 Log 日志文件的方式，方便用户根据日志文件的信息进行调试。

11.3.1 加入日志文件的程序

1. Log 日志文件的语法格式

Log 日志文件的格式如下：

```
Log.方法(标签，输出消息);
```

使用 Log 必须通过"Import android.util.Log"引入使用的包。

2. Log 日志文件的代号

可用的方法有"verbose、debug、info、warn、error"五种，这里仅示范使用 Log.d 调试信息（debug）的方式来记录输出消息。

3. 标签及输出消息

因为所有的输出消息都会记录在 Log 日志文件中，当执行多次之后将使得 Log 日志文件记录不断增加，造成查看上的不方便。习惯上，会将输出消息以一个自定义的标签来分类。例如：定义"myLog"标签，记录日志文件中的输出消息。

```
Log.d("myLog","输出消息");
```

这样，在 Debug 模式就可以以此"myLog"标签为过滤条件，找出 Log 日志文件中所有标签名称是"myLog"的记录。

实用上，程序中定义以"myLog"标签名称来输出消息的地方可能不止一个，因此会将"myLog"标签名称以一个常数来命名，这样当标签名称需要修改时，只要修改常数定义这一行程序即可。例如：以 TAG 常数定义"myLog"标签名称。

```
private static final String TAG="myLog";
Log.d(TAG,"输出消息");
```

▲图 11-5 使用 Log 记录
Activity 的生命周期

4. 示例：使用 Log 记录 Activity 的生命周期

使用 Log 记录单一 Activity 生命周期的变化。如图 11-5 所示。

5. 新建项目并完成布局配置

新建<Log>项目，<main.xml>布局配置只包含一个按钮 btnFinish，点击 btnFinish 按钮会使用 finish()结束程序。

```
<Log/res/layout/main.xml>

<?xmlversion="1.0"encoding="utf-8"?>
<LinearLayout xmlns:android="http://schemas.android.com/apk/res/android"
```

```
    android:orientation="vertical"
    android:layout_width="fill_parent"
    android:layout_height="fill_parent">

    <Button android:id="@+id/btnFinish"
     android:layout_width="fill_parent"
     android:layout_height="wrap_content"android:text="finish()结束"/>

</LinearLayout>
```

6. 加入执行的程序代码

```
<Log/src/Log.com/LogActivity.java>
…略
9public class LogActivity extends Activity{
10@Override
11public void onCreate(BundlesavedInstanceState){
12super.onCreate(savedInstanceState);
13setContentView(R.layout.main);
14Button btnFinish=(Button)findViewById(R.id.btnFinish);
15btnFinish.setOnClickListener(myListner);
16
17Log.d(TAG,"onCreate()");
18}
19
20private static final String TAG="myLog";
21@Override
22protected void onStart(){
23super.onStart();
24Log.d(TAG,"onStart()");
25}
26
27@Override
28protected void onResume(){
29super.onResume();
30Log.d(TAG,"onResume()");
31}
32
33@Override
34protected void onRestart(){
35super.onRestart();
36Log.d(TAG,"onRestart()");
37}
38
39@Override
40protected void onPause(){
41super.onPause();
42Log.d(TAG,"onPause()");
43}
44
45@Override
46protected void onStop(){
47super.onStop();
48Log.d(TAG,"onStop()");
49}
50
51@Override
52protected void onDestroy(){
53super.onDestroy();
54Log.d(TAG,"onDestroy()");
55}
56
57        private Button.OnClickListenermyListner=new
             Button.OnClickListener(){
58          Public void onClick(View v){
59            finish();
60             }
61          };
62     }
```

- 第 20 行，"private static final String TAG="myLog""定义一个名称是"myLog"的标签，通过这个标签，即可以找出所需的 Log 信息。
- 第 17 行，"Log.d(TAG,"onCreate()")"将"onCreate()字符串输出至到 myLog"的标签中。

11.3.2   查看 Log 日志

1. 启动"调试模式"模拟器

用户要在 Eclipse 中查看 Log 日志文件内容，必须先进入"调试模式"（Debug Mode）来执行项目。以刚才的<Log>项目为例，进入 Eclipse 在项目名称上右键单击，选择 Debug As/Android Application，即可以将模拟器以"调试模式"启动。

2. 打开 Debug 调试窗口

如果要查看 Log 文件内容，还必须打开 Debug 调试窗口。在 Eclipse 菜单中选择 Windows/Open Perspective/Other，在 Open Perspective 窗口中选择 Debug，然后点击 OK 按钮，即可打开 Debug 调试窗口，如图 11-6 所示。

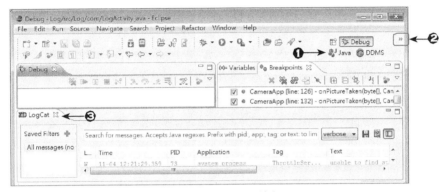

▲图 11-6   Debug 调试窗口

❶点击 Java 可以回到原来的布局配置窗口。

❷当窗口最大化时 Java 和 DDMS 图示会被隐藏，可点击此打开 Java、DDMS 和 Java Browsing 下拉菜单。

❸LogCat 窗口是我们阅读 Log 文件最重要的地方，在 LogCat 窗口的标题栏上双击可以将窗口放大，如图 11-7 所示。

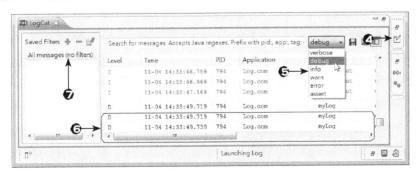

▲图 11-7   LogCat 窗口

❹点击 Restore 图标可以将 LogCat 窗口还原。

❺Log 种类有"verbose、debug、info、warn、error"5 种，打开下拉式功能表，选择"debug"

查看 Log.d 的输出消息。

❻标签名称为"myLog"的输出消息。因为 Log 日志中包含所有的输出消息，通常会使用标签名称来筛选，只获取想要的消息。

❼点击 LogCat 标题栏上的"+"图标新增一个 Log Filter 窗口。

❽如图 11-8：在 Filter Name 输入自定义的日志名称"Log1"，在 by Log Tag 输入标签名称"myLog"表示要获取所有标签名称为"myLog"的输出消息，在 by Log Level 选择"debug"查看 Log.d 的输出消息。

▲图 11-8　新增 Log Filter 窗口

设置完成后显示的结果如图 11-9 所示，表示<Log>项目的应用程序在启动后执行 onCreate()→onStart()→onResume()。

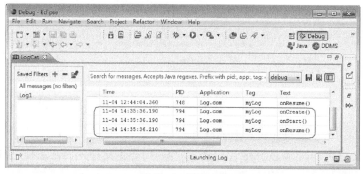

▲图 11-9　显示内容

回到<Log>项目的执行界面点击 finish()按钮，结束程序。此时切换到 Eclipse 中可以看到 Log1 日志的内容如图 11-10 所示，即表示<Log>应用程序结束会执行 onPause()→onStop()→onDestroy()。

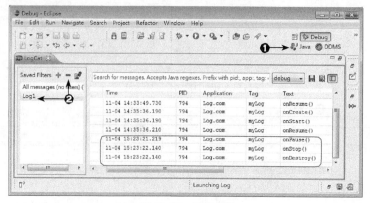

▲图 11-10　显示内容

❶如果要回到原来的布局配置窗口，请点击 Java 图标。

❷点击 LogCat 标题栏上的"-"图标可以删除目前的日志过滤。

Log 文件的查看，真的
需要点功力啊~

11.4 断点

如果需要仔细跟踪程序执行过程中变量或对象的信息，可以使用断点的设置，再利用 Debug 窗口来查看。

11.4.1 认识断点

所谓断点，就是在程序的关键处加入停止点，当程序执行到该行时会暂停，程序员可以查看程序执行到此的变量、数组的值或内容，断点对于程序调试是相当重要的工具。

11.4.2 示例：以调试模式查看变量

输入数字 n，点击计算按钮，求 $1+2+3+\cdots+n$ 之和，利用调试模式查看数字相加的过程，如图 11-11 所示。

▲图 11-11　利用调试模式查看数字相加的过程

1. 打开项目

打开<Debug>项目，在<main.xml>中创建两个 TextView 显示提示的文字和计算结果、1 个 EditText 输入数字、1 个 Button 按钮执行计算。

```
<Debug/res/layout/main.xml>

<?xmlversion="1.0"encoding="utf-8"?>
<LinearLayout xmlns:android="http://schemas.android.com/apk/res/android"
    android:orientation="vertical"
    android:layout_width="fill_parent"
    android:layout_height="fill_parent">

    <TextView android:id="@+id/txtNote"
     android:layout_height="wrap_content"
     android:layout_width="fill_parent"
     android:text="请输入数字 1~10"
     android:textColor="#00FF00"
     android:textSize="20sp"/>

    <EditText android:id="@+id/edtNum"
     android:layout_width="fill_parent"
```

```
      android:layout_height="wrap_content"
      android:numeric="integer"/>

  <TextView android:id="@+id/txtSum"
    android:layout_width="fill_parent"
    android:layout_height="wrap_content"
    android:textSize="20sp"
    android:textColor="#00FF00"/>

  <Button android:id="@+id/btnDo"
    android:layout_height="wrap_content"
    android:text="计算"
    android:layout_width="fill_parent"
    android:textColor="#0000FF"
    android:textSize="20sp"/>

</LinearLayout>
```

2. 检视执行的程序代码

```
<Debug/src/Debug.com/DebugActivity.java>
…略
10public class DebugActivity extends Activity{
11//声明全局变量
12private EditText edtNum;
13private TextView txtSum;
14private Button btnDo;
15@Override
16public void onCreate(BundlesavedInstanceState){
17super.onCreate(savedInstanceState);
18setContentView(R.layout.main);
19
20//获取界面组件
21edtNum=(EditText)findViewById(R.id.edtNum);
22txtSum=(TextView)findViewById(R.id.txtSum);
23btnDo=(Button)findViewById(R.id.btnDo);
24
25//设置 Click 事件的 listener
26btnDo.setOnClickListener(btnTranListener);
27}
28
29private Button.OnClickListenerbtnTranListener=new
                Button.OnClickListener(){
30public void onClick(Viewv){
31int n=Integer.parseInt(edtNum.getText().toString());
32int sum=0;
33for(inti=0;i<=n;i++){
34sum+=i;
35}
36txtSum.setText("总和="+sum);
37}
38};
39}
```

3. 加入断点进行查看

（1）使用鼠标光标在<DebugActivity.java>的 26、32、34 行前分别按两下设置断点，然后选择工具栏上的 ✳ 图标执行项目并打开 Debug 窗口，如图 11-12 所示。

❶程序执行停在第 26 行的断点上（第 26 行正等待执行，但尚未执行）。

❷点击调试工具栏的 ▷ （F8）继续往下执行。

（2）出现应用程序执行的界面，在 EditText 上输入 "5"，然后点击计算按钮，如图 11-13 所示。

（3）程序停留在第 32 行的断点上，这时查看 Variable 窗口可看到 n 的值为 5。同时也可以看到参数 v，也可以将 v 展开。比较简便的方法，将鼠标移至已执行过的变量，例如，第 31 行 n 上，

就会出现变量 n 的值（$n=5$），如图 11-14 所示。

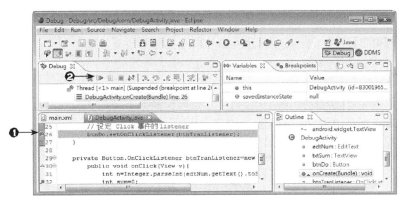

▲图 11-12 设置断点

▲图 11-13 输入数字 5　　　　　　　　　　▲图 11-14 查看变量的值

（4）点击调试工具栏上的单步执行图标（或 F6）6 次，会发现执行过程，程序在 34~35 的 for 循环中反复执行，可以查看 Variable 窗口中变量的变化过程，变量 sum 由 0→1，i 由 0→1→2，如图 11-15 所示。

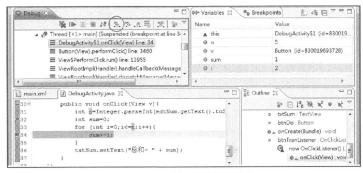

▲图 11-15 循环中的变量变化

（5）如果要终止调试回到一般的编辑状态，可以点击调试工具栏上的停止调试，然后点击主菜单右上角工具栏的 Java 图标回到原程序编辑界面。

11.5 程序代码段

输入 Android 的布局配置文件及程序代码的创建对于初学者是一大挑战，虽然 Graphical Layout 模式可帮助开发者自动产生布局配置程序代码，但设置属性的过程仍相当繁琐，使用过 Visual Studio 的用户一定对代码段功能赞不绝口，按按鼠标就可将程序代码贴到适当位置，减少非常多重复的输入工作。在 Eclipse 中也提供了代码段功能，成为开发 Android 程序的一大利器。Eclipse 的代码段功能不仅可用于 Java 程序代码，也可用于 XML 文件的程序代码。

代码段就是将特定功能程序代码添加到界面上，开发者可先将许多常用的功能分门别类整理好，要使用时即可将程序代码轻松插入到编辑文件里的适当位置。

11.5.1　快速创建代码段

创建代码段最简便的方法是使用快捷菜单，操作步骤如下。

（1）在 Eclipse 集成开发环境中选择要创建为代码段程序的代码片段，点击鼠标右键后在弹出菜单中点击 Add to Snippets，如图 11-16 所示。

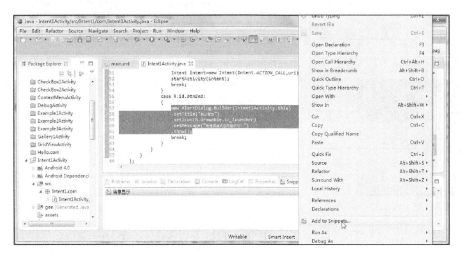

▲图 11-16　创建代码段

（2）如果第一次执行，输入组名，可输入中文，此处输入"消息显示"，如图 11-17 所示。

▲图 11-17　输入组合

选择群组

　　如果不是第一次执行，则在下拉式选单中会显示已存在的组名，用户选择即可。若要创建新的组，就手动输入新的组名。

▲图 11-18　选择群组

（3）创建代码段，如图 11-19 所示。

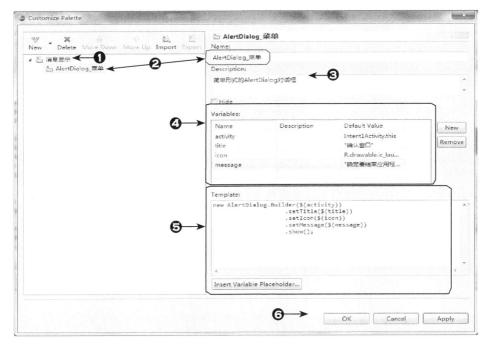

▲图 11-19   完成代码段创建

❶前一步骤输入的组名。

❷代码段名称：右方 Name 字段输入的名称，左方会同步更新。

❸代码段说明：描述此段程序代码的功能。

❹变量设置：代码段变动的部分可以用变量取代。

❺选择的源代码自动加入，修改变动部分用变量取代。

❻点击 OK 按钮完成设置。

（4）回到 Eclipse 集成开发环境，系统自动打开 Snippets 面板，并且显示已创建的组及代码段名称，如图 11-20 所示。

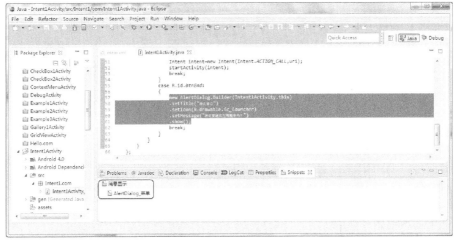

▲图 11-20   系统自动打开 Snippets 面板

代码段变量功能

代码段在不同程序中使用时，会有许多程序代码必须随着程序更改，如应用程序名称、显示的字符串等，Eclipse 代码段提供变量功能，可将变量的部分以变量取代，还可设置变量的默认值，如果开发者在程序中粘贴代码段时，没有特别指定变量值，就会使用默认值。

在刚才的示例中的源代码为：

```
newAlertDialog.Builder(PhotoDialog1Activity.this)
.setTitle("确认窗口")
.setIcon(R.drawable.icon)
.setMessage("确定要结束应用程序吗？")
.show();
```

上面粗体部分为变动内容，所以步骤❹将此部分创建 4 个变量，名称分别为：activity、title、icon 及 message，然后再于步骤❺修改为变量：

```
newAlertDialog.Builder(${activity})
.setTitle(${title})
.setIcon(${icon})
.setMessage(${message})
.show();
```

代码段中的变量使用方式为：

```
${变量名称}
```

11.5.2　在 Snippets 面板创建代码段

代码段的创建及维护较常用的方式是在 Snippets 面板中进行，方法如下。

（1）在 Eclipse 集成开发环境的 Snippets 面板中点击鼠标右键，在快捷菜单中点击 Customize，如图 11-21 所示。

▲图 11-21　在 Snippets 面板创建代码段

（2）创建组，如图 11-22 所示。

❶在菜单选择 NEW/New Category 来新增组。

❷Name 字段输入组名："组件 XML 代码"。

❸Description 字段输入组说明。

❹点击 OK 按钮完成创建新组。

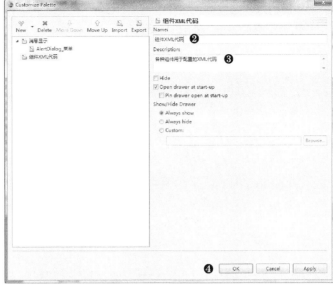

▲图 11-22　创建组

（3）创建代码段，如图 11-23 所示。

❶先选中组件 XML 代码组名后再点击 New 按钮，在下拉菜单中选择 NewItem。

❷代码段名称：右方 Name 字段输入的名称，左方会同步更新。

❸代码段说明：描述此段程序代码的功能。

❹变量设置：代码段变动的部分可以变量取代。

❺输入源代码，会变动的部分用变量取代。

❻点击 OK 按钮完成设置。

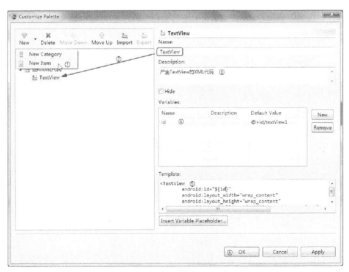

▲图 11-23　创建代码段

11.5.3　使用代码段

创建好的代码段可轻易插入编辑中的程序文件（.java）或配置文件（.xml）中，须注意代码段中若有变量，代表该处是常需要修改的部分：变量位置若输入数据则会取代默认值，如果要使用默认值，则不需输入任何数据，这样可增加开发应用程序的效率。插入代码段的操作方式如下。

（1）打开代码段快捷菜单，如图 11-24 所示。

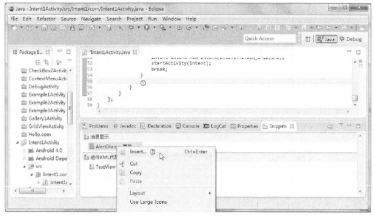

▲图 11-24　打开代码段快捷菜单

❶将鼠标移到要插入代码段的位置，单击鼠标左键。

❷在 Snippets 面板中要插入的代码段名称按鼠标右键，在弹出菜单中选择 Insert。

（2）修改变量值，如图 11-25 所示。

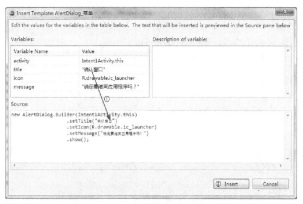

▲图 11-25　修改变量值

❶若要修改变量值，在 Value 字段输入，此处仅修改 message 变量值，其余使用默认值。

❷点击 Insert 按钮插入代码段。

（3）代码段已插入指定位置，如图 11-26 所示。

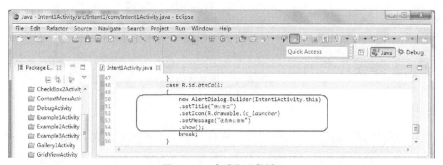

▲图 11-26　完成代码段插入

11.5.4　维护代码段

开发者需不断扩充代码段，才能在编写程序时随时加入需要的程序代码。以下将说明修改及删除的方法。

（1）修改代码段：选择要修改的代码段名称，在右方字段中直接修改，最后点击 OK 按钮完成修改，如图 11-27 所示。

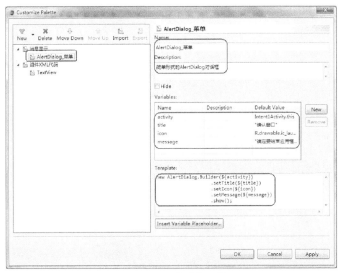

▲图 11-27　修改代码段

（2）删除代码段：选择要删除的代码段名称或组名，点击上方删除按钮 ✖ Delete 即可删除，但此时并未真正删除，最后点击 OK 按钮才完成删除工作，如图 11-28 所示。

▲图 11-28　删除代码段

要注意系统对删除功能并没有确认机制，一旦点击 ✖ Delete 按钮就直接删除，尤其是选择组名时，将整个组无预警删除，一定要小心。

11.5.5　代码段的导入导出

另外，Eclipse 对代码段提供导出及导入功能，让我们可为代码段做备份，也可和他人共享创建的代码段。

（1）导出功能是以组为单位，一个组需导出一次，操作方法如图 11-29 所示。

❶选择要导出的组名。

❷点击 Export 按钮。

❸输入要保存的文件名。

❹点击存盘完成导出。

▲图 11-29　导出代码段

（2）如果取得他人的代码段导出文件，或者要还原备份的导出文档，可使用导入功能，操作方法如图 11-30 所示。

▲图 11-30　导入代码段

❶点击 Import 按钮。

❷选择或输入要导入的文件名。

❸打开按钮。如果导入的组名不存在，就直接创建代码段组；若导入的组名已存在，会显示确认窗口，询问用户是否要覆盖原有组，如图 11-31 所示。

▲图 11-31　是否覆盖原有组

用户要注意的是：导入相同名称的组时，只能覆盖或舍弃，并未提供合并代码段功能。

怎么会那么好用啊，太让人感动了~

扩展练习

1. "输入正数字 N"，求 N!，若 "输入非数字字符"，以 try…catch…finally 捕获其错误。

▲Ex1

2. "输入正数 N"，求 N!，若 "输入非数字字符"，以 try…catch…finally 捕获其错误，同时利用 Log 日志文件，记录执行结果至 "myLog" 日志标签中。

（1）输入 N=5，在日志文件中记录 "5!=120.0"。

（2）输入 N=5ab，在日志文件中记录 "5ab 发生输入非数值的错误!"。

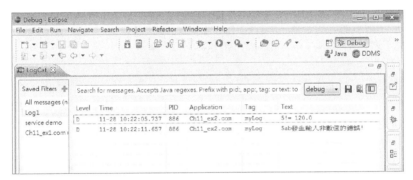

▲Ex2

第 12 章　数据的保存

Android 提供多种方式保存应用程序数据，这里要介绍的是 SharedPreferences 对象与 files 文件。使用 SharedPreferences 对象来保存数据是最简单的方法，但此方法只能保存少量数据。文件存取的核心是 FileOutputStream 及 FileInputStream，但为了增加读写的性能，会再搭配 BufferOutputStream 与 BufferInputStream 两个类。

学习重点

- File Explorer 文件操作
- SharedPreferences 数据处理
- 使用文件保存数据
- 文件数据保存位置

12.1　File Explorer——文件浏览器

应用程序中有许多数据需要在结束执行后保存起来，以便在下次执行时可以取出使用，例如：于机的各种设置，关机后再开机仍维持原样；游戏中的分数排行榜或目前进行的关卡，下次再玩游戏时可以紧接上次的分数或关卡继续进行；用户登录的账号密码或基本信息，用于验证用户身份。

Android 提供多种方式保存应用程序数据，例如简易的 SharedPreferences 对象、较复杂的 files 文件及 SQLite 数据库等，这些文件都保存在系统内部，为了保护这些重要的文件，Package Explorer 中并不会显示，如果用户要查看系统内部文件，必须使用 File Explorer 才可以。

SD 卡是目前手机必备的外围装置之一，可以保存如声音、图像等大型文件。FileExplorer 也可以显示 SD 卡文件列表，并可对其做复制、删除等操作。

12.1.1　使用 File Explorer 查看文件结构

File Explorer 是查看手机内部文件及 SD 卡内容，这些内容存在于模拟器中，因此要学习 File Explorer 操作方法前，必须先启动模拟器，启动方法如图 12-1 所示。

❶在 EClipse 集成开发环境中点击▦按钮。

❷选择要启动的模拟器。

❸点击 Start 按钮。

在 Launch Options 对话框中点击 Launch 按钮激活模拟器，如图 12-2 所示。

接着回到 Eclipse 中。在 Eclipse 默认安装中并未打开 File Explorer 面板，必须手动打开。File Explorer 面板位于 DDMS 面板组中，打开的方式如下。

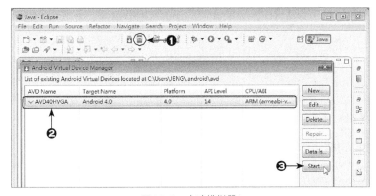

▲图 12-1　启动模拟器　　　　　　　　　　　　▲图 12-2　激活模拟器

（1）打开 DDMS 面板，如图 12-3 所示。

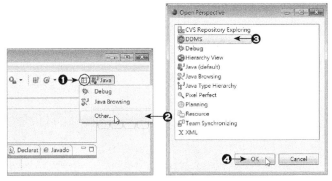

▲图 12-3　打开 DDMS 面板

❶在 EClipse 集成开发环境中点击 （Open Perspective）按钮。

❷点击 Other 打开 Open Perspective 对话框。

❸选择 DDMS。

❹点击 OK 按钮完成。

（2）点击 FileExplorer 标签，下方就会显示内部文件列表，如图 12-4 所示。

<data>文件夹为系统存放数据的区域，应用程序数据是保存在<data\data>文件夹中。<data\data>文件夹会为每一个应用程序使用"包名称"创建一个文件夹，用于保存该应用程序数据，例如为 Hello 项目创建的文件夹，如图 12-5 所示。

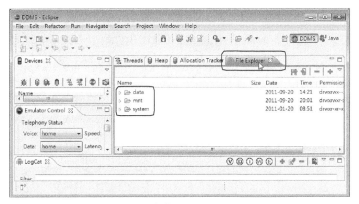

▲图 12-4　点击 File Explorer 标签

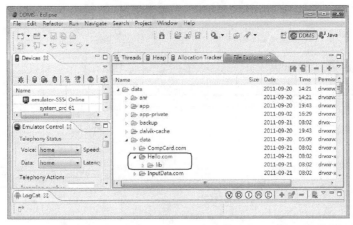

▲图 12-5　data 文件夹

在创建 Android 模拟器时，如果在 SDCard 的 Size 字段输入数值来创建模拟的 SD 卡，则在 <mnt>文件夹中会产生<sdcard>文件夹，做为模拟 SD 卡的储存空间，如图 12-6 所示。

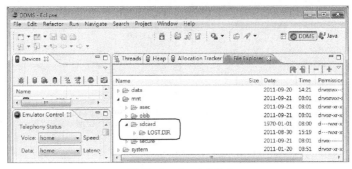

▲图 12-6　sdcard 文件夹

12.1.2　File Explorer 文件操作

系统文件无法直接打开或执行，File Explorer 提供文件或文件夹导出、导入、删除等功能，让开发者可维护系统文件。

1. 创建文件夹

在指定文件夹中新增文件夹的方法如下。

（1）创建新文件夹，如图 12-7 所示。

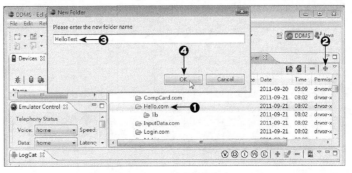

▲图 12-7　创建新文件夹

❶在 File Explorer 中选择要加入文件夹的目录，此处为 Hello.com。

❷点击新增文件夹✚按钮。

❸输入文件夹名称，此处输入"HelloTest"。

❹点击 OK 按钮完成新增文件夹。

（2）这样就在<Hello.com>中新增<HelloTest>文件夹，如图 12-8 所示。

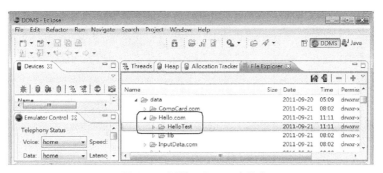

▲图 12-8　新增 HelloTest 文件夹

2. 导入文件

如果外部文件要复制到系统中，可使用导入功能将文件传入系统。

（1）选择要导入文件的文件夹，此处选择<HelloTest>，点击导入🔲按钮，如图 12-9 所示。

▲图 12-9　选择要导入文件的文件夹

（2）选择要导入的文件，此处选择<hello.txt>，点击打开按钮，如图 12-10 所示。

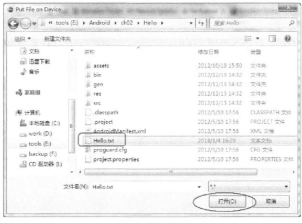

▲图 12-10　选择要导入的文件

（3）<HelloTest>文件夹中已新增<hello.txt>文件，如图 12-11 所示。

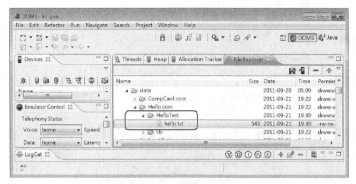

▲图 12-11　完成文件导入

　　导入文件时，一次只能导入一个文件，无法多个文件一起导入。而且只可以导入文件，无法导入文件夹。如果需要导入外部文件夹时，必须采用变通的方法：先在系统中新增文件夹，再将文件一个个导入。

3. 导出文件及文件夹

　　如果要将系统文件复制到外部存储设备，如磁盘驱动器中，可使用导出功能将文件由系统传到外部设备。

　　（1）选择要导出的文件，此功能可以同时导出多个文件，按住 Ctrl 键后可连续选择多个导出文件，此处选择<hello.txt>及<hellotest.txt>，点击导出█按钮，如图 12-12 所示。

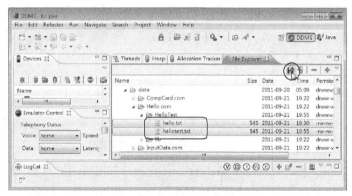

▲图 12-12　选择要导出的文件

　　（2）选择导出的文件夹，此处选择<D:/test>，点击确定按钮，如图 12-13 所示。
　　（3）<test>文件夹中新增了<hello.txt>和<hellotest.txt>两个文件，如图 12-14 所示。

▲图 12-13　选择导出的文件夹

▲图 12-14　完成文件导出

导出功能除了可以一次导出多个文件外，也可以导出整个文件夹，操作的方式与导出文件相同：选择文件夹后，再点击■按钮即可导出。

先学好 File Explorer
才能找到你要的文件喔!

4. 删除文件

对于不再使用的系统文件，File Explorer 提供了删除文件功能。一次只能删除一个文件，而且不能删除文件夹。

（1）选择要删除的文件，此处选择<hello.txt>，点击删除■按钮，如图 12-15 所示。

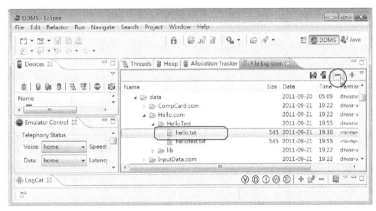

▲图 12-15　选择要删除的文件

（2）<hello.txt>文件已删除，如图 12-16 所示。

▲图 12-16　完成文件删除

12.2 SharedPreferences 数据处理

在 Android 系统保存数据的方法中，使用 SharedPreferences 对象来保存数据是最简单的方法，但此方法只能保存少量数据。SharedPreferences 对象可以创建数据、读取数据、移除部分及全部数据。

12.2.1　SharedPreferences 保存数据

SharedPreferences 对象只能保存（key,value）形式的数据，key 是数据的名称，程序使用 key 来存取数据，而 value 是数据的实际内容。

要使用 SharedPreferences 对象保存数据，首先要使用 getSharedPreferences 方法创建 SharedPreferences 对象，语法为：

```
SharedPreferences 变量=getSharedPreferences(文件名,权限);
```

❶文件名：是保存数据的文件名，SharedPreferences 对象是以 XML 文件格式保存数据，创建数据文件时只要输入文件名，不需要指定扩展名。

❷权限：为设置文件的访问权限，常用的值如下。

MODE_PRIVATE：只有本应用程序具有访问权限。**MODE_WORLD_READABLE**：所有应用程序都具有读取权限。**MODE_WORLD_WRITEABLE**：所有应用程序都具有写入权限。

例如若要创建一个名称为"preference"的 SharedPreferences 对象，文件名称为"preFile"，访问权限是只有本应用程序可以存取。

```
SharedPreferences preference=getSharedPreferences("preFile",MODE_PRIVATE);
```

12.2.2　写入 SharedPreference 对象的内容

如果要执行会改变文件内容的工作，需使用 SharedPreferences 对象的 edit 方法获取 Editor 对象，才能变更文件内容。写入数据会改变文件内容，故需获取 Editor 对象，语法为：

```
Editor 变量=SharedPreferences 对象名称.edit();
```

例如以 pref erence 获取名称为 editor 的 Editor 对象为语法为：

```
Editor editor=preference.edit();
```

接着就可以利用 Editor 对象的 putXXX 方法将数据写入文件中，语法为：

```
Editor 对象名称.putXXX(key,value);
```

putXXX 方法根据不同数据类型有下列 5 种。

方　　法	说　　明
putBoolean	写入布尔类型数据
putFloat	写入浮点数类型数据
putInt	写入整数类型数据
putLong	写入长整数类型数据
putString	写入字符串类型数据

例如要写入的数据类型是字符串，内容为"john"，名称为"name"。

```
editor.putString("name","john");
```

putXXX 方法写入的数据并未实际写入文件中，等到调用 Editor 对象的 commit 方法时才真正写入文件。例如 editor 对象调用写入文件的语法：

```
editor.commit();
```

总结使用 SharedPreferences 对象写入数据的全部过程为：

```
SharedPreferences preference=getSharedPreferences
    ("preFile",MODE_PRIVATE);
    Editor editor=preference.edit();
    editor.putString("name","john");
    editor.commit();
```

SharedPreferences 对象通常使用匿名对象方式编写程序：

```
SharedPreferences preference=getSharedPreferences
    ("preFile",MODE_PRIVATE);
preference.edit()
.putString("name","john")
.commit();
```

12.2.3　SharedPreferences 读取及删除数据

由于读取数据并未改变文件内容，故不需调用 Editor 对象，创建 SharedPreferences 对象后，直接使用 getXXX 方法就可读取文件中数据。

1．SharedPreferences 读取数据

getXXX 方法的语法为：

```
SharedPreferences 变量名称.getXXX(key,default);
```

与 putXXX 方法相同，读取不同数据类型时有不同的 getXXX 方法。key 是保存数据时创建的数据名称，default 是当 key 不存在时所传回的默认值。

例如读取前一节存入名称为 name 的数据：

```
SharedPreferences preference=getSharedPreferences
    ("preFile",MODE_PRIVATE);
String readName=preference.getString("name","unknown");
```

如果已执行过前一节写入数据的程序代码，则 readName 的值为"john"，否则其值为"unknown"。

2．SharedPreferences 删除数据

如果保存的数据不再使用，可以将其删除。因删除数据会改变文件内容，所以需使用 Editor 对象。

删除数据的方式有两种，第一种是使用 remove 方法删除单条数据，语法为：

```
Editor 对象名称.remove(key);
```

例如删除名称为 name 的数据：

```
SharedPreferences preference=getSharedPreferences
    ("preFile",MODE_PRIVATE);
preference.edit();
.remove("name")
.commit();
```

删除数据的第二种方式是使用 clear 方法删除全部数据，语法为：

```
Editor 对象名称.clear();
```

例如要将 preference 的数据全部清空：

```
SharedPreferences preference=getSharedPreferences
```

```
("preFile",MODE_PRIVATE);
preference.edit()
.clear()
.commit();
```

如果应用软件能在第一次执行时就记录用户的数据，以后每次执行时就显示欢迎该用户信息的画面，会让用户倍感温馨，下面即为此功能的示例。

12.2.4　示例：智能欢迎页面

在示例中我们将利用 SharedPreferences 来记录用户的姓名，在第二次进入时即利用记录的数据来显示欢迎消息。

1. 新建项目并完成布局配置（如图 12-17 所示。）

▲图 12-17　记录用户的姓名

txtName 及 edtName 组件在配置文件中以 visibility 属性设置为不显示，如果用户尚未输入基本信息就以程序显示这两个组件，让用户输入基本信息。

```
android:visibility="invisible"
```

2. 加入执行的程序代码

（1）打开<src/Welcome.com/WelcomeActivity.java>，首先是创建保存文件的数据：

<Welcome/src/Welcome.com/WelcomeActivity.java>

```
…略
22public void onCreate(BundlesavedInstanceState){
…略
33preference=getSharedPreferences("preFile",MODE_PRIVATE);//创建文件
34sname=preference.getString("name","");//读取数据
35//如果未创建数据就显示输入字段
36if(sname.equals("")){
37txtName.setVisibility(TextView.VISIBLE);
38edtName.setVisibility(TextView.VISIBLE);
39btnClear.setVisibility(Button.INVISIBLE);
40msg="欢迎使用本应用程序！\n 你尚未建立基本信息，请输入姓名！";
41}else{//已建立信息就显示欢迎消息
42msg="亲爱的"+sname+"，你好！\n 欢迎再次使用本应用程序！";
43}
44//弹出式欢迎窗口
45new AlertDialog.Builder(WelcomeActivity.this)
46.setTitle("欢迎使用本软件！")
47.setMessage(msg)
48.setPositiveButton("确定",new DialogInterface.OnClickListener()
49{
50public void onClick(DialogInterface dialoginterface,int i)
51{}
52})
53.show();
54}
```

❶读取名称为 name 的数据，如果该数据不存在就设置为默认值：空字符串。

❷检查是否读到 name 的信息（姓名），如果是空字符串就表示姓名信息不存在，在第 37 及第 38 行显示 txtName 及 edtName 组件让用户输入姓名信息，第 39 行隐藏清除信息按钮，并行第 40 行设置提示输入消息字符串。

❸若 name 的信息存在，就在第 42 行设置包含用户姓名的欢迎消息。

❹在程序开始执行时就显示对话框，第 47 行显示消息，消息内容则视第 36 到第 43 行是否读到 name 的信息而定。

（2）处理按钮程序代码：

续: <Welcome/src/Welcome.com/WelcomeActivity.java>

```
56private Button.OnClickListenerlistener=new Button.OnClickListener()
57{
58@Override
59public void onClick(View v)
60{
61switch(v.getId())
62{
63case R.id.btnEnd://点击结束按钮
64finish();
65break;
66case R.id.btnClear://点击清除信息按钮
67if(!sname.equals("")){
68preference.edit()
69.clear()
70.commit();
71Toast.makeText(getApplicationContext(),"所有信息都已清除!",Toast.LENGTH_LONG).show();
72        }
73        btnClear.setVisibility(Button.INVISIBLE);
74        break;
75        }
76    }
77};
```

● 第 63～65 行，用户点击结束按钮后使用 finish()结束应用程序。

● 第 66～74 行，为用户点击清除信息按钮的处理程序。首先于第 67 行检查是否存在已保存的姓名信息，如果有信息才在第 68～70 行进行清除信息工作。信息清除完毕后，已无信息，故于第 71 行隐藏清除信息按钮。

（3）应用程序结束时，需将输入的姓名信息保存在文件中，此段程序代码应放在 onStop 方法中：

续: <Welcome/src/Welcome.com/WelcomeActivity.java>

```
80protected void onStop(){
81super.onStop();
82if(sname.equals("")){//如果未建立信息就将输入值存盘
83preference.edit()
84.putString("name",edtName.getText().toString())
85.commit();
86}
87}
```

保存项目后，按 Ctrl+F11 组合键执行项目，第一次执行时弹出的对话框提醒用户输入姓名，输入姓名后程序会将其存入文件中，以后每次执行会由文件读出姓名并显示欢迎消息。清除信息按钮会将文件中姓名删除，用户可重新输入姓名数据，如图 12-18 所示。

▲图 12-18　执行项目

12.2.5　SharedPreferences 实际文件

SharedPreferences 对象的数据文件，存放在系统内部\<data\data\>中以该应用程序包名称命名的文件夹内，系统会在其中先产生\<shared_prefs\>文件夹，再创建保存信息的文件。以上面示例为例，文件为\<data\data\Welcom.com\shared_prefs\preFile.xml\>，如图 12-19 所示。

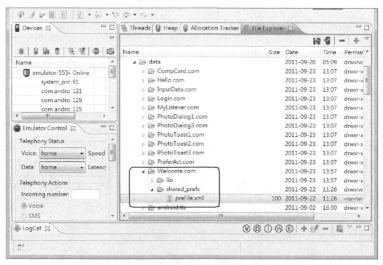

▲图 12-19　保存信息的文件

数据是以 XML 格式保存。因为在 File Explorer 中无法直接打开文件查看其内容，所以参考 12.1.2 节导出\<prefile.xml\>文件再查看其内容为：

```
<?xmlversion="1.0"encoding="utf-8"standalone="yes"?>
-<map>
<string name="name">john</string>




</map>
```

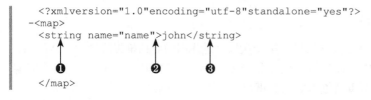

❶数据类型，此处为字符串。

❷数据名称，此处为"name"。

❸数据内容，此处为"john"。

12.3　使用文件保存数据

SharedPreferences 对象只能保存（key,value）形式的数据，数据类型受到很大限制。Android 系统也可以使用文件来保存数据，这样就可随心所欲地将各种数据保存在文件中。

文件存取的核心是 FileOutputStream 及 FileInputStream，文件保存就是以这两个类直接存取文件。但为了增加读写的性能，会再搭配 BufferOutputStream 与 BufferInputStream 两个类。

12.3.1　写入文件数据

想要将数据写入到文件中有以下几个步骤。

（1）首先使用 openFileOutput 方法获取一个 FileOutputStream 对象。这个步骤的重点在决定写入的文件及访问权限，语法为：

```
FileOutputStream 对象=openFileOutput(文件名,权限);
```

❶文件名：是保存数据的文件名，可以指定扩展名，但不可指定保存路径，文件保存于系统内部指定位置中。

❷权限：为配置文件的访问权限，常用的值如下。

MODE_PRIVATE：只有本应用程序具有访问权限，若文件存在会加以覆盖。**MODE_WORLD_READABLE**：所有应用程序都具有读取权限。**MODE_WORLD_WRITEABLE**：所有应用程序都具有写入权限。**MODE_APPEND**：只有本应用程序有访问权限，若文件存在会附加在最后。

例如要创建一个名称为"fout"的 FileOutputStream 对象，保存文件名为"test.txt"，访问权限是只有本应用程序可以存取，若文件存在会加以覆盖。

```
FileOutputStream fout=openFileOutput("test.txt",MODE_PRIVATE);
```

（2）为了提高写入数据的效率，通常会使用 BufferedOutputStream 对象将数据写入文件。创建 BufferOutputStream 对象的语法为：

```
BufferedOutputStream 对象=new BufferedOutputStream(FileOutputStream 对象);
```

例如要利用 FileOutputStream 对象 fout，创建一个名称为"buffout"的 BufferedOutputStream 对象。

```
BufferedOutputStream buffout=new BufferedOutputStream(fout);
```

（3）利用 BufferedOutputStream 对象的 write 方法可将数据写入文件。由于写入文件的数据必须是 byte 类型，所以要写入的字符串需以 getBytes 方法将字符串转换为 byte 数组，才能写入文件中。语法为：

```
BufferedOutputStream 变量.write(字符串.getBytes());
```

例如：

```
String str="我爱 Android";
buffout.write(str.getBytes());
```

也可以不使用字符串变量，直接以字符串值转换为 byte 数组形式：

```
buffout.write("我爱 Android".getBytes());
```

（4）当所有数据都写入文件后，就可以用 BufferedOutputStream 对象的 close 方法关闭文件。例如：

```
buffout.close();
```

最后要注意的一点：使用文件方式存取数据时，必须将存取文件的程序代码放在 try…catch 异常处理中，否则执行时会产生错误。

例如以上将数据写入文件的示例程序代码整理如下：

```
try{

    FileOutputStream fout=openFileOutput("test.txt",MODE_PRIVATE);
    BufferedOutputStream buffout=newBufferedOutputStream(fout);
    String str="我爱 Android";
    buffout.write(str.getBytes());
    buffout.clos e();

}catch(Exceptione){
    e.printStackTrace();
}
```

12.3.2　读取文件数据

读取文件数据的方式与写入文件数据的方式相似，步骤如下。

（1）首先是使用 openFileInput 方法创建 FileInputStream 对象，例如：创建名称为 "fin" 的 FileInputStream 对象，要读取的数据文件名称为 "test.txt"。

```
FileInputStream fin=openFileInput("test.txt");
```

（2）接着为了提高读取数据的效率，使用 BufferedInputStream 对象进行文件数据读取。例如：将刚才创建的 FileInputStream 对象：fin，创建一个名称为 "buffin" 的 BufferedInputStream 对象。

```
BufferedInputStream buffin=new BufferedInputStream(fin);
```

（3）利用 BufferedInputStream 对象 read 方法进行读取。方式为：声明 byte 类型的数组来存放读取的数据，read 读取后会传回一个整数值，此数值即为读取的 byte 数。若传回值为 "-1" 代表未读到数据，即代表读取完毕。例如：要由 BufferedInputStream 对象 buffin 中读取 20 个 byte 数据。

```
byte[] buffbyte=new byte[20];
int length=buffin.read(buffbyte);
```

（4）当所有数据读取完毕后，就可以用 BufferedInputStream 对象的 close 方法关闭文件。例如：

```
buffin.close();
```

同样的，必须将读取文件数据的程序代码放在 try…catch 异常处理中，将读取文件数据的程序代码整理如下：

```
try{
    FileInputStream fin=openFileInput("test.txt");
    BufferedInputStream buffin=new BufferedInputStream(fin);
    byte[] buffbyte=new byte[20];
    int length=buffin.read(buffbyte);
    buffin.close();
}catch(Exception e){
```

```
        e.printStackTrace();
    }
```

12.3.3　示例：创建登录数据文件

执行程序后，下方文件内容字段会自动读入<login.txt>数据文件并显示。用户输入账号及密码后点击加入数据按钮，就会将账号及密码保存在文件中，并在下方更新文件内容，点击清除数据按钮会清空所有账号及密码数据。如果未输入账号或密码而点击加入数据按钮，将不会保存数据并会显示提示消息，如图 12-20 所示。

▲图 12-20　创建登录数据文件

1.　新建项目并完成布局配置

新建<InputData>项目，<main.xml>布局配置文件完成如图 12-21 所示。

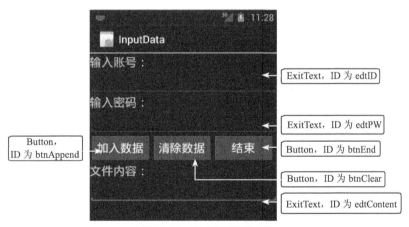

▲图 12-21　完成布局配置文件

2.　加入执行的程序代码

（1）首先启动程序的 onCreate() 及显示数据文件内容的 DisplayFile() 程序代码：

```
<InputData/src/InputData.com/InputDataActivity.java>
…略
21public void onCreate(BundlesavedInstanceState){
…略
34DisplayFile(FILENAME);
35}
…略（处理按钮程序代码后续说明）
84private void DisplayFile(String fname)
85{
```

```
86FileInputStream fin=null;//创建读取数据流
87BufferedInputStream buffin=null;
88try{
89fin=openFileInput(fname);
90buffin=new BufferedInputStream(fin);
91byte[] buffbyte=new byte[20];
92edtContent.setText("");
93//读取数据，直到文件结尾
94do{
95int flag=buffin.read(buffbyte);
96if(flag==-1)break;
97else
98edtContent.append(new String(buffbyte),0,flag);//显示数据
99}while(true);
100buffin.close();
101}catch(Exception e){
102e.printStackTrace();
103}
104}
```

- 第 34 行，在 onCreate 方法中调用自定义的 DisplayFile 方法来显示文件内容。

- 第 84～104 行，自定义的 DisplayFile 方法，功能为显示数据文件内容。第 88～89 行创建读取文件的 FileInputStream 对象，第 90 行设置一次读取 20 个字节。

- 第 94～99 行，这是一个读取数据的循环。设置每次读取 20 字节数据，然后判断是否到达文件终点，如果传回值为–1，表示已到文件结尾处，就离开循环结束数据读取；如果传回值不是–1，就将数据显示出来，再回到循环起始处读取数据，直到所有数据都被读完为止。

（2）处理按钮程序代码：

<InputData/src/InputData.com/InputDataActivity.java>

```
37private Button.OnClickListenerlistener=new Button.OnClickListener()
38{
39@Override
40public void onClick(View v)
41{
42switch(v.getId())
43{
44caseR.id.btnAppend://加入数据
45//检查账号及密码是否都有输入
46if(edtID.getText().toString().equals("")||
                    edtPW.getText().toString().equals("")){
47              Toast.makeText(getApplicationContext(),
                    "账号及密码都必须输入！ ",Toast.LENGTH_LONG).show();    ❶
48break;
49}
50FileOutputStream fout=null;//创建写入数据流
51BufferedOutputStream buffout=null;
52try{
53fout=openFileOutput(FILENAME,MODE_APPEND);
54buffout=new BufferedOutputStream(fout);
55                    //写入账号及密码                              ❷
56buffout.write(edtID.getText().toString().getBytes());
57buffout.write("\n".getBytes());
58buffout.write(edtPW.getText().toString().getBytes());
59buffout.write("\n".getBytes());
60buffout.close();
61}catch(Exception e){
62e.printStackTrace();
63}
64DisplayFile(FILENAME);
65              edtID.setText("");                                 ❸
66edtPW.setText("");
67break;
68case R.id.btnClear://清除数据
69try{
```

```
70//以重载方式打开文件
71fout=openFileOutput(FILENAME,MODE_PRIVATE);          ❹
72fout.close();
73}catch(Exception e){
74e.printStackTrace();
75}
76          DisplayFile(FILENAME);          ❺
77break;
78case R.id.btnEnd://结束
79finish();
80}
81}
82};
```

❶当用户点击加入数据按钮后，检查账号及密码字段是否都有输入，以免因用户误点击而加入了无效的数据。第 46 行是只要两个字段之中有一个字段未填数据，就显示提示消息，告诉用户两个字段都必须输入数据，然后在第 48 行中断按钮处理。

❷这是实际将数据写入文件的程序代码。首先创建写入文件的 FileInputStream 对象，并设置写入权限为"MODE_APPEND"，当数据加入时，会附加在原有数据后。第 56～57 行，写入账号数据，为了数据显示时较为美观，第 57 行加入了换行字符，再写入的数据会位于第 58～59 行，写入密码数据。

❸调用显示文件数据的 DisplayFile 方法可立即更新数据的显示，所以用户点击加入数据按钮，不但将数据写入文件，同时下方文件内容区同时更新为最新数据内容。接着清除已输入的账号及密码，方便用户继续新增数据。

❹这是当用户点击清除数据按钮后执行的程序代码，会将文件数据全部删除，成为空文件。因为 openOutputStream 对象并未提供删除数据的方法，此处是将写入权限设置为"MODE_PRIVATE"，此模式会将原有内容覆盖，当未再写入新数据前，文件是空的，没有任何数据。

❺同样的，在删除完数据后调用 DisplayFile 方法更新显示数据，让用户见到数据的确已被删除。

12.3.4　文件数据保存位置

与 SharedPreferences 对象保存的数据的位置类似，文件数据存放在系统内部<data/data>中以该应用程序包名称命名的文件夹内，系统会在其中先产生<files>文件夹，再在其中创建文件数据。

以上面示例为例，保存文件为<data/data/InputData.com/files/login.txt>，如图 12-22 所示。

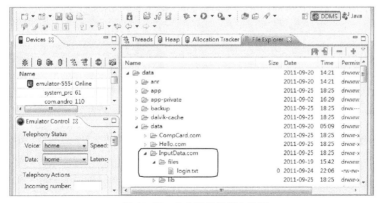

▲图 12-22　文件数据的保存位置

在 File Explorer 中无法直接打开文件查看其内容，导出<login.txt>文件，如果创建的数据有两条记录，账号分别为 john 及 mary，密码皆为 1234，则<login.txt>文件的内容为：

```
john1234mary1234
```

12.3.5　示例：登录页面——利用文件数据比对

有些应用程序只让特定对象使用，执行程序时的第一个页面就会要求输入正确账号密码，否则就会跳离程序。本示例即为让用户输入账号密码的程序，实际应用时可将本程序做为第一个页面，当用户输入正确账号密码后再转到应用程序即可，如图 12-13 所示。

1．新建项目并完成布局配置

新建<Login>项目，<main.xml>布局配置文件完成如图 12-24 所示。

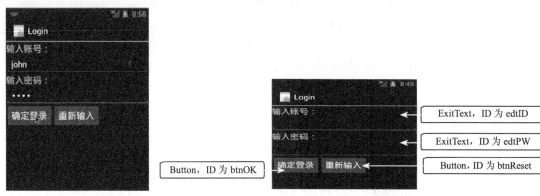

▲图 12-23　登录页面　　　　　　　　　　　　▲图 12-24　布局配置

edtPW 组件是让用户输入密码，为避免被旁人偷窥密码，此组件需将输入的字符显示为黑点，要达到这样的效果，只要设置 password 属性为 true 即可：

```
android:password="true"
```

2．导入账号密码文件

本示例的账号密码信息保存在<login.txt>文件中，其中已创建两个账号信息分别为 john 和 mary，密码皆为 1234。将附书程序中<ch12/Login/login.txt>文件导入项目。

（1）打开 **DDMS/File Explorer**，选择<data/data/Login.com/files>文件夹，点击导入按钮，如图 12-25 所示。

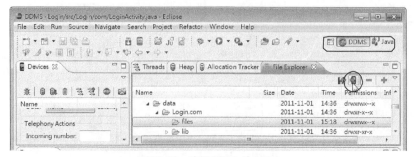

▲图 12-25　选择要导入的文件夹

（2）选择附书程序中<ch12/Login/login.txt>，点击打开按钮，如图 12-26 所示。

3. 加入执行的程序代码

（1）启动程序的 onCreate()程序代码：读取整个数据文件，再将数据分解存入字符串数组中。

```
<Login/src/Login.com/LoginActivity.java>

…略
18private String[] login;
19private static final String FILENAME="login.txt";
20@Override
21public void onCreate(BundlesavedInstanceState){
…略
31FileInputStream fin=null;//创建读取数据流
32BufferedInputStream buffin=null;
33String fdata="";
34try{
35fin=openFileInput(FILENAME);
36buffin=new BufferedInputStream(fin);
37byte[] buffbyte=new byte[20];
38fdata="";
39do{//读取数据，直到文件结尾
40int flag=buffin.read(buffbyte);
41if(flag==-1)break;
42else fdata+=new String(buffbyte);
43}while(true);
44buffin.close();
45}catch(Exception e){
46e.printStackTrace();
47        }
48        login=fdata.split("\r\n");
49    }
```

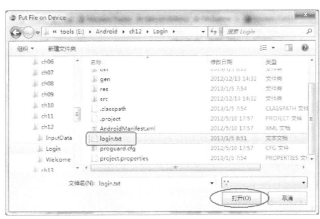

▲图 12-26　导入账户密码文件

- 第 31～47 行，读取<login.txt>文件数据，其结果存于 fdata 字符串变量中。
- 第 18 行，声明数组变量 login；第 48 行，使用字符串的 split 方法将数据拆解成独立字符串存放在 login 数组中。<login.txt>内的字符串是以换行符号 "\n" 分开，"fdata.split("\r\n")" 表示以 "\r\n" 符号作为分隔字符分解字符串。例如此处 fdata 的内容为：

```
john\r\n1234\r\nmary\r\n1234
```

- 第 48 行程序的执行结果为：

```
login[0]=john
login[1]=1234
login[2]=mary
login[3]=1234
```

● 数组偶数索引如 login[0]、login[2]等存放账号数据，奇数索引如 login[1]、login[3]等存放密码数据。

（2）处理按钮程序代码：

```
续：<Login/src/Login.com/LoginActivity.java>

51private Button.OnClickListenerlistener=new Button.OnClickListener(){
52@Override
53public void onClick(View v)
54{
55switch(v.getId())
56{
57case R.id.btnOK://登录
58//检查账号及密码是否都有输入
59if(edtID.getText().toString().equals("")||
                edtPW.getText().toString().equals("")){
60Toast.makeText(getApplicationContext(),"账号及密码都必须输入!
                        ",Toast.LENGTH_LONG).show();
61break;
62}
63Boolean flag=false;
64for(inti=0;i<login.length;i+=2){
65if(edtID.getText().toString().equals(login[i])){//账号存在
66flag=true;
67if(edtPW.getText().toString().equals(login[i+1])){//密码正确
68new AlertDialog.Builder(LoginActivity.this)
69.setTitle("登录")
70.setMessage("登录成功! \n欢迎使用本应用程序! ")
71.setPositiveButton("确定",new
                        DialogInterface.OnClickListener()
72{
73public void onClick(DialogInterface
                        dialoginterface,int i){
74//转换到应用程序开始页面程序代码放在此处
75finish();
76}
77})
78.show();
79}else{
80Toast.makeText(getApplicationContext(),
                        "密码不正确! ",Toast.LENGTH_LONG).show();
81edtPW.setText("");
82break;
83}
84}
85}
86if(!flag){
87Toast.makeText(getApplicationContext(),
                        "账号不正确! ",Toast.LENGTH_LONG).show();
88            edtID.setText("");
89            edtPW.setText("");
90    }
91        break;
92    case R.id.btnReset://重新输入
93        edtID.setText("");
94        edtPW.setText("");
95break;
96}
97}
98};
```

● 第 59~62 行，检查账号及密码都要输入，才进行验证工作。

● 第 63 行，声明一个标志 flag 记录输入的账号是否存在，初始值设为 false，当第 65 行检查账号存在才设置 flag 的值为 true，当检查账号的循环结束后，在第 86 到 90 行检查 flag 的值：如果是 false 就显示"账号不正确!"的提示消息。

● 第 64～85 行，检查账号及密码的循环，因为每组账号密码占两个数组元素，所以计数器 i 每次要增加 2 才是下一个账号。第 65 行检查数组元素是否与输入的账号相同，如果不是就跳到第 85 行回到循环起始处继续检查数组元素。若账号符合，先设置账号标志 flag 为 true，该账号的密码存于下一个数组元素，接着于第 67 行以 login[i+1]来比对密码是否正确。若密码正确，就以第 68 到第 78 行显示登录成功的对话框；若密码不正确，就执行第 79 到第 83 行显示"密码不正确！"消息。

保存项目后，按 **Ctrl+F11** 组合键执行项目，输入正确账号及密码。例如我们在此处输入账号 "john"及密码"1234"后再点击确定登录按钮，就会弹出对话框显示登录成功的消息，若是账号或密码错误则在下方显示提示消息，如图 12-27 所示。

点击重新输入按钮会清除已输入的数据。如果未输入账号或密码就点击确定登录按钮，会在下方显示提示消息。

▲图 12-27 执行项目

实际应用时，可将真实应用程序的开始位置放在第 74 行而将第 75 行程序移除，用户登录成功就会执行第 74 行程序。

使用文件保存数据，可以做到的功能更多呢！

🔘 扩展练习

1. 记录音乐播放状态：第一次执行时显示音乐为"停止"状态；点击播放或停止按钮后以 Toast 显示状态，同时以 SharedPreferences 保存，关闭程序后下次再执行时会显示上次记录的状态。

▲Ex1

2. 电话号码本：用户输入电话号码后点击加入数据按钮，会将电话号码存于文件中，同时在下方显示全部电话号码列表；点击清除数据按钮会移除全部电话号码数据。

▲Ex2

第 13 章　SQLite 数据库

在 Android 系统使用 SQLite 来管理系统数据库，SQLite 提供 SQLiteDatabase 类，其中可以利用 rawQuery() 和 query() 两种数据表查询方法，也可以利用 insert()、update()、delete() 分别可以处理数据新增、修改和删除。

学习重点

- SQLite 简介
- 创建数据库
- SQLiteDatabase 类
- 使用 execSQL() 方法
- 数据查询
- SimpleCursorAdapter 类
- 将数据显示在 ListView 上
- 数据新增、删除、修改
- 创建自己的数据库类

13.1　认识 SQLite 数据库

Android 系统使用 SQLite 数据库系统，它提供 SQLiteDatabase 类处理数据库的创建、修改、删除、查询等操作。SQLite 是一个嵌入式（embedded SQL database）的数据库，适用 SQL 语法。如果数据固定而且数据量不大，就可以使用类似 SQLite 这样的嵌入式数据库。

1. 创建 SQLite 数据库

使用数据库必须以 Activity 类的 openOrCreateDatabase 方法创建数据库。

```
SQLiteDatabase 对象=openOrCreateDatabase(文件名,权限,null);
```

openOrCreateDatabase 会检查数据库是否存在，如果存在则打开数据库，如果不存在则创建一个新的数据库，创建成功会传回一个 SQLiteDatabase 对象，否则会抛出 File Not Found Exception 的错误。

（1）"文件名"表示创建的数据库名称，扩展名为.db，也可以指定扩展名。

（2）"权限"为配置文件案的访问权限，常用的值如下。

MODE_PRIVATE：只有本应用程序具有访问权限。**MODE_WORLD_READABLE**：所有应用程序都具有读取权限。**MODE_WORLD_WRITEABLE**：所有应用程序都具有写入权限。

（3）创建成功会传回一个 SQLiteDatabase 对象。

例如：创建<db1.db>数据库，模式 MODE_PRIVATE，并传回 SQLiteDatabase 类对象 db。

```
SQLiteDatabase db=
openOrCreateDatabase("db1.db",MODE_PRIVATE,null);
```

2. 删除 SQLite 数据库

使用 Activity 类的 deleteDataBase()可以删除数据库。例如：删除<db1.db>数据库。

```
deleteDatabase("db1.db");
```

13.2　SQLiteDatabase 类

SQLiteDatabase 类是一个处理数据库的类，除了可以创建数据表，还可执行新增、修改、删除、查询等操作。SQLiteDatabase 类提供的方法如下。

方　　法	用　　途
execSQL()	执行 SQL 命令，可以完成数据表的创建、新增、修改、删除动作
rawQuery()	使用 Cursor 类型传回查询的数据,最常用于查询所有的数据
insert()	数据新增，使用时会以 ContentValues 类将数据以打包的方式，再通过 insert()新增至数据表中
delete()	删除指定的数据
update()	修改数据，使用时会以 ContentValues 类将数据以打包的方式，再通过 update()更新数据表
query()	使用 Cursor 类型传回指定字段的数据
close()	关闭数据库

13.2.1　使用 execSQL()方法执行 SQL 命令

SQLiteDatabase 类提供 execSQL()方法来执行非 SELECT 及不需要回传值的 SQL 命令，例如数据表的创建、新增、修改、删除动作。

1. 新增数据表

例如：在 db 数据库创建 table01 数据表，内含"_id、num、data"3 个字段，其中_id 为"自动编号"的主索引字段、num、data 分别为为整数和文本字段。

```
String str="CREATETABLEtable01 (_idINTEGERPRIMARYKEY,num
INTERGER,dataTEXT)";
db.execSQL(str);
```

2. 新增、修改及删除数据

例如：在 table01 数据表，新增一条记录，因为"_id"为自动编号字段，只需输入 num、data两个字段即可。

```
String str="INSERTINTOtable01(num,data)values(1,'数据项1')";
db.execSQL(str);
```

例如：更新 table01 数据表，编号"_id=1"的数据。

```
String str="UPDATEtable01SETnum=12,data='数据更新'WHERE_id=1";
db.execSQL(str);
```

例如：删除 table01 数据表编号 "_id=1" 的数据。

SQL 语法很重要！

```
String str="DELETEFROMtable01WHERE_id=1";
db.execSQL(str);
```

例如：删除 table01 数据表。

```
String str="DROPTABLEtable01";
db.execSQL(str);
```

3. 关闭数据库

使用 close()可以关闭数据库，通常会在程序结束时将数据库关闭。

例如：关闭 db 数据库。

```
@Override
protected void onDestroy(){
    super.onDestroy();
    db.close();//关闭数据库
}
```

13.2.2　示例：使用 execSQL()方法执行 SQL 命令

创建<db1.db>数据库并新增<table01>数据表，执行 SQL 命令并将数据显示在 ListView 上。在 edtSQL 中输入 SQL 指令，点击执行 **SQL** 按钮开始执行，默认是以 INSERT 从第一条记录依次增加，也可以输入其他的 SQL 指令，如图 13-1 所示。

▲图 13-1　执行 SQL 命令

1. 新建项目并完成布局配置文件

新建<SQLite1>项目，在<main.xml>中创建 1 个 EditText 组件、1 个 btnDo 按钮和 1 个 ListView，分别命名为 edtSQL、btnDo 和 ListView01。

```
<SQLite1/res/layout/main.xml>

<?xmlversion="1.0"encoding="utf-8"?>
<LinearLayout xmlns:android="http://schemas.android.com/apk/res/android"
  android:orientation="vertical"
  android:layout_width="fill_parent"
  android:layout_height="fill_parent">
  <EditText android:id="@+id/edtSQL"
  android:layout_width="fill_parent"
  android:layout_height="wrap_content"/>
  <Button android:id="@+id/btnDo"
  android:layout_width="fill_parent"
  android:layout_height="wrap_content"
  android:text="执行 SQL"/>
  <ListView android:id="@+id/ListView01"
  android:layout_width="wrap_content"
  android:layout_height="wrap_content"/>
</LinearLayout>
```

edtSQL 输入 SQL 指令，点击 **btnDo** 执行，并将结果显示在 ListView 上。

2. 加入执行的程序代码

```
<SQLite1/src/SQLite1.com/SQLite1Activity.java>

...略
13public class SQLite1Activity extends Activity{
```

```
14/*声明全局数据库类对象 db*/
15private SQLiteDatabase db=null;
16
17/*创建数据表的字段*/
18private final static String CREATE_TABLE="CREATETABLE
        table01(_idINTEGERPRIMARYKEY,numINTERGER,dataTEXT)";
19
20ListView listview01;
21Button btnDo;
22EditText edtSQL;
23String str,itemdata;
24int n=1;
25@Override
26public void onCreate(BundlesavedInstanceState){
27super.onCreate(savedInstanceState);
28setContentView(R.layout.main);
29//
30listview01=(ListView)findViewById(R.id.ListView01);
31btnDo=(Button)findViewById(R.id.btnDo);
32edtSQL=(EditText)findViewById(R.id.edtSQL);
33btnDo.setOnClickListener(btnDoClick);
34
35//默认 SQL 指令为新增数据
36itemdata="数据项"+n;
37str="INSERTINTOtable01(num,data)
                 values("+n+",'"+itemdata+"')";          ◄──❶
38edtSQL.setText(str);
39
40//创建数据库，若数据库已经存在则将它打开
41          db=openOrCreateDatabase("db1.db",MODE_PRIVATE,null); ◄──❷
42try{
43          db.execSQL(CREATE_TABLE);//创建数据表  ◄──❸
44}catch(Exception e){
45          UpdataAdapter();//载入数据表至 ListView 中 ◄──❹
46}
47}
48
49@Override
50protected void onDestroy(){
51super.onDestroy();
52//删除原有的数据表，让每次执行时数据表是空的
53          db.execSQL("DROPTABLEtable01");  ◄──❺
54          db.close();//关闭数据库 ◄──❻
55}
```

❶声明 SQLiteDatabase 全局变量 db，才能执行 execSQL 方法。

❷创建 table01 数据表，内含 _id、num、data 三个字段，其中 _id 为"自动编号"的字段、num、data 分别为为整数和文本字段。

❸创建 SQL 指令，默认 SQL 指令为 INSERT 新增数据。

❹使用 MODE_PRIVATE 模式创建<db1.db>数据库。

❺执行 execSQL 方法，创建数据表。

❻则将数据表加载至 ListView 中显示。

❼在点击结束🔙时删除原有的数据表，使每次执行时数据表是空的。

❽关闭数据库。

续: <SQLite1/src/SQLite1.com/SQLite1Activity.java>

```
57private Button.OnClickListenerbtnDoClick=new
               Button.OnClickListener(){
58public void onClick(View v){
59try{
60db.execSQL(edtSQL.getText().toString());//执行 SQL   ◄──❶
61          UpdataAdapter();//更新 ListView
62n++;
```

```
63itemdata="数据项"+n;
64str="INSERTINTOtable01(num,data)
        values("+n+",'"+itemdata+"')";
65edtSQL.setText(str);
66}catch(Exception err){
67setTitle("SQL 语法错误!");
68}
69}
70};
```

❶执行 SQL 指令并将数据表更新后加载到 ListView 中显示。

❷使用 edtSQL 输入 SQL 指令，默认是以 INSERT 从第一条记录依次增加，读者可以自行输入其他 SQL 指令测试。

续：<SQLite1/src/SQLite1.com/SQLite1Activity.java>

```
72public void UpdataAdapter(){
73Cursorcursor=db.rawQuery("SELECT*FROMtable01",null);
74if(cursor!=null&&cursor.getCount()>=0){
75SimpleCursorAdapteradapter=new
                SimpleCursorAdapter(this,
76android.R.layout.simple_list_item_2,//包含两个数据项
77cursor,//数据库的 Cursors 对象
78new String[]{"num","data"},//num、data 字段
79new int[]{android.R.id.text1,
                android.R.id.text2});//与 num、data 对应的组件
80listview01.setAdapter(adapter);//将
                adapter 增加到 listview01 中
81}
82}
83}
```

● 第 72～83 行，使用 ListView 显示数据，在后面单元将详细说明。

13.2.3　rawQuery()数据查询

使用 rawQuery()可以执行指定的 SQL 指令，与 execSQL()不同的地方是，它会以 Cursor 类型传回执行结果或查询数据。

例如：查询 table01 数据表的所有数据，并以 Cursor 类型传回查询数据。

```
Cursor cursor=db.rawQuery("SELECT*FROMtable01",null);
```

例如：查询 table01 数据表中 "_id=1" 的数据，并以 Cursor 类型传回查询数据。

```
Cursor cursor=db.rawQuery("SELECT*FROMtable01WHERE_id=1",
null);
```

SQLiteDatabase 查询后回传的数据是以 Cursor 的类型来呈现，它只传回程序中目前需要用的到的数据，以节省内存资源。

Cursor 常用的方法如下。

方　　法	用　　途
move	以目前位置为参考，将 Cursor 移到指定的位置
moveToPosition	将 Cursor 移到指定的位置，传回 true、false 表示成功或失败
moveToFirst	将 Cursor 移到第一条记录，传回 true、false 表示成功或失败
moveToPrevious	将 Cursor 移到上一条记录，传回 true、false 表示成功或失败
moveToNext	将 Cursor 移到下一条记录，传回 true、false 表示成功或失败
moveToLast	将 Cursor 移到最后一条记录，传回 true、false 表示成功或失败

续表

方　　法	用　　途
isBeforeFirst	传回 Cursor 是否在第一条记录之前
isAfterLast	传回 Cursor 是否在最后一条记录之后
isClosed	传回 Cursor 是否关闭
isFirst	传回是否是第一条记录
isNull	传回指定的数据是否为 null
getCount	传回共有多少条记录
getPosition()	获取目前记录所在位置的索引
getInt	获取指定索引的 Integer 类型数据
getString	获取指定索引的 String 类型数据
move	以目前位置为参考，将 Cursor 移到指定的位置

13.2.4　query()数据查询

rawQuery()在参数中直接以字符串的方式设置 SQL 指令，而 query()是将 SQL 语法的结构拆解为参数，包含了要查询的数据表名称，要选取的字段，WHERE 筛选条件，筛选条件参数名，筛选条件参数值，GROUPBY 条件，HAVING 条件。其中除了数据表名称外，其他参数可以使用 null 来取代。完成查询后，最后以 Cursor 类型传回数据。

query()语法如下：

```
Cursor cursor=query(String table,String[]columns,String selection,String[]selectionsArg,
Strint groudBy,String having,String orderBy,Stringlimit);
```

- **cursor**：传回指定字段的数据。
- **table**：代表数据表名称。
- **columns**：代表指定数据的字段，设为 null 代表获取全部的字段。
- **selection**：代表指定的查询条件式，不必加 WHERE 子句，设为 null 代表获取所有的数据。
- **selectionsArg**：定义 SQLWHERE 子句中的 "?" 查询参数。
- **groudBy**：设置分组，不必加 GROUPBY 子句，设为 null 代表不指定。
- **having**：指定分组，不必加 HAVING 子句，设为 null 代表不指定。
- **orderBy**：设置排序，不必加 ORDERBY 子句，设为 null 代表不指定。
- **limit**：获取的数据记录数，不必加 LIMIT 子句，设为 null 代表不指定。

例如：查询 table01 数据表中所有的数据，并以 Cursor 类型传回 "num、data" 两个字段的数据。

```
db.query("table01",new String[]{"num","data"},null,null,null,null,null,null);
```

例如：查询 table01 数据表中编号 "_id=1" 的数据，并以 Cursor 类型传回 "num、data" 两个字段的数据。

```
db.query("table01",new String[]{"num","data"},"_id=1",null,null,null,null,null);
```

13.2.5　insert()数据新增

SQLiteDatabase 类提供的 insert()方法进行数据新增动作。使用时首先会以 ContentValues 类将数据以打包的方式，并以 put()方法加入数据，再通过 insert()将数据新增至数据表中。

例如：将数据内容 "西瓜,120" 的数据加入 table01 数据表的 "name,price" 字段中。

```
ContentValues cv=new ContentValues();//创建 ContentValues 对象
cv.put("name","西瓜");
cv.put("price",120);
db.insert("table01",null,cv);
```

它相当于如下的 SQL 指令。

```
String str="INSERTINTOtable01(name,price)values('西瓜',120)";
db.execSQL(str);
```

13.2.6　delete()数据删除

例如：删除 table01 数据表编号 "_id=1" 的资料。

```
int id=1;
db.delete("table01","_id="+id,null);
```

它相当于如下的 SQL 指令。

```
String str="DELETEFROMtable01WHERE_id=1";
db.execSQL(str);
```

13.2.7　update()修改数据

使用时会以 ContentValues 类将数据以打包的方式，并以 put()方法加入数据，再通过 update() 更新数据表。

例如：更新 table01 数据表编号 "_id=1" 的数据为 name="南瓜"、price=135。

```
ContentValues cv=new ContentValues();//创建 ContentValues 对象
cv.put("name","南瓜");
cv.put("price",135);
db.update("table01",cv,"_id=1",null);
```

它相当于如下的 SQL 指令。

```
String str="UPDATEtable01SETname='南瓜',price=135WHERE_id=1";
db.execSQL(str);
```

13.3　使用 ListView 显示 SQLite 数据

使用 rawQuery()或 query()查询的数据是以 Cursor 的类型来呈现，它只传回程序中目前需要的数据，以节省内存资源。要将数据表的数据显示在 ListView 上必须使用 SimpleCursorAdapter 当作数据的适配器。

13.3.1　SimpleCursorAdapter 类

SimpleCursorAdapter 类是显示界面组件和 cursor 数据的桥梁，它的功能是将 Cursor 类的数据适配到显示的界面组件，如 ListView、Spinner 等组件。

SimpleCursorAdapter 类的构造函数如下：

```
SimpleCursorAdapter(Context context,int layout,Cursor
 cursor,String[] from,int[] to)
```

- **context**：表示目前的主程序。
- **layout**：表示显示的布局配置文件。
- **cursor**：表示要显示的数据。
- **from**：表示要显示的字段。

- **to**：表示布局配置中对应显示的组件。

例如：将 table01 数据表中所有的数据显示在 ListView 上，布局配置使用内建的 android.R.layout.simple_list_item_2 模板，数据字段为 num、data，布局配置中对应显示的组件为 android.R.id.text1、android.R.id.text2。

```
Cursor cursor=db.rawQuery("SELECT*FROMtable01",null);
SimpleCursorAdapteradapter=new SimpleCursorAdapter(this,
    android.R.layout.simple_list_item_2,//包含两个数据项的内建模板 cursor,//数据库的 Cursors 对象
new String[]{"num","data"},//num、data 字段
new int[]{android.R.id.text1,android.R.id.text2});//与 num、data
对应的组件
listview01.setAdapter(adapter);//将 adapter 适配到 listview01 中
```

13.3.2　将 SQLite 数据显示在 ListView 上

ListView 组件拥有较大的面板，经常用来显示数据。如果要显示的是 SQLite 数据，通常会搭配 SimpleCursorAdapter 作为数据的适配器。

1. 示例：将 SQLite 数据显示在 ListView 上

默认使用 ListView 显示全部数据，也可以在 edtID 字段输入编号后点击查询按钮查询，或点击查询全部按钮显示全部数据。如果在 ListView 选择选项则会以 Toast 显示该条记录的详细数据，包括 "id、name 和 price"。若数据不存在，将显示 "查无此条记录消息"，数据格式不正确也会显示错误的提示消息，如图 13-2 所示。

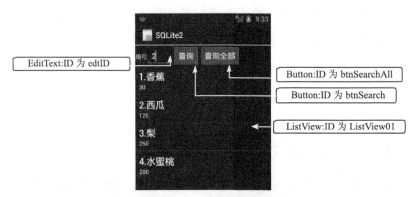

▲图 13-2　将 SQLite 数据显示在 ListView 上

2. 新建项目并完成布局配置文件

新建<SQLite2>项目，在<main.xml>中以 LinearLayout 创建了两个 TableLayout 布局，每个 TableLayout 布局中包含一个 TableRow，参考 xml 程序代码。ListView 组件使用 android:layout_weight="1"将布局宽度填满。

```
<SQLite2/res/layout/main.xml>

<?xmlversion="1.0"encoding="utf-8"?>
<LinearLayout xmlns:android="http://schemas.android.com/apk/res/android"
    android:orientation="vertical"
    android:layout_width="fill_parent"
    android:layout_height="fill_parent">

    <TableLayout android:layout_width="fill_parent"
     android:layout_height="wrap_content">
        <TableRow>
```

```
            <TextView android:text="编号"/>
            <EditText android:id="@+id/edtID"android:width="60dp"/>
            <Button android:id="@+id/btnSaerch"android:text="查询"/>
            <Button android:id="@+id/btnSearchAll"android:text="查询全部"/>
        </TableRow>
    </TableLayout>
    <TableLayout android:layout_width="fill_parent"
      android:layout_height="wrap_content">
        <TableRow>
            <ListView android:id="@+id/ListView01"android:layout_weight="1"/>
        </TableRow>
    </TableLayout>

</LinearLayout>
```

加入执行的程序代码

```
<SQLite2/src/SQLite2.com/SQLite2Activity.java>
…略
16public class SQLite2Activity extends Activity{
17privateSQLiteDatabasedb=null;
18private finals tatic
        String CREATE_TABLE="CREATETABLEtable01"+
19"(_idINTEGERPRIMARYKEY,nameTEXT,priceINTERGER)";
20
21ListView listview01;
22Button btnSearch,btnSearchAll;
23EditText edtID;
24Cursor cursor;
25@Override
26public void onCreate(BundlesavedInstanceState){
27super.onCreate(savedInstanceState);
28setContentView(R.layout.main);
29//获取组件
30edtID=(EditText)findViewById(R.id.edtID);
31btnSearch=(Button)findViewById(R.id.btnSaerch);
32btnSearchAll=(Button)findViewById(R.id.btnSearchAll);
33listview01=(ListView)findViewById(R.id.ListView01);
34//设置监听
35btnSearch.setOnClickListener(myListener);
36btnSearchAll.setOnClickListener(myListener);
37listview01.setOnItemClickListener(listview01Listener);
38//创建数据库，若数据库已经存在则将其打开
39db=openOrCreateDatabase("db1.db",MODE_PRIVATE,null);
40         try{                                        ❶
41db.execSQL(CREATE_TABLE);//创建数据表
42db.execSQL("INSERTINTOtable01(name,price)values('香蕉',30)");
43         db.execSQL("INSERTINTOtable01(name,price)values('西瓜',120)");
44db.execSQL("INSERTINTOtable01(name,price)values('梨',250)");
45db.execSQL("INSERTINTOtable01(name,price)values('水蜜桃',280)");
46    }catch(Exception e){
47    }
48  cursor=getAll();      //查询所有数据
49  UpdataAdapter(cursor);//加载数据表到 ListView 中      ❸      ❷
50}
```

❶创建 table01 数据表，内含_id、name、price 三个字段，其中_id 为"自动编号"的字段，name、price 分别为文本和整数字段。

❷因为数据表第一次创建时是空的，因此我们在第一次创建时加入 4 条记录，以方便查询的操作。

❸使用自定义的 getAll()方法获取所有的数据，并使用 Cursor 传回。再使用自定义的 UpdataAdapter()方法将所有数据加载到 ListView 中显示。

续：<SQLite2/src/SQLite2.com/SQLite2Activity.java>

```
52private ListView.OnItemClickListenerlistview01Listener=
```

```
53new ListView.OnItemClickListener(){
54public void onItemClick(AdapterView<?> parent,View v,
55int position,long id){
56        cursor.moveToPosition(position);        ❶
57        Cursorc=get(id);        ❷
58String s="id="+id+"\r\n"+"name="+
                c.getString(1)+"\r\n"+"price="+c.getInt(2);        ❸
59Toast.makeText(getApplicationContext(),s,
                Toast.LENGTH_SHORT).show();
60}
61};
```

❶选择 ListView 的选项后会使用 cursor.moveToPosition(position)将当前位置移到索引位置为 position 的数据上，也就目前选择的数据。

❷使用 Cursorc＝get(id)根据目前的编号，查询指定编号的数据,并使用 Cursor 传回查询的数据，参数 id 代表编号，也就是"_ID"的值。

❸显示目前选择的这条记录。"c.getString(1)、c.getInt(2)"分别显示第二、三也就是 name、price 字段的数据。

续: <SQLite2/src/SQLite2.com/SQLite2Activity.java>

```
63@Override
64protected void onDestroy(){
65super.onDestroy();
66db.close();//关闭数据库
67}
68
69private Button.OnClickListenermyListener=new
                Button.OnClickListener(){
70public void onClick(View v){
71try{
72switch(v.getId())
73{
74case R.id.btnSaerch://查询单条
75{
76long id=Integer.parseInt(
                        edtID.getText().toString());
77cursor=get(id);
78UpdataAdapter(cursor);//加载数据到 ListView 中
79break;
80}
81case R.id.btnSearchAll://查询全部
82{
83cursor=getAll();//查询所有数据
84UpdataAdapter(cursor);//加载数据到 ListView 中
85break;
86}
87}
88}catch(Exception err){
89Toast.makeText(getApplicationContext(),
                "无此记录!",Toast.LENGTH_SHORT).show();
90}
91}
92};
```

● 第 64～67 行，应用程序结束关闭数据库。

● 第 74～80 行，点击查询按钮获取 txtID 输入的编号，并使用 get(id)查询该条数据，并将查询数据显示在 ListView。

● 第 81～86 行，点击查询全部按钮使用 getAll()获取全部数据，并将查询数据显示在 ListView 中。

● 第 88～90 行，捕获数据不正确的错误。

续: <SQLite2/src/SQLite2.com/SQLite2Activity.java>

```
94public void UpdataAdapter(Cursorcursor){
95if(cursor!=null&&cursor.getCount()>=0){
96SimpleCursorAdapter adapter=new
                    SimpleCursorAdapter(this,
97android.R.layout.simple_list_item_2,//包含两个数据项
98cursor,//数据库的 Cursors 对象
99new String[]{"pname","price"},//pname、price 字段
100newint[]{android.R.id.text1,android.R.id.text2});
101listview01.setAdapter(adapter);//
                    将 adapter 增加到 listview01 中
102}
103}
```

- 第 94～103 行，使用 SimpleCursorAdapter 将输入参数"cursor"的数据适配到 ListView 上显示。面板配置使用内建的 android.R.layout.simple_list_item_2 模块，数据字段为 pname、price，其中的 pname 是由"_id+name"两个字段合并而成，布局配置中对应显示的组件为 android.R.id.text1、android.R.id.text2。

续：<SQLite2/src/SQLite2.com/SQLite2Activity.java>
```
105public Cursor getAll(){//查询所有数据
106Cursor cursor=db.rawQuery("SELECT_id,_id||'.'||namepname,
                    priceFROMtable01",null);
107return cursor;
108}
109
110public Cursor get(long rowId)throwsSQLException{
                    //查询指定 ID 的数据
111Cursor cursor=db.rawQuery("SELECT_id,_id||'.'||namepname,
                    priceFROMtable01WHERE_id="+rowId,null);
112if(cursor.getCount()>0)
113cursor.moveToFirst();
114else
115Toast.makeText(getApplicationContext(),
                    "无此记录!",Toast.LENGTH_SHORT).show();
116return cursor;
117}
118}
```

- 第 105～108 行，查询 table01 数据表中编号、产品名称及价格的字段的数据，其中比较特殊的是我们将编号（_id）加上"."符号与名称（name）使用"||"合并新增为一个新字段：pname，并以 Cursor 类型传回_id、pname、price 字段的数据。

- 第 110～118 行，查询 table01 数据表指定编号 ID 的数据，并使用 Cursor 类型传回指定字段的数据。

保存项目后，按 **Ctrl+F11** 组合键执行项目。输入要查询产品的编号后点击查询按钮，在下方的列表就会显示查询的产品，再点击查询全部按钮可显示所有数据。在列表中选择某一条记录，会使用消息窗口显示产品信息，如图 13-3 所示。

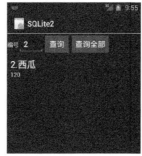

▲图 13-3　执行项目

　**合并数据字段**

使用 android.R.layout.simple_list_item_2 内建的显示模板只能显示 2 个 TextView 的数据，如果要同时显示 3 个以上的字段数据，就必须改用自定义模板，对初学者较难，本书采用 SQL 语法，将 2 个数据字段合并成 1 个字段，这样就可将 3 个字段数据显示在 2 个 TextView 中。

13.4　创建自己的数据库类

了解 SQLiteDatabase 类的方法后，以下将使用 SQLiteDatabase 类的方法自己创建一个专门处理数据库的类 MyDB。

13.4.1　创建自定义数据库类：MyDB

以下将直接利用示例来说明如何在程序利用自定义 MyDB 类来完成数据库管理的操作。

在系统中点击清除按钮可以清除输入框中的名称与价格。输入产品数据后点击新增按钮可以新增一条记录。在 ListView 列表上点击，可以在字段上显示指定的数据。更改数据后点击修改按钮可以修改该条记录。点击删除按钮会出现窗口询问是否确定要删除，确定后可以删除该条记录。若数据不正确，会出现程序错误的消息，如图 13-4 所示。

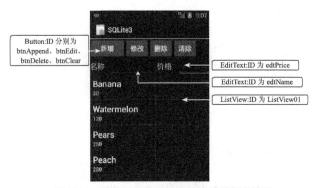

▲图 13-4　利用自定义 MyDB 类来完成数据库管理

1. 新建项目并完成布局配置文件

新建<SQLite3>项目，在<main.xml>中使用 TableLayout 布局，请参考 xml 程序代码，组件中利用 android:layout_weight 属性设置组件的宽度比例。

```
<SQLite3/res/layout/main.xml>

<?xmlversion="1.0"encoding="utf-8"?>
<TableLayout xmlns:android="http://schemas.
    android.com/apk/res/android"
  android:id="@+id/tableLayout1"
  android:layout_width="fill_parent"
  android:layout_height="fill_parent">
  <TableRow>
    <Button android:id="@+id/btnAppend"android:text="新增"/>
    <Button android:id="@+id/btnEdit"android:text="修改"/>
    <Button android:id="@+id/btnDelete"android:text="删除"/>
    <Button android:id="@+id/btnClear"android:text="清除"/>
  </TableRow>
  <TableLayout android:layout_width="fill_parent"
    android:layout_height="wrap_content">
```

```
    <TableRow>
      <TextView android:text="名称"android:layout_weight="1"
        android:textColor="#00FF00"
        android:textSize="20sp"
        android:layout_gravity="center"/>
      <EditText android:id="@+id/edtName"
        android:textColor="#00FF00"
        android:textSize="20sp"
        android:layout_weight="4"/>
      <TextView android:text="价格"android:layout_weight="1"
        android:textColor="#00FF00"
          android:textSize="20sp"
          android:layout_gravity="center"/>
      <EditText android:id="@+id/edtPrice"android:layout_weight="3"
          android:textColor="#00FF00"
          android:textSize="20sp"/>
    </TableRow>
  </TableLayout>
  <TableRow>
      <ListView android:id="@+id/ListView01"
      android:layout_weight="1"/>
  </TableRow>
</TableLayout>
```

2. 自定义 MyDB 类的方法

为了避免程序过于复杂，MyDB 默认创建指定的数据库 "db1.db"，指定的数据表 "table01"，指定的 3 个字段 "_id、name、price"，其中_id 为自动编号、name 为名称字段类型为字符串、price 为价格字段类型为数值。MyDB 类的方法如下。

方　　法	用　　途
MyDB()构造函数	传入创建对象的 Activity
open()方法	打开已经存在的数据库，如果不存在则创建一个新的数据库
close()方法	关闭数据库
getAll()方法	查询所有数据，只取出 "_id、name、price" 三个字段
get()方法	查询指定 ID 的数据，只取出 "_id、name、price" 三个字段
append()方法	新增一条记录
update()方法	更新指定 ID 的数据
delete()方法	删除指定 ID 的数据

3. MyDB.java 类的完整程序代码

```
<src/SQLite3.com/MyDB.java>
1packageSQLite3.com;
2
3import android.content.ContentValues;
4import android.content.Context;
5import android.database.Cursor;
6import android.database.SQLException;
7import android.database.sqlite.SQLiteDatabase;
8
9public class MyDB{
10public SQLiteDatabase db=null;//数据库类
11private final static String DATABASE_NAME="db1.db";//数据库名称
12    Private final static String TABLE_NAME="table01";//数据表名称
13    Privatefinalstatic String _ID="_id";//数据表字段/
14    Private final static String NAME="name";
15    Private final static String PRICE="price";
16/*创建数据表的字段*/
17private final static String CREATE_TABLE=
```

```
            "CREATETABLE"+TABLE_NAME+"("+_ID
18+"INTEGERPRIMARYKEY,"+NAME+"TEXT,"+PRICE+"INTERGER)";
19
20private ContextmCtx=null;
21public MyDB(Contextctx){//构造函数
22this.mCtx=ctx;//传入创建对象的 Activity
23}
24
25public void open()throwsSQLException{//打开已经存在的数据库
26db=mCtx.openOrCreateDatabase(DATABASE_NAME,0,null);
27try{
28db.execSQL(CREATE_TABLE);//创建数据表
29}catch(Exception e){
30}
31}
32
33public void close(){//关闭数据库
34db.close();
35}
36
37//public Cursor getAll(){//查询所有数据，取出所有的字段
38    //    return db.rawQuery("SELECT*FROM"+TABLE_NAME,null);
39    //}
40
41public Cursor getAll(){//查询所有数据，只取出 3 个字段
42return db.query(TABLE_NAME,
43new String[]{_ID,NAME,PRICE},
44null,null,null,null,null,null);
45}
46
47public Cursor get(long rowId)throwsSQLException
            {//查询指定 ID 的数据，只取出三个字段
48Cursor mCursor=db.query(TABLE_NAME,
49new String[]{_ID,NAME,PRICE},
50_ID+"="+rowId,null,null,null,null,null);
51if(mCursor!=null){
52mCursor.moveToFirst();
53}
54return mCursor;
55}
56
57public long append(String name,int price){//新增一条记录
58ContentValues args=new ContentValues();
59args.put(NAME,name);
60args.put(PRICE,price);
61return db.insert(TABLE_NAME,null,args);
62}
63
64public boolean delete(long rowId){//删除指定的数据
65return db.delete(TABLE_NAME,_ID+"="+rowId,null)>0;
66}
67
68public boolean update(long rowId,String name,
                Int price){//更新指定的数据
69ContentValues args=new ContentValues();
70args.put(NAME,name);
71args.put(PRICE,price);
72return db.update(TABLE_NAME,args,_ID+"="+rowId,null)>0;
73}
74}
```

- 第 1～74 行，为自定义的 MyDB 类内容，内含构造函数、open()、close()、getAll()、get()、append()、delete()和 update()等方法。

- 第 10～18 行，声明创建的数据库的类、名称、数据表名称、字段名。

- 第 20～23 行，创建构造函数，必须传入 Content 参数 ctx 并指定给全局变量 mCtx，因此，mCtx 就是代表创建此对象的 Activity。

```
private Context mCtx=null;
public MyDB(Context ctx){//构造函数
  this.mCtx=ctx;//传入创建对象的 Activity
}
```

因此，在主程序类，创建 MyDB 对象的语法如下，"this"就是创建对象的主程序类：

```
MyDB db=newMyDB(this);//创建 MyDB 对象
```

- 第 25~31 行，打开数据库并创建数据表，若打开失败，传回 SQLException 的错误。
- 第 33~35 行，关闭数据库。
- 第 37~45 行，我们分别使用 SQLiteDatabase 类的 rawquery()及 query()方法创建自定义 getAll()方法。从 TABLE_NAME 数据表获取所有的数据，并以 Cursor 类型传回_ID、NAME、PRICE 三个字段的数据。目前我们将第 37~39 行注释掉，使用 query()方法来执行，你可以自行参考。
- 第 47~55 行，使用 SQLiteDatabase 类的 query()创建自己的 get()方法查询指定 ID 的数据，只取出_ID、NAME、PRICE 三个字段。
- 第 57~62 行，新增一条记录，因为_ID 是自动编号字段，因此新增数据时只需要加入 NAME、PRICE 两个字段的内容即可。
- 第 64~66 行，删除编号是指定_ID 的数据。
- 第 68~73 行，更新编号是指定_ID 的数据。

有了自定义的 MyDB 类，便可以利用此类，完成数据的新增、查询、修改、删除，在管理数据上方便许多。

13.4.2　加入使用自定义类的执行程序代码

```
<src/SQLite3.com/SQLite3Activity.java>
略
18public class SQLite3Activity extends Activity{
19/*自定义的数据库类*/
20private MyDB db=null;
21
22/*数据表字段*/
23//private final static String _ID="_id";
24//private final static String NAME="name";
25//private final static String PRICE="price";
26
27Button btnAppend,btnEdit,btnDelete,btnClear;
28EditText edtName,edtPrice;
29ListView listview01;
30Cursor cursor;
31long myid;//保存_id 的值
32@Override
33public void onCreate(BundlesavedInstanceState){
34super.onCreate(savedInstanceState);
35setContentView(R.layout.main);
36
37//获取组件
38edtName=(EditText)findViewById(R.id.edtName);
39edtPrice=(EditText)findViewById(R.id.edtPrice);
40listview01=(ListView)findViewById(R.id.ListView01);
41btnAppend=(Button)findViewById(R.id.btnAppend);
42btnEdit=(Button)findViewById(R.id.btnEdit);
43btnDelete=(Button)findViewById(R.id.btnDelete);
44btnClear=(Button)findViewById(R.id.btnClear);
45//设置监听
46btnAppend.setOnClickListener(myListener);
47btnEdit.setOnClickListener(myListener);
48btnDelete._setOnClickListener(myListener);
49btnClear.setOnClickListener(myListener);
50listview01.setOnItemClickListener(listview01Listener);
```

```
51
52              db=newMyDB(this);//创建 MyDB 对象  ◀━━━❶
53              db.open();  ◀━━━❷
54cursor=db.getAll();//加载全部数据
55UpdataAdapter(cursor);//加载数据到 ListView 中  ◀━━━❸
56}
```

❶创建 MyDB 对象，处理数据库的新增、查询、修改和删除。

❷创建并打开 table01 数据表，内含_id、name、price 3 个字段，其中_id 为 "自动编号" 的字段、name、price 分别为文本和整数字段，这 3 个字段在 MyDB 类中分别以常数 "_ID、NAME、PRICE" 定义。

❸获取所有的数据，并使用 Cursor 传回，再使用 UpdataAdapter()方法将所有数据加载到 ListView 中显示。

续：<src/SQLite3.com/SQLite3Activity.java>

```
58private ListView.OnItemClickListenerlistview01Listener=
59newListView.OnItemClickListener(){
60public void onItemClick(AdapterView<?> parent,View v,
61int position,long id){
62ShowData(id);
63cursor.moveToPosition(position);
64}
65};
66
67private void ShowData(long id){//显示单条记录
68        Cursorc=db.get(id);
69        myid=id;//获取_id 字段
70        edtName.setText(c.getString(1));//name 字段
71        edtPrice.setText(""+c.getInt(2));//price 字段
72    }
73
74@Override
75protected void onDestroy(){
76super.onDestroy();
77db.close();//关闭数据库
78}
```

- 第 58~65 行，选中 ListView 的选项会使用 ShowData(id)显示编号为 id 的该条记录，并通过 cursor.moveToPosition(position)移到目前选中的数据。

- 第 67~72 行，显示单条记录。

- 第 68 行，使用 Cursorc=get(id)获取编号为 id 的数据。

- 第 69 行，将数据编号 id 指定给全局变量 myid，以后不论是修改、删除都可以通过 myid 来识别。

- 第 70~71 行，分别获取 name、price 字段的值，由于 getInt(2)获取的 price 字段值为 Integer 类型，因此以 """"+c.getInt(2)" 将数据转换为 String 类型。

- 第 75~78 行，程序结束关闭数据库。

续：<src/SQLite3.com/SQLite3Activity.java>

```
80private Button.OnClickListenermyListener=new
        Button.OnClickListener(){
81public void onClick(View v){
82try{
83switch(v.getId())
84{
85case R.id.btnAppend://新增
86{
87int price=Integer.parseInt(
                        edtPrice.getText().toString());
```

```
88String name=edtName.getText().toString();
89if(db.append(name,price)>0){
90cursor=db.getAll();//加载全部数据
91UpdataAdapter(cursor);//加载数据到 ListView 中
92ClearEdit();
93}
94break;
95}
96case R.id.btnEdit://修改
97{
98int price=Integer.parseInt(edtPrice.getText().toString());
99String name=edtName.getText().toString();
100if(db.update(myid,name,price)){
101cursor=db.getAll();//加载全部数据
102UpdataAdapter(cursor);//加载数据到 ListView 中
103}
104break;
105}
106case R.id.btnDelete://删除
107{
108if(cursor!=null&&cursor.getCount()>=0){
109AlertDialog.Builderbuilder=new
                        AlertDialog.Builder(SQLite3Activity.this);
110builder.setTitle("确定删除");
111builder.setMessage("确定要删除"+
                        edtName.getText()+"这条记录?");
112builder.setNegativeButton("取消",
                        newDialogInterface.OnClickListener(){
113public void onClick(DialogInterface dialog,int i)
114}
115});
116builder.setPositiveButton("确定",
                        newDialogInterface.OnClickListener(){
117public void onClick(DialogInterfacedialog,inti){
118if(db.delete(myid)){
119cursor=db.getAll();//加载全部数据
120UpdataAdapter(cursor);//加载数据到 ListView 中
121ClearEdit();
122}
123}
124});
125builder.show();
126}
127break;
128        }
129        Case R.id.btnClear://清除
130        {
131            ClearEdit();
132            break;
133        }
134        }
135}catch(Exception err){
136Toast.makeText(getApplicationContext(),
                        "数据不正确!",Toast.LENGTH_SHORT).show();
137        }
138        }
139    };
```

● 第 85～95 行，点击新增按钮会新增一条记录，"db.append(name,price)>0"表示成功完成新增，再将数据重新更新并加载到 ListView 中显示，最后将输入数据的 EditText 清除，以便新增下一条记录。

● 第 96～105 行，点击修改按钮修改目前的数据，目前数据通过编号 myid 来识别，"if(db.update(myid,name,price))"为 true 表示成功完成修改，再将数据重新更新并加载到 ListView 中显示。

● 第 106～128 行，点击删除按钮，将目前数据删除，删除前会出现询问窗口确认是否真正

要删除 "。If(db.delete(myid))" 为 true 表示成功完成删除，再将数据重新更新并加载到 ListView 中显示，并将 EditText 清除。

- 第 129～133 行，点击清除按钮，将 EditText 清除。
- 第 135～137 行，捕获数据不正确的错误。

续：<src/SQLite3.com/SQLite3Activity.java>

```
141public void ClearEdit(){
142edtName.setText("");
143edtPrice.setText("");
144}
145
146public void UpdataAdapter(Cursor cursor){
147if(cursor!=null&&cursor.getCount()>=0){
148SimpleCursorAdapter adapter=new
             SimpleCursorAdapter(this,
149android.R.layout.simple_list_item_2,//包含两个数据项
150cursor,//数据库的 Cursors 对象
151newString[]{"name","price"},//name、price 字段
152new int[]{android.R.id.text1,android.R.id.text2});
153listview01.setAdapter(adapter);//将 adapter 增加到 listview01 中
154}
155}
156}
```

- 第 141～144 行，清除 EditText 的方法。
- 第 146～155 行，使用 SimpleCursorAdapter 将数据适配到 listView 中显示。

数据库中数据文件的导出和导入

　　Android 使用 Import 加载项目时原有 SQLite 的数据并不会主动导入，必须在执行项目后在 DDMS 的<data/data/项目名称/database/数据库名称>选择导出，将数据库导出到一个外部的实体文件。同样地，可以选择将一个外部的实体文件导入到数据库中。例如：导出<data\data\SQLite2.com\database\db1.db>，文件名为<db1.db>，如图 13-5 和图 13-6 所示。

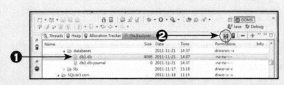

▲图 13-5　导出数据库

❶选择要导出的数据库。

❷点击导出图标，出现 Get Device File 窗口，选择文件名和保存路径。接着在<data\data\SQLite3.com\database>中导入由刚导出的<db1.db>文件。

❶选择要导入的数据库。

❷点击导入图标，出现 Put File on Device 窗口，选择<SQLite2.com>导出的<db1.db>。

▲图 13-6　导入数据库

扩展练习

1. 创建<mydb.db>数据库，并创建<mytable>数据表，内含 _id、no、name 字段，其中 _id 为自动编号，no 为数值，name 为字符串，创建后自动新增 5 条记录，并使用 ListView 由小到大排序显示全部数据。在 edtID 字段输入编号后点击查询按钮可以查询指定编号的数据，点击查询全部按钮显示全部数据。

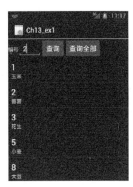 

▲Ex1

2. 同上例，但先创建自定义的数据库类 MyDB.java，再使用 MyDB 类来处理上例的新增、显示和查询。（本题较难）

▲Ex2

第14章　时间服务的相关组件

AnalogClock 组件是图形化时钟，digitalClock 组件是数字时钟，两者都能直接显示美丽且功能完整的时钟。Chronometer 组件主要功能是定时，Timer 类的功能与 Chronometer 组件类似但更为强大，不但可设置执行程序的间隔时间，也能指定多长时间后再开始执行。Thread 类可以完整控制多个线程运行的情形，且互不干扰。

学习重点

- AnalogClock 组件
- DigitalClock 组件
- Chronometer 组件
- Timer 类
- Thread 类

14.1 AnalogClock 及 DigitalClock 组件

Android 系统的 AnalogClock 组件是一个图形化时钟，DigitalClock 组件是一个数字时钟，两者都只要加入到布局配置文件中，不需编写任何程序代码，就可显示美丽且功能完整的时钟。

我们利用一个最简单的示例来说明。

（1）新建<DigiClock>项目，打开<main.xml>布局配置文件，由界面组件区 Time&Date 组件库中分别拖曳一个 AnalogClock 界面组件、一个 DigitalClock 界面组件到界面编辑区中。最后完成的<main.xml>布局配置文件如图 14-1 所示。

▲图 14-1　完成布局配置

（2）保存项目后，按 **Ctrl+F11** 组合键执行项目，可以看到两个时钟都显示目前系统时间，而且时间会不断更新，如图 14-2 所示。

▲图 14-2　执行项目

14.2　Chronometer 组件——定时器

Android 系统中有许多与时间相关的服务，其主要功能是处理每隔一段时间就要执行的任务，例如幻灯片图形播放系统，每隔一段时间就变换显示的图片。其实时钟就是一个时间服务组件，每隔一秒或一分钟就更新时间一次。

14.2.1　Chronometer 的语法

AnalogClock 及 DigitalClock 组件使用上非常方便，但仅具备时钟功能，无法做其他的变化。Android 另外提供 Chronometer 组件，主要功能是作为定时器，不但可以直接显示时间，也开放 ChronometerTickListener 方法让开发者可以设置多长时间执行自定义的程序代码一次，这样开发者就可设计特定的功能，如秒表、幻灯片显示图片等。

1.　Chronometer 组件的语法

Chronometer 组件启动后，ChronometerTickListener 方法就会每秒执行一次，这里以要新增 Chronometer 组件并设置 ChronometerTickListener 方法为例，其语法为：

```
croClock.setOnChronometerTickListener(chrolisten);
private Chronometer.OnChronometerTickListenerchrolisten=new
      Chronometer.OnChronometerTickListener()
{
  @Override
  public void onChronometerTick(Chronometer chronometer){
      //每秒执行一次的程序代码
  }
};
```

2.　Chronometer 组件常用的方法

Chronometer 组件常用的方法有以下 3 种。

（1）start 方法功能为开始计时，这个方法没有参数。

（2）stop 方法功能为停止计时，这个方法也没有参数。

（3）setBase 方法表示重新计时，此方法需设置一个参数作为计时的基准时间。

setBase 方法中最常使用 "SystemClock.elapsedRealtime()" 作为基准时间的参数，此值为系统启动到目前的时间。以此时间作为计时基准，相当于重新开始计时，就是将定时器归零，例如：

```
croTimer.setBase(SystemClock.elapsedRealtime());
```

Chronometer 组件允许使用 setFormat 方法设置显示时间的格式，setFormat 方法的参数是一个字符串，其中可以 "%s" 代表计时信息。例如 Chronometer 组件 croTimer 计时信息为 2 分 35 秒，设置如下：

```
croTimer.setFormat("经过的时间: %s");
```

显示的字符串为"经过的时间: 02:35"。

14.2.2 示例: Chronometer 时钟及秒表

在界面中分别放置 DigitalClock 及 Chronometer 组件显示现在时间,点击开始按钮会启动秒表计时,点击停止按钮会停止秒表计时,点击归零按钮使秒表时间设为"00:00",重新计时,如图 14-3 所示。

▲图 14-3 秒表计时

1. 新建项目并完成布局配置

新建<ClockChrono>项目,<main.xml>布局配置文件完成如图 14-4 所示。

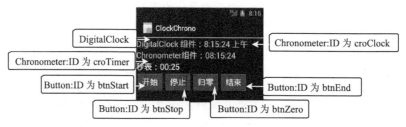

▲图 14-4 完成布局配置

加入第 1 行 DigitalClock 组件目的是作为比较,第 2 行的 Chronometer 组件(ID 为 croClock)是自行编写程序代码显示目前时间。第 3 行 Chronometer 组件(ID 为 croTimer)默认显示"秒表: 00:00",是设置其 format 属性的结果:

```
android:format="秒表: 00:00"
```

2. 加入执行的程序代码

(1)启动程序的 onCreate()及 OnChronometerTickListener()程序代码:

```
<ClockChrono/src/ClockChrono.com/ClockChronoActivity.java>

...略
19public void onCreate(BundlesavedInstanceState){
...略
34//设置 Chronometer 时钟监听事件及启动
35croClock.setOnChronometerTickListener(chrolisten);
36croClock.start();
37croTimer.setFormat("秒表: %s");//设置定时器显示文字           ❶
38}
...略(处理按钮程序代码后续说明)
62//每秒执行一次的程序代码,显示现在时间
63private Chronometer.OnChronometerTickListenerchrolisten=new
Chronometer.OnChronometerTickListener()
64{                                                          ❷
65@Override
66public void onChronometerTick(Chronometer chronometer){
```

```
67SimpleDateFormats format=new SimpleDateFormat("HH:mm:ss");
68txtClock.setText("Chronometer 组件: "+sformat.format(new Date()));
69}
70};
```

❷

本示例使用两个 Chronometer 组件：croClock 用于显示现在时间，croTimer 作为秒表使用。因为 Chronometer 组件主要功能是定时器，所以 croTimer 使用内建方法 Start、Stop 即可，但 croClock 必须自己编写显示目前时间的程序代码。

❶第 35 行设置 OnChronometerTickListener 监听事件，第 36 行启动 Chronometer 组件后就会每秒执行第 67～68 行程序一次。第 37 行设置秒表 croTimer 对象的显示文字格式，此处并未启动秒表，要等到用户点击开始按钮才启动。

❷此部分为每秒执行一次的程序代码。第 67 行设置显示格式为"小时:分钟:秒"，第 68 行将现在时间显示于 TextView 组件中。其中的"newDate()"方法会获取现在的时间，要特别注意此方法属于"java.util.Date"命名空间，要在程序的前方自行引入，否则执行时会有错误。

```
import java.util.Date;
```

（2）处理按钮程序代码：

`<ClockChrono/src/ClockChrono.com/ClockChronoActivity.java>`

```
40private Button.OnClickListenerlistener=new Button.OnClickListener()
41{
42@Override
43public void onClick(View v)
44{
45switch(v.getId())
46{
47case R.id.btnStart://开始
48croTimer.start();
49break;
50case R.id.btnStop://停止
51croTimer.stop();
52break;
53case R.id.btnZero://归零
54croTimer.setBase(SystemClock.elapsedRealtime());
55break;
56case R.id.btnEnd://结束
57finish();
58}
59}
60};
```

保存项目后，按 **Ctrl+F11** 组合键执行项目。本示例的秒表计时有些小瑕疵，因为定时器的基准是启动程序或点击归零按钮的时间，当点击停止按钮后，其实定时器仍在进行，只是没有显示而已，所以隔一段时间再点击开始按钮继续计时，会发现时间突然增加了许多。此问题将在接下来的章节中使用 Timer 组件解决。

14.2.3　示例：Chronometer 幻灯图片播放

Chronometer 组件在许多程序中的重点不是用来显示时间，而是在设置程序定时执行某些动作。只要将编写的程序代码放在 OnChronometerTickListener 方法中，Chronometer 组件被启动后就会每秒执行这些程序代码一次。

接下来的示例中，我们将使用 Chronometer 组件来制作一个图片播放器，播放时会根据图片的数量自动循环播放，并可利用相同的按钮进行控制，如图 14-5 所示。

▲图 14-5　图片播放器

1.　新建项目并完成布局配置

新建<PhotoChrono>项目，<main.xml>布局配置文件完成如图 14-6 所示。

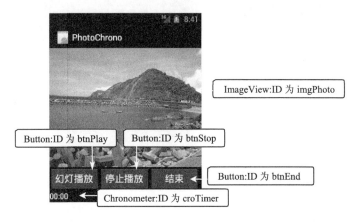

ImageView:ID 为 imgPhoto

Button:ID 为 btnPlay

Button:ID 为 btnStop

Button:ID 为 btnEnd

Chronometer:ID 为 croTimer

▲图 14-6　完成布局配置

最下方的 Chronometer 组件（ID 为 croTimer）是作为每秒执行程序用，并不需要显示内容，因此将其隐藏起来，即设置其 visibility 属性值为"invisible"。

```
android:visibility="invisible"
```

2.　加入执行的程序代码

启动程序的 onCreate()及 OnChronometerTickListener()程序代码：

```
<PhotoChrono/src/PhotoChrono.com/PhotoChronoActivity.java>

14private int count=0;//设置正在播放的图片数
15
16@Override
17public void onCreate(BundlesavedInstanceState){
…略
29croTimer.setOnChronometerTickListener(chrolisten);
30}
…略
51private Chronometer.OnChronometerTickListenerchrolisten=new
        Chronometer.OnChronometerTickListener()
52{
53@Override
54public void onChronometerTick(Chronometer chronometer){
55//根据 count 值显示对应的图片
56switch(count){
57case0:
```

```
58imgPhoto.setImageResource(R.drawable.img01);
59break;
60case1:
61imgPhoto.setImageResource(R.drawable.img02);
62break;
…略
75}
76count++;//播下一张图片
77count%=6;//取除以 6 的余数
78}
79};
```

- 第 14 行，设置 count 变量记录目前播放第几张图片

- 第 56～75 行，通过 count 的值取出对应图片。

- 第 76～77 行，播放图片后将 count 值加 1，再播放时就会获取下一张图片。由于 count 值不断累加，而图片只有 6 张，获取 count 除以 6 的余数，就可得到 0 到 5 的正确图片计数。

- 第 51～79 行，OnChronometerTickListener 程序代码每秒会执行一次，所以图片每秒更换一次。

本示例处理幻灯播放及停止播放按钮的程序代码与前一示例开始及停止按钮完全相同，是使用 Chronometer 组件的 Start 及 Stop 方法，不再赘述。

保存项目后，按 **Ctrl+F11** 组合键执行项目。在图片播放器中有 6 张图片，点击幻灯播放按钮后，6 张图片会每隔一秒更换一张图片，循环播放，点击停止播放按钮会暂停变更图片，再点击幻灯播放按钮继续播放，如图 14-7 所示。

▲图 14-7 执行项目

14.3 Timer 类

Chronometer 组件可以定时执行特定程序代码，但只能每秒执行一次，无法自行设置执行程序的时间间隔。Timer 类的功能与 Chronometer 组件类似，可以每隔特定时间执行程序代码，且功能比 Chronometer 组件强大，不但可设置执行程序的间隔时间，也能指定多长时间后才开始执行。

14.3.1 Timer 类的语法

1. 创建 Timer 对象及执行

创建 Timer 对象的方法与创建一般对象的方法相同，例如创建名称为 timer 的 Timer 对象：

```
Timer timer=new Timer();
```

Timer 对象是以 schedule 方法执行，语法为：

```
Timer 对象名称.schedule(TimerTask 对象,延迟时间,间隔时间);
```

❶**TimerTask 对象**：是 Timer 对象定时执行的程序代码所在，开发者必须自己编写要执行的程序代码。

❷延迟时间：设置多长时间后才开始执行 Timer 对象，单位是毫秒。

❸间隔时间：设置间隔多长时间执行 TimerTask 对象一次，单位是毫秒。

例如 Timer 对象名称为 timer，TimerTask 对象名称为 timerTask，每隔 2 秒执行一次，6 秒后开始执行：

```
timer.schedule(timerTask,6000,2000);
```

2. 关于 TimerTask

TimerTask 对象是 Timer 对象的主体，也就是用来定义 Timer 对象定时要执行的工作内容。

在 TimerTask 对象中 run 方法里的程序代码就是重复执行的代码块，语法为：

```
private TimerTask 变量名称=new TimerTask()
{
        Public void run()
        {
            执行程序代码...
        }
};
```

例如创建名称为 timerTask 的 TimerTask 对象，功能是将秒数 tSec 加 1：

```
private TimerTask timerTask=new TimerTask()
{
    public void run()
    {
        tSec++;
    }
};
```

3. 使用 Handler 对象更新界面

要特别注意：TimerTask 对象 run 方法中的程序代码不能更新布局配置的组件，否则会产生错误，例如下面程序代码改变 TextView 组件的内容，执行时会有错误：

```
txtClock.setText("00:00");
```

大部分应用程序都需不断更新界面组件，那要如何解决 TimerTask 对象无法更新界面组件的问题呢？方法是通过 Handler 对象解决。

Handler 对象是应用程序中不同线程之间的消息中介，关于线程将在下节中详细讲解，此处先利用 Handler 对象接收消息。Timer 对象启动后会在新线程中工作，使用 Message 对象可送出消息，Handler 对象的 handleMessage 方法会接收到消息，于是就可将应在 TimerTask 对象中处理的更新界面组件工作转移到 Handler 对象中处理。以下是处理流程的语法。

（1）在 TimerTask 对象中使用 Message 对象送出消息：

```
public void run()
{
        Message message=new Message();
        message.what=送出消息;
        handler.sendMessage(message);
}
```

其中"送出消息"必须是一个整数，其数值可以自定义，Handler 对象会根据此数值判断消息的来源对象，会执行对应的处理程序。

（2）Handler 对象接收消息的语法为：

```
private Handler 变量名称=new Handler()
{
        public void handleMessage(Message msg)
        {
            super.handleMessage(msg);
            switch(msg.what){
            case 接收消息:
                程序代码
                break;
            }
        }
};
```

"接收消息"需与 TimerTask 对象的"送出消息"相同，这样 Handler 对象才知是由 TimerTask 对象传送过来。

14.3.2　示例：Timer 秒表

在前一节使用 Chronometer 组件创建的秒表，其实停止功能是不完整的，点击的时候只是停止显示，但是没有真正停下计时的运行。此处使用 Timer 组件再创建一个功能更完备的秒表。

1. 新建项目并完成布局配置

新建<ClockTimer>项目，<main.xml>布局配置文件完成如图 14-8 所示。

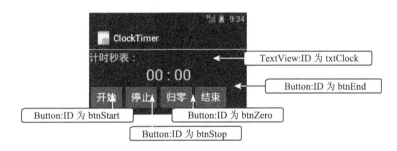

▲图 14-8　完成布局配置

2. 加入执行的程序代码

（1）启动程序的 onCreate()、Handler 及 TimerTask 对象程序代码：

```
<ClockTimer/src/ClockTimer.com/ClockTimerActivity.java>

…略
17Boolean flagStart=false;//秒表是否启动
18private intt Sec=0,cSec=0,cMin=0;//总时间、秒、分
19
20@Override
21public void onCreate(BundlesavedInstanceState){
…略
34Timer timer=new Timer();//创建 Timer
35timer.schedule(timerTask,0,1000);//立刻执行 Timer
36}
…略(处理按钮程序代码后续说明)
61private Handler handler=new Handler()
62{
63public void handleMessage(Messagemsg)//接收消息
64{
```

```
65super.handleMessage(msg);
66switch(msg.what){
67case1://timerTask 的消息
68cSec=tSec%60;//获取秒数
69cMin=tSec/60;//获取分钟数
70String str="";
71if(cMin<10)str="0"+cMin;//个位分钟数补零
72elses tr=""+cMin;
73if(cSec<10)str=str+":0"+cSec;//个位秒数补零
74else str=str+":"+cSec;
75txtClock.setText(str);//显示时间
76break;
77}
78}
79};
80
81private TimerTask timerTask=new TimerTask()
82{
83public void run()
84{
85if(flagStart){
86tSec++;//时间加 1 秒
87Message message=new Message();//传送消息给 Handler
88message.what=1;
89handler.sendMessage(message);
90}
91}
92};
```

- 第 17 行，声明变量 flagStart 记录目前秒表的启动状态：true 表示启动，时间会增加；false 表示停止，时间不会增加。因为 Timer 对象没有 Stop 方法来停止执行，所以手动使用 flagStart 变量来控制执行效果：在第 85～90 行，TimerTask 会检查 flagStart 是否为 true，如果是 true 才执行第 85～90 行将时间增加一秒。

- 第 18 行，声明计时变量，tSec 为秒表时间，单位是"秒"，cSec 及 cMin 是 tSec 转换后的秒数及分钟数，转换的过程是在第 68～69 行执行。例如当 tSec 为 156 时，换算后为 2 分 36 秒，则 cSec 为 36，cMin 为 2。

- 第 34 行，创建 Timer 对象，35 行立刻执行 Timer 对象，且每一秒执行 timerTask 对象程序代码一次。

- 第 68～69 行，将总时间转换为分钟数及秒数，第 71～74 行，检查分钟数及秒数是否为个位数，如果是就在数字前面补"0"，让每个数字都以两位数显示，增加显示的美观。第 75 行显示更正后的时间。

- 第 81～92 行，定义 TimerTask 对象，第 86 行将秒表计时增加 1 秒，这行程序是故意放在此处，因其与布局配置组件无关，所以可放在 run 方法中；也可将这行程序移到 Handler 对象的 handleMessage 方法内（第 68 行），执行结果相同。第 87～89 行，传送消息给 Handler 对象，传送值为"1)，Handler 对象以 handleMessage 方法接收，并在第 67 行以 switch…case 判断接收值为"1"的就是 timerTask 对象传送过来的消息，再于第 68～75 行，更改时间显示。

（2）处理按钮程序代码：

<ClockTimer/src/ClockTimer.com/ClockTimerActivity.java>

```
38private Button.OnClickListenerlistener=new Button.OnClickListener()
39{
40@Override
41public void onClick(View v)
42{
43switch(v.getId())
44{
45case R.id.btnStart://开始
```

```
46flagStart=true;
47break;
48case R.id.btnStop://停止
49flagStart=false;
50break;
51case R.id.btnZero://归零
52tSec=0;
53txtClock.setText("00:00");
54break;
55case R.id.btnEnd://结束
56finish();
57}
58}
59};
```

● 第 45～47 行，为点击开始按钮的程序代码，只要将 flagStart 变量值设为 true，就会每秒执行第 85 到第 90 行将秒数加 1。

● 同理，点击停止按钮后执行第 45～47 行，只是将 flagStart 变量值设为 false，第 85～90 行程序将不会被执行，也就是停止计时。第 51～54 行，为点击归零按钮的程序代码，将计时总秒数设为零并更新显示即可。

保存项目后，按 **Ctrl+F11** 组合键执行项目。点击开始按钮会启动秒表计时，点击停止按钮会停止秒表计时，再点击开始按钮会启动秒表继续计时，点击归零按钮会使秒表时间设为 "00:00"，重新计时，如图 14-9 所示。

▲图 14-9 执行项目

14.4 Thread 类

现在的计算机系统几乎都已具备多任务功能，可以同时处理多个任务。其实计算机一次仍然只能执行一个任务，但现在计算机的中央处理器速度非常快，当有多个任务需同时进行时，就会在多个任务间轮流执行，感觉上是同时执行多个任务。计算机会为每一个任务创建一个线程，每项任务在自己的线程中进行，不会互相干扰。多任务时，只需在不同线程中切换，任务完毕时就关闭线程。

14.4.1 线程

1. 利用 Thread 类创建线程

开发者可使用 Thread 类自行创建线程，再将要执行的程序代码放在 run 方法中，当该线程被启动后，就会执行 run 方法中的程序代码。例如要创建一个名称为 ClockThread 的 Thread 类，语法为：

```
public class ClockThread extends Thread{
```

```
@Override
public void run(){
    程序代码
  }
}
```

要执行此类程序代码时，只要创建对象就可以使用了，例如创建名称为 clkThread 的 ClockThread 对象：

```
ClockThread clkThread=new ClockThread();
```

2. 利用 Handler 控制线程

当应用程序中创建多个 Thread 类及对象后，要如何准确操作这些线程呢？前一节中提及 Handler 对象是不同线程间的消息中介，Handler 对象也提供多种方法可以操作线程启动、停止等功能。

Handler 对象主要有如下两种启动线程的方式。

（1）**post** 方法：使用上较简单，会立刻启动指定的线程，其语法如下。

```
Handler 对象.post(Thread 对象);
```

例如使用名称为 clkHandler 的 Handler 对象立刻启动名称为 clkThread 的 Thread 对象：

```
clkHandler.post(clkThread);
```

（2）**postDelayed** 方法：可延迟一段时间再启动指定的线程，其语法如下。

```
Handler 对象.postDelayed(Thread 对象,延迟时间);
```

例如 5 秒后再启动线程：

```
clkHandler.postDelayed(clkThread,5000);
```

停止线程是使用 Handler 对象的 removeCallbacks 方法，语法为：

```
Handler 对象.removeCallbacks(Thread 对象);
```

例如：

```
clkHandler.removeCallbacks(clkThread);
```

3. 重复执行线程

每一次启动 Thread 对象只会执行 run 方法中的程序代码一次，而 Handler 对象并未提供定时重复执行 Thread 对象程序代码的方法。如要每隔一段时间重复执行 Thread 对象程序代码，可在 Thread 对象的 run 方法中每隔一段时间启动本身线程，例如每隔一秒执行 clkThread 线程一次，语法为：

```
public class ClockThread extends Thread{
    @Override
    public void run(){
        程序代码
        clkHandler.postDelayed(clkThread,1000);
    }
}
```

14.4.2 示例：Thread 双秒表

为了能够观察不同线程独立运行的情形，本示例以两个线程分别创建秒表，两者可以各自计时，互不干扰。

先点击秒表一开始按钮则秒表一开始计时，一段时间后再点击秒表二开始按钮启动秒表二计时，彼此独立运行。其他操作自行测试，如图 14-10 所示。

▲图 14-10　双秒表计时

1. 新建项目并完成布局配置

新建<ClockThread>项目，<main.xml>布局配置文件完成如图 14-11 所示。

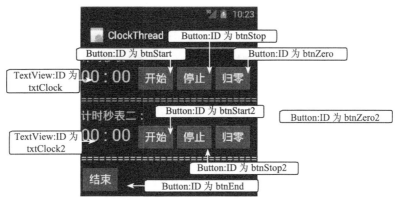

▲图 14-11　完成布局配置

秒表一与秒表二的布局配置完全相同，秒表二的各组件名称都在秒表一组件名称后加"2"，例如秒表一显示时间的 TextView 组件名称为"txtClock"，则秒表二显示时间的 TextView 组件名称为"txtClock2"。

2. 加入执行的程序代码

（1）启动程序的 onCreate()及 Thread 线程程序代码：

```
<ClockThread/src/ClockThread.com/ClockThreadActivity.java>

…略
15private int tSec=0,cSec=0,cMin=0;//秒表一总时间、秒、分
16private int tSec2=0,cSec2=0,cMin2=0;//秒表二总时间、秒、分
17ClockThread clkThread=newClockThread();//秒表一线程
18ClockThread 2clkThread2=newClockThread2();//秒表二线程
19Handler clkHandler;
20
21@Override
22public void onCreate(BundlesavedInstanceState){
…略
42clkHandler=newHandler();//创建 Handler 对象
43}
```
❶

...略（处理按钮程序代码后续说明）

```
78public class ClockThread extends Thread{
79@Override
80public void run(){
81tSec++;
82cSec=tSec%60;//获取秒数
83cMin=tSec/60;//获取分钟数
84String str="";
85if(cMin<10)str="0"+cMin;//个位分钟数补零
86else str=""+cMin;
87if(cSec<10)str=str+":0"+cSec;//个位秒数补零
88else str=str+":"+cSec;
89txtClock.setText(str);//显示时间
90clkHandler.postDelayed(clkThread,1000);//延迟一秒再执行本身
91}
92}

93
94public class ClockThread2 extends Thread{
95@Override
96public void run(){
...略
108}
```

❶声明全局变量，第 19 行的 clkHandlee 用于 onCreate 方法中，第 42 行创建空的 Handler 对象，此对象用于操作各线程。

❷第 78～92 行，是秒表一的计时程序，前一示例已说明。重点是第 90 行每延迟 1 秒执行秒表一线程本身一次，相当于每秒执行 run 方法程序代码一次，所以会每秒更新时间一次。

❸第 94～108 行，秒表二的计时程序，除了用秒表二的组件名称取代秒表一的组件名称外，其余都相同，不再赘述。

（2）处理按钮程序代码：

`<ClockThread/src/ClockThread.com/ClockThreadActivity.java>`

```
45private Button.OnClickListenerlistener=newButton.OnClickListener()
46{
47@Override
48public void onClick(View v)
49{
50switch(v.getId())
51{
52case R.id.btnStart://开始
53clkHandler.post(clkThread);
54break;
55case R.id.btnStop://停止
56clkHandler.removeCallbacks(clkThread);
57break;
58case R.id.btnZero://归零
59tSec=0;
60txtClock.setText("00:00");
61break;
...略
72case R.id.btnEnd://结束
73finish();
74}
75}
76};
```

- 第 53 行，点击秒表一开始按钮的程序代码，使用 Handler 对象的 post 方法启动 clkThread 线程，而 clkThread 线程就是秒表一更新时间的线程。
- 第 64 行，点击秒表一停止按钮后，使用 removeCallbacks 方法停止 clkThread 线程。
- 第 70～79 行，处理秒表二的程序代码，与秒表一处理方式相同。保存项目后，按 **Ctrl+F11** 组合键执行项目。

14.4.3　Thread 传送消息

在刚才的示例中是将要执行的程序代码放在 Thread 类的 run 方法中，这样启动该线程时就会在 Thread 中执行。

这种方式的缺点是执行程序代码分布在各线程中，无法做统一管理，较正式的做法是将各线程的程序代码都交给 Handler 对象管理，Thread 类仅传送简单消息告知 Handler 对象该执行哪一个线程即可。实现时是将 Thread 类中的程序代码都移除，再加入 Message 对象传送消息给 Handler 对象，不同 Thread 类需传送不同消息。

接下来就以原来的项目修改为使用 Thread 来传送消息，步骤如下。

（1）按照<ClockThread1>项目创建<ClockThread2>项目，其中布局配置文件的部分是相同的，打开程序文件，原来两个 Thread 类修改后为：

```
修改：<ClockThread2/src/ClockThread.com/ClockThreadActivity.java>
…略
111public class ClockThread extends Thread{
112@Override
113public void run(){
114Message message=new Message();//传送消息给 Handler
115message.what=1;
116clkHandler.sendMessage(message);
117}
118}
119
120public class ClockThread2 extends Thread{
121@Override
122public void run(){
123Message message=new Message();//传送消息给 Handler
124message.what=2;
125clkHandler.sendMessage(message);
126}
127}
```

- 第 115 行，秒表一传送消息为"1"，124 行秒表二传送消息为"2"。

（2）在 Handler 对象中使用 handleMessage 方法接收消息后加以处理，将原来在 Thread 类中的程序代码加在 Handler 对象的 handleMessage 方法中：

```
修改：<ClockThread2/src/ClockThread.com/ClockThreadActivity.java>
…略
77Handler clkHandler=new Handler()
78{
79public void handleMessage(Message msg)//接收消息
80{
81super.handleMessage(msg);
82switch(msg.what){
83case1:
84tSec++;
85cSec=tSec%60;//获取秒数
86cMin=tSec/60;//获取分钟数
87String str="";
88if(cMin<10)str="0"+cMin;//个位分钟数补零
89else str=""+cMin;
90if(cSec<10)str=str+":0"+cSec;//个位秒数补零
91else str=str+":"+cSec;
92txtClock.setText(str);//显示时间
93clkHandler.postDelayed(clkThread,1000);//延迟一秒再执行本身
94break;
95case2:
96tSec2++;
97cSec2=tSec2%60;//获取秒数
98cMin2=tSec2/60;//获取分钟数
99String str2="";
100if(cMin2<10)str2="0"+cMin2;//个位分钟数补零
```

```
101else str2=""+cMin2;
102if(cSec2<10)str2=str2+":0"+cSec2;//个位秒数补零
103else str2=str2+":"+cSec2;
104txtClock2.setText(str2);//显示时间
105clkHandler.postDelayed(clkThread2,1000);//延迟一秒再执行本身
106break;
107}
108}
109};
```

- 第 83~94 行，是接收消息为"1"的处理程序代码，所以是秒表一的更新程序。
- 第 95~107 行，是接收消息为"2"的处理程序代码，所以是秒表二的更新程序。

扩展练习

1. 使用 Timer 对象创建一个数字式时钟显示目前系统时间，并设置每秒更新时间一次。

2. 使用 Thread 对象创建两个线程：一个使用数字式时钟显示目前系统时间，每秒更新时间一次；另一个为秒表功能，具备开始、停止、归零等功能。

▲Ex1

▲Ex2

 第 15 章　播放音频视频与录音

在 Android 中可以使用 MediaPlayer 组件来播放音频及视频，MediaPlayer 组件有许多方法可控制多媒体。Android 系统内建了 VideoView 组件用来播放视频，使用此组件可轻易制作视频播放器。Android 提供 MediaRecorder 组件来进行媒体采样，要制作手机录音软件就不是件困难的任务了！

学习重点

- MediaPlayer 组件
- SurfaceView 组件语法
- MediaPlayer 与 SurfaceView 结合
- 录制音频

15.1　播放音频

手机的发展，从最初没有显示屏幕、黑白屏幕，现在则是连零元手机也具备彩色屏幕。屏幕尺寸也由 2 英寸逐渐增大，目前已有越来越多 4.3 英寸屏幕手机，甚至连 7 英寸屏幕的平板计算机有多款也具备手机功能。越来越大的手机屏幕搭配功能强大的中央处理器，都是为了增强手机的多媒体性能；而今天能够人手一部手机，强大的多媒体功能是主要原因之一。

使用手机听音乐、看影片是手机族除了电话功能外最常使用的功能，甚至要录音也非难事。本章将制作这些功能应用软件，详细说明其中原理，读者略做修改就可以做出独一无二的多媒体工具。

15.1.1　MediaPlayer 组件

首先制作播放音频的工具。在 Android 中可以使用 MediaPlayer 组件来播放音频及视频，MediaPlayer 组件有许多方法可控制多媒体，常用方法如下表。

方　　法	说　　明
create	创建要播放的媒体
getCurrentPosition	获取目前播放位置
getDuration	获取目前播放文件的总时间
getVideoHeight	获取目前播放视频的高度
getVideoWidth	获取目前播放视频的宽度
isLooping	获取是否循环播放

续表

方　　法	说　　明
isPlaying	获取是否有多媒体播放中
pause	暂停播放
prepare	多媒体准备播放
release	结束 MediaPlayer 组件
reset	重置 MediaPlayer 组件
seekto	跳到指定的播放位置(单位为毫秒)
setAudioStreamType	设置流媒体的类型
setDataSource	设置多媒体数据源
setDisplay	设置用 SurfaceHolder 显示多媒体
setLooping	设置是否循环播放
setVolumn	设置音量
start	开始播放
stop	停止播放

15.1.2　模拟器 SD 卡保存文件

多媒体文件通常非常大，若使用宝贵的手机系统内存来保存，将是一种浪费，因此实现时大部分都把多媒体文件存放在 SD 卡中。本章各节示例都需使用 SD 卡中的多媒体文件，要将文件复制到模拟器的 SD 卡中，可在 File Explorer 内操作。例如复制程序中<ch15/mediafile>文件夹的<greensleeves.mp3>到模拟器的 SD 卡。

（1）在 **EClipse** 集成开发环境中启动模拟器，点击 **EClipse** 集成开发环境右上角的 **DDMS**，在 File Explorer 标签页中点击要导入文件的文件夹，此处选择<mnt\sdcard>，点击导入按钮，如图 15-1 所示。

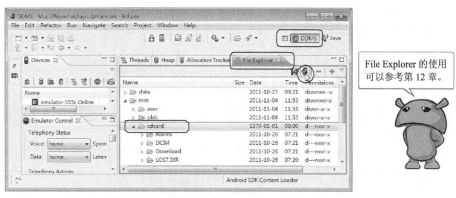

▲图 15-1　选择要导入的文件夹

（2）选择要导入的文件。此处选择<greensleeves.mp3>，点击打开按钮，如图 15-2 所示。

（3）SD 卡中已新增<greensleeves.mp3>文件，如图 15-3 所示。

（4）重复上述操作，将程序中<ch15/mediafile>文件夹的全部多媒体文件都复制到模拟器的 SD 卡中，如图 15-4 所示。

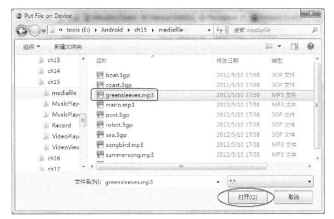

▲图 15-2　选择要导入的文件

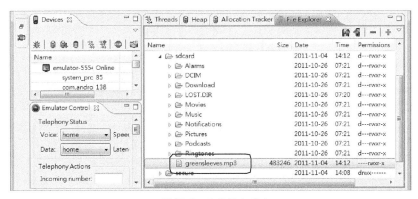

▲图 15-3　文件导入成功

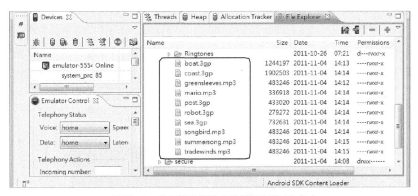

▲图 15-4　将全部多媒体文件都复制到 SD 卡中

15.1.3　播放 SD 卡音频

使用手机听音乐是最基本的功能，在公共场所如公交车、地铁、夜市等常看到年轻人戴着耳机听手机歌曲。MediaPlayer 组件可以播放多种格式的音频文件，如：mp3、Midi、wav 及 ogg 等。

要播放音频 SD 卡中的音频文件，操作步骤如下。

（1）第一步当然是创建 MediaPlayer 组件，例如创建一个名称为 mediaplayer 的 MediaPlayer 组件：

```
private MediaPlayer mediaplayer;
mediaplayer=new MediaPlayer();
```

（2）接着使用 setDataSource 方法设置音频文件的位置，语法为：

```
MediaPlayer 组件名称.setDataSource(path);
```

"path"是音频文件的路径。例如要播放 SD 卡中<greensleeves.mp3>文件：

```
mediaplayer.setDataSource("/sdcard/greensleeves.mp3");
```

（3）音频文件必须经过准备阶段，准备完成才能播放，其语法为：

```
mediaplayer.prepare();
```

（4）最后使用 start 方法就能播放音频了，简单吧！

```
mediaplayer.start();
```

MediaPlayer 组件最重要的监听事件为 OnCompletionListener，此事件在音频播放完毕后触发。可以在此事件中显示播放完成的消息；一般音频播放应用程序会在一首歌曲播完后，接着播下一首歌曲，就是在此事件中设置。

OnCompletionListener 的语法为：

```
mediaplayer.setOnCompletionListener(new OnCompletionListener(){
        public void onCompletion(MediaPlayer mp){
            程序代码
        }
});
```

15.1.4　示例：SD 卡音频播放器

本示例是播放位于 SD 卡中音频文件的播放软件，不只有播放、暂停、停止等基本功能，而且能列出歌曲清单供点播，上一首、下一首、播完单曲后会自动播下一首，且结束最后一首后会回到第一首，循环播放。

屏幕下方列出 SD 卡中歌曲清单，点击歌曲名称就会播放该歌曲，且在上方显示歌曲名称。6 个按钮功能依次为上一首、停止、播放、暂停、下一首、结束程序。播完单曲后会自动播下一首，在第一首点击 ⏮ 按钮会到最后一首，同理，在最后一首点击 ⏭ 按钮会到第一首，如图 15-5 所示。

▲图 15-5　SD 卡音频播放器

1. 新建项目并完成布局配置

新建<MusicPlayer>项目，<main.xml>布局配置文件完成如图 15-6 所示。

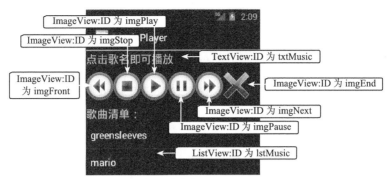

▲图 15-6   完成布局配置

2. 加入执行的程序代码

（1）全局变量声明及 onCreate() 启动程序代码：

```
<MusicPlayer/src/MusicPlayer.com/MusicPlayerActivity.java>

…略
20private MediaPlayer mediaplayer;              ←——❶
21private final String SONGPATH=new String("/sdcard/");      ←——❷
22//歌曲名称
23String[] songname=new String[]{"greensleeves","mario",     ←——❸
          "songbird","summersong","tradewinds"};
24//歌曲文件
25String[] songfile=new String[]{"greensleeves.mp3","mario.
      mp3","songbird.mp3","summersong.mp3","tradewinds.mp3"};    ←——❹
26private int cListItem=0;//目前播放歌曲
27private Boolean falg Pause=false;//暂停标志
28
29public void onCreate(BundlesavedInstanceState){
…略
47lstMusic.setOnItemClickListener(lstListener);
48mediaplayer=new MediaPlayer();
49ArrayAdapter<String> adaSong=new ArrayAdapter<String>(this,
      android.R.layout.simple_list_item_1,songname);
50lstMusic.setAdapter(adaSong);
51}
```

❶声明 MediaPlayer 全局变量，并在第 48 行创建 MediaPlayer 对象。

❷声明 SONGPATH 常数保存 SD 卡路径，本示例的多媒体文件放在 SD 卡中，以后将此路径加上多媒体文件名就是多媒体文件的物理路径。

❸声明 songname 数组保存歌曲名称，用于在第 49 及第 50 行 ListView 组件中显示歌曲列表。

❹声明 songfile 数组保存多媒体文件名，SONGPATH 加上此数组值就可获取多媒体文件。

（2）按钮及 ListView 监听事件程序代码：

```
续:<MusicPlayer/src/MusicPlayer.com/MusicPlayerActivity.java>
53private ImageView.OnClickListenerlistener=new ImageView.OnClickListener(){
54@Override
55public void onClick(View v){
56switch(v.getId())
57{
58case R.id.imgFront://上一首
59frontSong();
60break;
61case R.id.imgStop://停止
62if(mediaplayer.isPlaying()){//是否正在播放      ←——❶
63mediaplayer.reset();//重置 MediaPlayer
64}
```

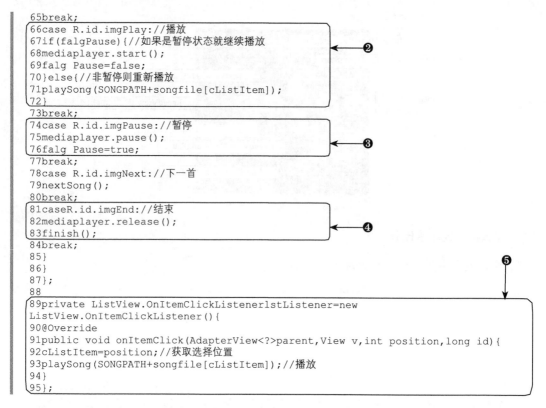

```
65break;
66case R.id.imgPlay://播放
67if(falgPause){//如果是暂停状态就继续播放
68mediaplayer.start();
69falg Pause=false;
70}else{//非暂停则重新播放
71playSong(SONGPATH+songfile[cListItem]);
72}
73break;
74case R.id.imgPause://暂停
75mediaplayer.pause();
76falg Pause=true;
77break;
78case R.id.imgNext://下一首
79nextSong();
80break;
81caseR.id.imgEnd://结束
82mediaplayer.release();
83finish();
84break;
85}
86}
87};
88
89private ListView.OnItemClickListenerlstListener=new
ListView.OnItemClickListener(){
90@Override
91public void onItemClick(AdapterView<?>parent,View v,int position,long id){
92cListItem=position;//获取选择位置
93playSong(SONGPATH+songfile[cListItem]);//播放
94}
95};
```

❶点击停止按钮的处理程序，先由第 62 行检查是否正在播放歌曲，如果正在播放就在第 63 行以 reset 方法重置 MediaPlayer 组件，此方法会停止播放，并将播放位置移到该歌曲起始处。

❷点击播放按钮的处理程序，有两种情况：如果用户已点击暂停按钮，就执行第 68 行继续播放，并于第 69 行取消暂停按钮选中状态；如果未选中暂停按钮，就执行第 71 行重新播放歌曲。

❸点击暂停按钮的处理程序，只要在第 75 行以 pause 方法暂停播放，再在第 76 行设置暂停按钮为选中状态即可。

❹点击结束按钮的处理程序，要注意必须以 release 方法释放 MediaPlayer 组件的资源再结束程序，否则程序结束后，歌曲仍会继续播放。

❺第 89～95 行，选择 ListView 组件歌曲列表中歌曲名称的处理程序。先于第 92 行获取用户选择的项目编号，再由 songfile 数组获取歌曲文件名，然后交给 playSong 方法播放。

（3）playSong、frontSong 及 nextSong 为自定义方法，功能分别为播放歌曲、播放上一首歌曲及播放下一首歌曲，程序代码为：

续：<MusicPlayer/src/MusicPlayer.com/MusicPlayerActivity.java>

```
97private void playSong(String path){
98try
99{
100mediaplayer.reset();
101mediaplayer.setDataSource(path);//播放歌曲路径
102mediaplayer.prepare();
103mediaplayer.start();//开始播放
104txtMusic.setText("歌名: "+songname[cListItem]);//更新歌名
105mediaplayer.setOnCompletionListener(new OnCompletionListener(){
106public void onCompletion(MediaPlayer mp){
107nextSong();//播放完后播下一首
108}
109});
110}catch(IOException e){}
111}
```

```
112
113//下一首歌
114private void nextSong(){
115cListItem++;
116if(cListItem>=lstMusic.getCount())//若到最后就移到第一首
117cListItem=0;
118playSong(SONGPATH+songfile[cListItem]);
119}
120
121//上一首歌
122private void frontSong(){
123cListItem--;
124if(cListItem<0)
125cListItem=lstMusic.getCount()-1;//若到第一首就移到最后
126playSong(SONGPATH+songfile[cListItem]);
127}
128
```

❶播放歌曲程序代码，歌曲文件路径已由参数传入。第 104 行为显示歌曲名称，第 105～109 行设置当歌曲播放完毕后自动播放下一首。

❷播放下一首歌曲程序代码，只要在第 115 行将目前播放歌曲编号加 1，再交给 platSong 方法播放就完成了！第 116 行是检查目前是否已播放到最后一首，如果是就将歌曲编号移到第一首。

❸播放上一首歌曲程序代码，处理方法与 nextSong 方法相同，只是将"加 1"改为"减 1"，并且检查目前是否播放第一首，如果是就将歌曲编号移到最后一首。

保存项目后，按 **Ctrl+F11** 组合键执行项目。

15.1.5　播放资源文件音频

将多媒体文件存放在 SD 卡上虽然可以节省大量系统内存，但要发布应用程序让他人使用时，无法将 SD 卡中的文件一起发布。许多应用程序如游戏软件，会用到大量音效，这些音效大部分时间短暂，文件很小，而且一定要随应用程序一起发布给他人使用，此时就要使用资源文件音频。

所谓资源文件音频就是将音频文件放在<res/raw>文件夹中，这样就可以连应用程序一起发布。获取资源文件的方式为：

```
R.raw.文件名(不含扩展名)
```

例如获取<greensleeves.mp3>音频文件：

```
R.raw.greensleeves
```

播放资源音频文件的方式与播放 SD 卡音频文件并不完全相同，设置音频文件不是使用 setDataSource 方法，而是使用 create 方法，语法为：

```
MediaPlayer 组件名称=MediaPlayer.create(主程序类,song);
```

例如设置<res/raw/greensleeves.mp3>为播放音频文件：

```
mediaplayer=MediaPlayer.create(MusicPlayer2Activity.this,R.raw.greensleeves);
```

另外，prepare 方法一定要放在 try...catch 块中，否则会产生错误。

prepare 的语法为：

```
try{
    mediaplayer.prepare();
}catch(IllegalStateException e){
    e.printStackTrace();
}catch(IOException e){
    e.printStackTrace();
}
```

15.1.6　示例：资源文件音频播放器

1. 新建项目并导入音频文件

根据<MusicPlayer1>项目创建<MusicPlayer2>项目，其中布局配置文件的部分是相同的，只是将音频文件放在<res/raw>文件夹中，如图 15-7 所示。

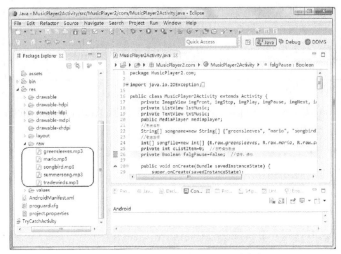

▲图 15-7　将音频文件放在 raw 文件夹中

2. 加入执行的程序代码

与前一示例有改变部分的程序代码：

```
<MusicPlayer2/src/MusicPlayer2.com/MusicPlayer2Activity.java>

…略
23//歌曲资源
24int[] songfile=new int[]{R.raw.greensleeves,R.raw.mario,
        R.raw.songbird,R.raw.summersong,R.raw.tradewinds};
…略
95private void playSong(int song){
96mediaplayer.reset();
97mediaplayer=MediaPlayer.create(MusicPlayer2Activity.this,song);//播放歌曲源
98try{
99mediaplayer.prepare();
100}catch(IllegalStateException e){
101e.printStackTrac e();
102}catch(IOException e){
103e.printStackTrace();
104}
105mediaplayer.start();//开始播放
106txtMusic.setText("歌名: "+songname[cListItem]);//更新歌名
107mediaplayer.setOnCompletionListener(new OnCompletionListener(){
108public void onCompletion(MediaPlayer arg0){
109nextSong();//播放完后播下一首
110}
111});
112falg Pause=false;
113}
```

- 第 24 行，音频文件数组设置为资源文件。
- 第 98～104 行，将 MediaPlayer 组件的 prepare 方法放在 try...catch 块中，其余部分没有改变。保存项目后，按 **Ctrl+F11** 组合键执行项目。

15.2 播放视频

用手机看影片是手机功能中仅次于听音乐的功能，随着手机处理器日渐强大，网络视频如 YouTube 等崛起，加上省电技术进一步突破，用手机看影片已逐渐凌驾于听音乐之上。受限于手机处理器的能力，Android 系统仅可支持 3gp、wmv 及 H.264 的 mp4 格式的视频。

15.2.1 VideoView 视频播放器

Android 系统内建了 VideoView 组件用来播放视频，使用此组件可轻易制作视频播放器。VideoView 组件的常用方法如下。

方　　法	说　　明
getBufferPercentage	获取缓冲百分比
getCurrentPosition	获取目前播放位置
isPlaying	获取是否有视频播放中
pause	暂停播放
seekto	跳到指定的播放位置(单位为毫秒)
setVideoPath	设置播放视频文件的路径
start	开始播放

使用 VideoView 组件播放视频文件非常简单，首先用 setVideoPath 方法获取视频文件，语法为：

```
VideoView 组件名称.setVideoPath(视频文件路径);
```

例如 VideoView 组件名称为 vidVideo，播放文件为 SD 卡上的<robot.3gp>：

```
vidVideo.setVideoPath("/sdcard/robot.3gp");
```

如果要加上播放控制轴及控制按钮，可使用 setMediaController 方法，语法为：

```
vidVideo.setMediaController(new MediaController(VideoViewActivity.this));
```

这样就完成了，再使用 start 方法即可播放，比 MediaPlayer 播放音频还简单！

```
vidVideo.start();
```

VideoView 组件虽然有 isPlaying 方法，却无法用它来判断是否处于播放状态。

因为 VideoView 组件与 MediaPlayer 组件相同，必须在文件准备完成(prepare)才开始播放。但是 MediaPlayer 组件有 prepare 方法，而且一定要先使用 prepare 方法准备完成才可以播放，所以 MediaPlayer 组件播放时 isPlaying 必定是 true；而 VideoView 组件没有 prepare 方法，用 start 方法播放时 isPlaying 不一定是 true，故无法用 isPlaying 来判断是否处于播放状态。

在 VideoView 组件可用 OnPreparedListener 监听事件来判断是否正在播放视频，其语法为：

```
VideoView 组件名称.setOnPreparedListener(变量);
private MediaPlayer.OnPreparedListener 变量=new
        MediaPlayer.OnPreparedListener(){
  @Override
  public void onPrepared(MediaPlayer mp){
        程序代码
  }
};
```

15.2.2　示例：VideoView 视频播放器

点击下方影片一或影片二按钮就可播放影片，上方会显示影片文件名，移动控制轴或点击下方控制按钮可改变影片播放位置，如图 15-8 所示。

▲图 15-8　VideoView 视频播放器

在模拟器中播放视频影片效果不佳，断断续续或完全看不到影像。若将程序安装于手机上，则执行结果非常顺畅。将应用程序安装于手机的方法请参考下一章。

1. 新建项目并完成布局配置

新建<VideoView>项目，<main.xml>布局配置文件完成如图 15-9 所示。

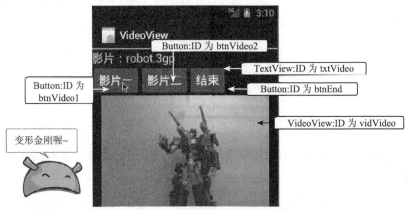

▲图 15-9　完成布局配置文件

2. 加入执行的程序代码

启动程序代码的 onCreate() 及处理按钮的程序代码为：

```
<VideoView/src/VideoView.com/VideoViewActivity.java>

…略
18private String fname="";//影片文件名称          ❶
19
20@Override
21public void onCreate(BundlesavedInstanceState){
…略
33vidVideo.setOnPreparedListener(listenprepare);//监听影片播放中
34vidVideo.setOnCompletionListener(listencomplete);//监听影片结束     ❷
35}
```

```
36
37private Button.OnClickListenerlistener=new Button.OnClickListener(){
38@Override
39public void onClick(View v)
40{
41switch(v.getId())
42{
43case R.id.btnVideo1://影片一
44fname="robot.3gp";
45playVideo(sdPath+fname);
46break;
47case R.id.btnVideo2://影片二
48fname="post.3gp";
49playVideo(sdPath+fname);
50break;
51case R.id.btnEnd://结束
52finish();
53}
54}
55};
```

❶fname 保存播放影片名称，播放时会显示在屏幕上方。

❷ 第 33 行 使 用 OnPreparedListener 事件监听影片是否在播放中，第 34 行使用
OnCompletionListener 事件监听影片是否播放结束。

播放影片方法及监听程序代码：

续: <VideoView/src/VideoView.com/VideoViewActivity.java>
```
57//播放影片
58private void playVideo(String filePath){//filePath 是影片路径
59if(filePath!="")
60{
61vidVideo.setVideoPath(filePath);//设置影片路径
62//加入播放控制轴
63vidVideo.setMediaController(new MediaController
                (VideoViewActivity.this));
64vidVideo.start();//开始播放
65}
66}
67
68privateMediaPlayer.OnPreparedListenerlistenprepare=new
                MediaPlayer.OnPreparedListener(){
69@Override
70public void onPrepared(MediaPlayer mp){
71txtVideo.setText("影片: "+fname);
72}
73};
74
75private MediaPlayer.OnCompletionListenerlistencomplete=new
            MediaPlayer.OnCompletionListener(){
76@Override
77public void onCompletion(MediaPlayer mp){
78txtVideo.setText(fname+"播放完毕! ");
79}
80};
```

- 第 58～66 行，使用 VideoView 组件播放影片。
- 第 68～73 行，在影片播放过程中显示影片文件名。
- 第 75～80 行，在影片播放完毕时显示"播放完毕!"消息。

保存项目后，按 **Ctrl+F11** 组合键执行项目。

15.2.3 SurfaceView 组件语法

使用 VideoView 组件可以很轻易地播放影片，但其规格已定制化，开发者可更改的部分有限，

使得使用 VideoView 组件制作的播放器看起来千篇一律，缺乏创意。其实 MediaPlayer 组件也可以播放视频，但其播放时需搭配 SurfaceView 组件。

SurfaceView 继承 View 类，应用程序中绘图、视频播放及 Camera 照相等功能一般都使用 SurfaceView 组件来呈现，为什么呢？因为 SurfaceView 组件可以控制显示界面的格式，比如显示的大小、位置等，而且 Android 还提供了 GPU 加速功能，能加快显示速度。

对于 SurfaceView 组件的存取，Android 提供了 SurfaceHolder 类来操作，使用 SurfaceView 组件的 getHolder 方法即可获取 SurfaceHolder 对象。

此处以创建一个显示视频的 SurfaceView 组件为例：首先在布局配置文件中加入名称为 sufVideo 的 SurfaceView 组件，接着创建 SurfaceHolder 对象来操作 SurfaceView 组件，语法为：

```
SurfaceHolder 变量=SurfaceView 组件名称.getHolder();
```

创建名称为 sufHolder 的 SurfaceHolder 对象来操作 SurfaceView 组件：

```
SurfaceHolder sufHolder=sufVideo.getHolder();
```

只要使用 setType 方法设置适当的来源格式就可让应用程序显示图形或视频了。

setType 方法的语法为：

```
SurfaceHolder 组件名称.setType(来源参数);
```

如果是要显示 SD 卡中视频文件或照相等外部信息“来源参数”需设为“SurfaceHolder.SURFACE_TYPE_PUSH_BUFFERS”，表示显示来源不是系统资源，而是由外部提供。例如要设置 sufHolder 的来源模式：

```
sufHolder.setType(SurfaceHolder.SURFACE_TYPE_PUSH_BUFFERS);
```

这样 sufHolder 就可以显示视频了。

15.2.4　MediaPlayer 与 SurfaceView 结合

MediaPlayer 组件结合 SurfaceView 组件即可根据个人需求制作视频播放器：由 MediaPlayer 组件播放视频，SurfaceView 组件显示视频。

使用 MediaPlayer 组件播放视频，步骤如下。

（1）使用 setAudioStreamType 方法设置数据流的格式为 AudioManager.STREAM_MUSIC，语法为(MediaPlayer 组件名称为 mediaplayer)：

```
mediaplayer.setAudioStreamType(AudioManager.STREAM_MUSIC);
```

（2）再使用 setDisplay 方法设置显示的 SurfaceView 组件，SurfaceView 组件需使用 SurfaceHolder 对象操作，所以 setDisplay 方法的语法为：

```
MediaPlayer 组件名称.setDisplay(SurfaceHolder 对象名称);
```

例如 SurfaceHolder 对象为 sufHolder：

```
mediaplayer.setDisplay(sufHolder);
```

这样就可以播放视频了！

15.2.5　示例：自定义格式视频播放器

本示例视频播放器功能、界面与操作都与上一节的播放音频示例相同，如图 15-10 所示。

▲图 15-10 自定义格式视频播放器

1. 新建项目并完成布局配置

新建<VideoPlayer>项目，<main.xml>布局配置文件完成如图 15-11 所示。

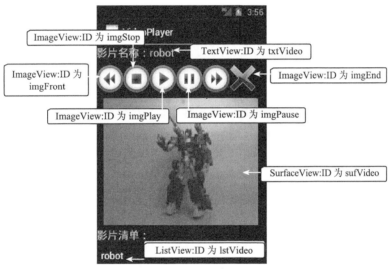

ImageView:ID 为 imgStop

TextView:ID 为 txtVideo

ImageView:ID 为 imgFront

ImageView:ID 为 imgEnd

ImageView:ID 为 imgPlay

ImageView:ID 为 imgPause

SurfaceView:ID 为 sufVideo

ListView:ID 为 lstVideo

▲图 15-11 完成布局配置

2. 加入执行的程序代码

全局变量声明及 onCreate()启动程序代码：

```
<VideoPlayer/src/VideoPlayer.com/VideoPlayerActivity.java>
…略
31private MediaPlayer mediaplayer;
32private SurfaceHolder sufHolder;
33
34public void onCreate(BundlesavedInstanceState){
…略
56mediaplayer=new MediaPlayer();
57//创建 Surface 相关对象
58sufHolder=sufVideo.getHolder();
59sufHolder.setType(SurfaceHolder.SURFACE_TYPE_PUSH_BUFFERS);
60}
```

● 第 32 行,声明 SurfaceHolder 对象全局变量,在第 58～59 行做相关设置后,此 SurfaceHolder 对象即可做为视频显示用。

播放视频的 playVideo 方法程序代码：

续：<VideoPlayer/src/VideoPlayer.com/VideoPlayerActivity.java>

```
106private void playVideo(String path){
107mediaplayer.reset();
108mediaplayer.setAudioStreamType(AudioManager.STREAM_MUSIC);
109mediaplayer.setDisplay(sufHolder);
110try
111{
112mediaplayer.setDataSource(path);//播放影片路径
113mediaplayer.prepare();
114mediaplayer.start();//开始播放
115txtVideo.setText("影片名称: "+videoname[cListItem]);//更新名称
116mediaplayer.setOnCompletionListener(new OnCompletionListener(){
117public void onCompletion(MediaPlayerarg0){
118nextVideo();//播放完后播下一片
119}
120});
121}catch(IOException e){}
122falg Pause=false;
123}
```

- 第 108～109 行，设置 MediaPlayer 组件的数据流格式及显示的 SurfaceHolder 对象后就可播放视频。
- 第 112 行，因为本示例的视频文件位于 SD 卡，所以要使用 setDataSource 方法设置视频来源文件。

其余处理按钮程序（listener）、选择 ListView 项目处理程序（lstListener）、播放上一片（frontVideo）及播放下一片（nextVideo）等的程序代码都与 MusicPlayer 项目相同，不再赘述。

保存项目后，按 **Ctrl+F11** 组合键执行项目。

15.3 　录制音频

需要使用录音的场合非常多，例如参加研讨会时要将学习内容录制下来供以后参考，听到喜欢的音乐可以录下来做为手机铃声等。以往录音就要携带体积庞大的录音机，后来进步到一支小小的录音笔，但问题是：用户要录音时才发现手边没带录音设备。手机上的录音功能解决了这些问题，因为绝大多数手机用户随时都带着手机，也就是随时都有录音设备在身边。

15.3.1　MediaRecorder 组件语法

Android 提供 MediaRecorder 组件来进行媒体采样，MediaRecorder 组件常用的方法如下表。

方　　法	说　　明
prepare	多媒体准备录制
release	结束 MediaRecorder 组件
reset	重置 MediaRecorder 组件
setAudioEncoder	设置音频编码格式
setAudioSource	设置音频来源
setMaxDuration	设置最大录制时间长度
setMaxFileSize	设置最大文件大小
setOutputFile	设置输出文件

方　　法	说　　明
SetOutputFormat	设置输出文件格式
setVideoEncoder	设置视频编码格式
setVideoFrameRate	设置视频影格频率
setVideoSize	设置视频分辨率
setVideoSource	设置视频来源
start	开始录制
stop	停止录制

使用这些 MediaRecorder 组件的方法，制作录音功能是轻而易举的事！

在 Android 中执行录制音频的步骤如下。

（1）第一步是创建 MediaRecorder 组件，例如创建名称为 mediarecorder 的 MediaRecorder 组件：

```
MediaRecorder mediarecorder=new MediaRecorder();
```

（2）接着设置麦克风为输入音频来源：

```
mediarecorder.setAudioSource(MediaRecorder.AudioSource.MIC);
```

（3）设置输出文件格式及音频编码方式皆为默认值：mediarecorder.setOutputFormat(MediaRecorder.OutputFormat.DEFAULT);mediarecorder.setAudioEncoder(MediaRecorder.AudioEncoder.DEFAULT);

（4）在 Android 中默认的音频输出文件格式为"amr"。

最后通过 setOutputFile 方法指定录音后的保存文件名，例如将文件存于 SD 卡，名称为 <record.amr>：

```
mediarecorder.setOutputFile("/sdcard/record.amr");
```

（5）与播放音频相同，录制音频前也要先做好准备工作再开始录制：

```
mediarecorder.prepare();
mediarecorder.start();
```

（6）因为系统要使用到麦克风输入音频，并将文件写入 SD 卡，所以要在<AndroidManifest.xml> 文件中设置允许使用麦克风及 SD 卡写入功能的权限，语法为：

```
<uses-permission android:name="android.permission.
  RECORD_AUDIO"></uses-permission>
<uses-permission android:name="android.permission.
  WRITE_EXTERNAL_STORAGE"></uses-permission>
```

这样就完成了录制音频的工作！

15.3.2　示例：MediaRecorder 录音机

有了 MediaRecorder 组件，要制作手机录音功能软件就不是件困难的任务了！Android 模拟器可以模拟录音功能，但是录音的质量很差，开发者可以在模拟器中测试录制音频功能，等到应用程序开发完成，再在手机中录制真实的音频文件。

程序启动后，会自动读取 SD 卡中的录音文件显示于下方列表，点击文件名即可播放录音文件，点击◉按钮就开始录音，点击◉按钮停止录音，点击▶按钮可播放刚录的音频文件，屏幕上方会随时显示目前的工作状态。录音文件自动以录制的日期及时间组合作为文件名，以记录录制时间。按钮会随不同功能变化，灰色表示按钮无效，如图 15-12 所示。

▲图 15-12　MediaRecorder 录音机

1.　新建项目并完成布局配置

新建<Record>项目，<main.xml>布局配置文件完成如图 15-13 所示。

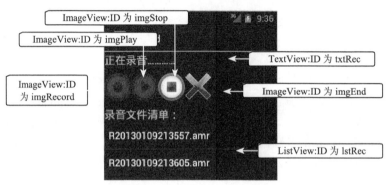

▲图 15-13　完成布局配置文件

2.　加入应用程序配置文件的程序代码

加入允许麦克风输入及写入 SD 卡权限的<AndroidManifest.xml>文件：

```
<Record/AndroidManifest.xml>

<?xmlversion="1.0"encoding="utf-8"?>
<manifest xmlns:android="http://schemas.android.com/apk/res/android"
    package="Record.com"
    android:versionCode="1"
    android:versionName="1.0">

    <uses-sdk android:minSdkVersion="14"/>
    <uses-permission android:name="android.permission.
        RECORD_AUDIO"></uses-permission>
    <uses-permission android:name="android.permission.
        WRITE_EXTERNAL_STORAGE"></uses-permission>

    <application
android:icon="@drawable/ic_launcher"android:label="@string/app_name">
        <activity android:label="@string/app_name"android:name=".RecordActivity">
            <intent-filter>
                <action android:name="android.intent.action.MAIN"/>
                <category android:name="android.intent.category.LAUNCHER"/>
            </intent-filter>
        </activity>
    </application>

</manifest>
```

3. 加入执行的程序代码

（1）全局变量声明及 onCreate()启动程序代码：

```
<Record/src/Record.com/RecordActivity.java>

...略
26private MediaPlayer mediaplayer;
27private MediaRecorder mediarecorder;
28private String temFile;//使用日期时间做临时文件名
29private File recFile,recPATH;
30private List<String> lstArray=new ArrayList<String>();//文件名数组
31private int cListItem=0;//目前播放录音
32
33@Override
34public void onCreate(BundlesavedInstanceState){
...略
48lstRec.setOnItemClickListener(lstListener);
49recPATH=Environment.getExternalStorageDirectory();//SD卡路径
50mediaplayer=new MediaPlayer();
51imgDisable(imgStop);
52recList();//录音列表
53}
...略(处理按钮程序代码后续说明)
135//获取录音文件列表
136public void recList(){
137lstArray.clear();//清除数组
138for(Filefile:recPATH.listFiles()){
139if(file.getName().toLowerCase().endsWith(".amr")){
140lstArray.add(file.getName());
141}
142}
143if(lstArray.size()>0){
144ArrayAdapter<String> adaRec=new ArrayAdapter<String>(this,
android.R.layout.simple_list_item_1,lstArray);
145lstRec.setAdapter(adaRec);
146}
147}
148
149private void imgEnable(ImageViewimage){//使按钮有效
150image.setEnabled(true);
151image.setAlpha(255);
152}
153
154private void imgDisable(ImageView image){//使按钮失效
155image.setEnabled(false);
156image.setAlpha(50);
157}
```

❶第 26 行声明 MediaPlayer 对象做为播放音频用，第 27 行声明 MediaRecorder 对象用作录制音频。第 28 行声明 temFile 暂时存放录音文件名，程序以日期结合时间做为录音文件名，此文件名暂时存在 temFile 中，需结合 SD 卡路径才是录音文件的物理路径。录音文件物理路径存放在第 29 行的 recFile 中，recPATH 存放 SD 卡路径，SD 卡路径则是在第 49 行以"Environment. getExternalStorage Directory()"方法获取。

❷本示例 ListView 显示的数据为 SD 卡中的录音文件列表，其内容及长度是变动的，所以无法以简单数组形式保存，必须保存在 ArrayList 中，因为 ArrayList 才可以使用 add、remove 等方法动态加入或移除数组元素。此处声明 ArrayList 变量 lstArray 保存录音文件列表。

❸因为程序启动时，并没有录音及播放音频动作，所以在此处设置停止按钮失效。此行程序位于 onCreate 方法中，效果是程序启动后无法使用停止按钮。

❹在启动程序时执行 recList 方法获取 SD 卡中已存在的录音文件列表，使用 ListView 组件显示。

❺recList 方法显示 SD 卡中已存在的录音文件列表。首先于第 137 行以 clear 方法将原先数组

内容清除干净，第 138~142 行逐一检查 SD 卡根目录中每一个文件，第 139 行判断文件的扩展是否为 "amr" 录音文件，如果是录音文件就在第 140 行加入文件列表中。当所有文件都检查完毕后，第 143 行检查是否有录音文件存在，若有录音文件才将数组作为 LIstView 组件的内容于第 144~145 行显示出来，如果没有录音文件则不显示 ListView 组件。

❻由于 ImageView 不会因图形是否可点击而显示不同状态，用户将无法判断按钮是否有效，因此使用透明度自行定义两个方法来显示不同图形：imgEnable 方法设置图形按钮有效，同时将透明度设置为 255，即一般正常状态。

❼imgDisable 方法设置图形按钮无效，同时将透明度设置为 50，即较暗淡状态。这样用户就可明确判断按钮是否有效，如图 15-14 所示。

有效按钮　　无效按钮

▲图 15-14　判断按钮是否有效

（2）处理按钮的程序代码：

```
<Record/src/Record.com/RecordActivity.java>

55private ImageView.OnClickListenerlistener=new ImageView.OnClickListener(){
56@Override
57public void onClick(View v){
58switch(v.getId())
59{
60case R.id.imgRecord://录音
61try{
62Timet=new Time();
63t.setToNow();//获取现在日期及时间
64temFile="R"+add0(t.year)+add0(t.month+1)+add0(t.monthDay)
                +add0(t.hour)+add0(t.minute)+add0(t.second);
65recFile=newFile(recPATH+"/"+temFile+".amr");
66mediarecorder=new MediaRecorder();
67mediarecorder.setAudioSource(MediaRecorder.AudioSource.MIC);
68mediarecorder.setOutputFormat(MediaRecorder.OutputFormat.DEFAULT);
69mediarecorder.setAudioEncoder(MediaRecorder.AudioEncoder.DEFAULT);
70mediarecorder.setOutputFile(recFile.getAbsolutePath());
71mediarecorder.prepare();
72mediarecorder.start();
73txtRec.setText("正在录音…………");
74imgDisable(imgRecord);//处理按钮是否有效
75imgDisable(imgPlay);
76imgEnable(imgStop);
77}catch(IOException e){
78e.printStackTrace();
79}
80break;
81case R.id.imgPlay://播放
82playSong(recPATH+"/"+lstArray.get(cListItem).toString());
83break;
84case R.id.imgStop://停止
85if(mediaplayer.isPlaying()){//停止播放
86mediaplayer.reset();
87}elseif(recFile!=null){//停止录音
88mediarecorder.stop();
89mediarecorder.release();
90mediarecorder=null;
91txtRec.setText("停止"+recFile.getName()+"录音！");
92recList();
93            }
```

```
94              imgEnable(imgRecord);
95              imgEnable(imgPlay);
96              imgDisable(imgStop);
97          break;
98      Case R.id.imgEnd://结束
99      finish();
100     break;
101         }
102     }
103};
…略
159protected String add0(int n){//个位数前面补零
160if(n<10)return("0"+n);
161else return(""+n);
162}
```

● 第 61～79 行，点击录音按钮的处理程序代码。第 62～63 行获取目前系统时间，获取目前时间的年、月、日、时、分、秒结合成临时文件名。第 159～162 行，add0 程序代码是自行编写的方法，功能是将个位数的数值前面补一个零，这样每个数值都会是两个字符，看起来非常美观，例如 2011 年 2 月 8 日 7 时 12 分 5 秒就成为 "20110208071205"，这样的文件名不但记录了录音时间，而且绝不会重复。第 65 行将 SD 卡路径结合临时文件就得到物理路径，第 66～72 行执行录音工作，第 73 行显示目前正在录音消息。第 74～76 行处理按钮状态：因为正在录音，只有停止按钮有效，所以第 74～75 行让录音及播放按钮失效，第 76 行设置停止按钮有效。

● 第 85～96 行是点击停止按钮的处理程序代码，此按钮同时处理停止录音及停止播放工作。第 85～86 行检查是否正在播放音频，如果是就停止播放。第 87～93 行检查是否正在录音，如果是就停止录音。注意第 92 行执行 recList 方法，这样就会将刚录制的音频文件加入下方列表，用户点击后可立即播放录制内容。

● 第 111～117 行处理选择 ListView 项目的处理程序，及第 119 到第 139 行播放音频文件程序都与 MusicPlayer 项目相同，不再赘述。

扩展练习

1. 将<greensleeves.mp3>、<songbird.mp3>及<tradewinds.mp3>三个音频文件放在<res/raw>文件夹中，创建停止、播放及暂停三个图形按钮分别执行停止、播放及暂停功能，并在下方使用 ListView 显示全部音频列表，点击音频文件名即可播放该音频，且在上方显示正在播放的音频名称。

2. 编写录音程序：创建录音及停止两个图形按钮分别执行录音及停止录音功能，并在下方使用 ListView 显示全部录音文件，点击录音文件名可播放该录音文件，且在上方显示正在播放的音频名称。点击录音按钮后开始录音，上方会显示"正在录音"消息；点击停止按钮会停止录音，上方会显示"结束录音"消息。

▲Ex1　　　　　　　　　　　　　　　　▲Ex2

第 16 章　发布应用程序

Android 系统架构使用文件夹方式管理多语言，让开发者不费吹灰之力就可创建具有多语言的应用软件。Android 系统提供了"support-screens"声明，能在绝大部分不同分辨率屏幕上正常显示。

应用程序完成后可以发布到实体机上测试，甚至上传到 Google Play 商店网站，是每个开发都者应该要学习的重点。

学习重点

- 开发多语言应用程序
- 开发支持各种屏幕分辨率
- 安装应用程序到实体机
- 应用程序签署私人密钥
- 发布应用程序到 Google Play 商店

16.1　支持多语言及屏幕模式

因特网兴起缩小了世界的距离，Android 系统设计之初就放眼全球，系统架构使用文件夹方式管理多语言，让开发者不费吹灰之力就可创建具有多语言的应用软件。Android 程序制作多语言程序的方法，是将显示的消息正文独立出来，避免与程序代码混杂在一起，然后以文件夹放置在不同的地方，就可轻易地根据不同语言显示对应的消息正文，如图 16-1 所示。

在开发上，另一个问题是设备的屏幕大小。每个月在市场上出现的 Android 的设备如过江之鲫，各种尺寸的屏幕更是让人眼花缭乱。开发者当然希望其编写的应用程序在各种款式手机上都能正确执行、显示，如何避免因用户不同分辨率的手机造成混乱，是开发者要注意的问题。

▲图 16-1　支持多语言

16.1.1　抽取字符串到 XML 文件

在本书 2.1.5 节执行新建的 Hello 空项目时，执行结果如图 16-2 所示。

显示的欢迎消息从何而来？在 Eclipse 集成开发环境打开 Hello 项目，在<res/layout/main.xml>布局配置文件中可看到系统为新项目自动创建一个 TextView 组件，并设置其显示内容为"@string/hello"：

```
<TextView android:layout_width="fill_parent"

android:layout_height="wrap_content"android:text="@str
```

▲图 16-2　执行 Hello 空项目

```
ing/hello"
  />
```

仍然未见显示在执行结果中的消息正文。"@string/hello"表示在字符串资源文件中有一个名称为 hello 的字符串，此字符串位于<res/values/strings.xml>文件：

```
<resources>
    <string name="hello">Hello World,HelloActivity!</string>
    <string name="app_name">Hello</string>
</resources>
```

终于找到执行结果中的显示文字了！原来是藏在<res/values/strings.xml>文件中。但为何 Android 系统要这样大费周章呢？直接在布局配置<main.xml>中使用字符串设置 TextView 组件的内容：

```
android:text="Hello World,HelloActivity!"
```

这样不是既简单又易于阅读吗？

将字符串由布局配置文件或程序文件取出放在独立的资源（XML）文件内，主要目的有两个。第一，应用程序中可能会有多个地方使用相同字符串，若要修改字符串，必须同时在每一个使用该字符串的地方修改。如果使用资源方式，只需修改资源文件中的字符串，维护相当方便。第二，应用程序为多语言版本，通常只是显示字符串不同而已，一旦抽取字符串到独立文件后，要显示其他语言时，改变保存字符串的资源文件即可，创建多语言版本的方法，将在下一小节详细说明。

1. 使用 Resources 界面创建字符串

抽取程序的字符串需放在<res/values>文件夹中，由于系统已在该文件夹内为开发者自动产生<strings.xml>文件存放字符串数据，除非开发者有特殊需求，大部分应用程序的字符串就保存在<strings.xml>中。

在 Eclipse 集成开发环境中打开<strings.xml>文件，Eclipse 贴心地提供了 Resources 界面，可以使用可视化方式创建及编辑字符串。以第 3 章的 MileToKm 项目为例，在<strings.xml>文件中新增一个名称为"str_mile、"内容为"英里"的字符串，操作方式如下。

（1）打开<strings.xml>文件，点击编辑区下方 **Resources** 标签，再点击 **Add** 按钮新增字符串，如图 16-3 所示。

▲图 16-3　点击新增按钮

（2）该页面有多种资源种类供选择，此处要加入字符串，故选择 **String** 后点击 **OK** 按钮，如图 16-4 所示。

（3）**Name** 字段输入字符串名称，**Value** 字段输入字符串内容，这样就完成新增字符串。点击下方 **strings.xml** 标签可以查看系统产生的程序代码，如图 16-5 所示。

▲图 16-4　选择 String

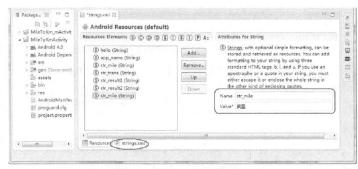

▲图 16-5　输入字符串名称和内容

在<strings.xml>中新增的程序代码，如图 16-6 所示。

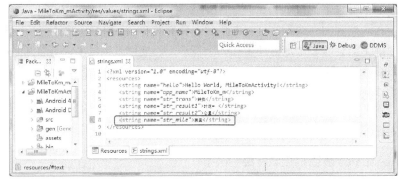

▲图 16-6　对应的程序代码

2. 在 XML 文件中创建字符串

上述可视化界面操作的结果就是让系统在<strings.xml>文件中自动产生一行字符串设置代码，也可以直接在<strings.xml>文件输入创建字符串的代码，这可以避免可视化界面的冗长操作。创建字符串的程序代码需放在<resources>标签中，语法为：

```
<string name="字符串名称">字符串内容</string>
```

例如新增一个名称为"str_trans、"内容为"转换"的字符串：

```
<resources>
    <string name="hello">Hello World,MileToKmActivity!</string>
    <string name="app_name">MileToKm</string>
    <string name="str_mile">英里</string>
    <stringname="str_trans">转换</string>
</resources>
```

3. 在布局配置中使用字符串

在资源文件中创建好字符串后，如何使用这些字符串呢？在布局配置文件与程序文件中使用字符串的方式不同，先介绍在布局配置文件的使用方式。

布局配置文件中使用字符串的方式为：

```
@string/字符串名称
```

例如设置 TextView 组件的内容是 str_mile 字符串：

```
android:text="@string/str_mile"
```

4. 在程序文件中使用字符串

第 2 章提过，在资源文件中创建的各种资源，系统会自动为其在<R.java>文件中产生该资源的索引，当开发者要在程序文件中使用资源时，可以读取这些索引。在程序文件中使用字符串的语法为：

```
getResources().getString(R.string.字符串名称)
```

例如设置名称为 txtView 的 TextView 组件内容为 str_mile 字符串：

```
txtView.setText(getResources().getString(R.string.str_mile));
```

16.1.2　示例：计算大联盟球速抽取字符串

本示例修改第 3 章计算美国大联盟球速示例，抽取布局配置文件及程序文件中所有字符串存放在<strings.xml>中，并修改布局配置文件及程序文件内使用字符串的程序代码，如图 16-7 所示。

▲图 16-7　抽取字符串

1. 新建项目并加入资源字符串

新建<MileToKm_s>项目，并修改字符串资源文件<strings.xml>内容为：

```
<MileToKm_s/res/values/strings.xml>

<?xmlversion="1.0"encoding="utf-8"?>
<resources>
    <string name="hello">Hello World,MileToKmActivity!</string>
    <string name="app_name">MileToKm_s</string>
    <stringn ame="str_mile">英里: </string>
    <stringn ame="str_trans">转换</string>
    <string name="str_result1">时速=</string>
    <string name="str_result2">公里</string>
</resources>
```

2. 修改布局配置文件

```
<MileToKm_s/res/layout/main.xml>
…略
7<TextView android:id="@+id/txtMile"
8android:layout_height="wrap_content"
9android:layout_width="fill_parent"
10android:text="@string/str_mile"
11android:textColor="#00FF00"
12android:textSize="20sp"/>
…略
24<Button android:id="@+id/btnTran"
25android:layout_height="wrap_content"
26android:text="@string/str_trans"
27android:layout_width="fill_parent"/>
```

3. 加入执行的程序代码

```
<MileToKm_s/src/MileToKm_s.com/MileToKm_sActivity.java>
…略
32private Button.OnClickListenerbtnTranListener=new Button.OnClickListener(){
33public void onClick(View v){
34int miles=Integer.parseInt(edtMile.getText().toString());
35double km=1.61*(double)miles;
36txtKm.setText(getResources().getString(R.string.str_result1)
            +km+getResources().getString(R.string.str_result2));
37}
38};
```

保存项目后，按 **Ctrl+F11** 组合键执行项目。你会发现执行的结果与第 3 章创建项目执行结果是一模一样的。

16.1.3　开发多语言应用程序

当开发者将字符串抽取放在独立文件后，就完成了创建多语言应用程序的准备工作了！Android 系统会根据手机的语言设置，自动从<res>文件夹选择对应的字符串资源文件来使用。所以要创建多语言应用程序非常容易，只要将原来字符串资源文件复制后，将其字符串内容改为需要的语言后，再放在指定的文件中就完成了！

1.　切换语言

要查看多语言效果，可将模拟器切换到不同语言，就可显示该语言的显示结果了！切换语言的操作方法如下。

在模拟器功能区点击 **MENU** 按钮，再点击系统设置按钮，如图 16-8 所示。

▲图 16-8　点击系统设置

在设置面板中点击语言与输入法，再在语言与输入法界面中点击语言，如图 16-9 所示。

▲图 16-9　选择语言

在地区设置界面中选择要设置的语言，此处选择 **English(United States)**，模拟器就会以选择的语言显示。如图 16-10 所示。

▲图 16-10　选择英语显示

2.　语言文件夹名称

常用的语言在<res>中对应的文件夹名称整理如下表。

文件夹名称	语　　言
values-zh-rCN	简体中文
values-en	英文
values-ja	日文
values	无对应语言文件夹时使用

3. 使用工具创建文件

在<res>中新增多语言所需的文件夹及文件，通常使用复制的方法创建。如果对于这些复制、粘贴等文件操作不熟练，Eclipse 提供工具创建指定的文件夹及文件。操作方式如下。

（1）在 Eclipse 集成开发环境的 Package Explorer 标签中选择要加入文件的项目名称，此处选择 **MileToKm_s**，在工具栏点击 按钮，如图 16-11 所示。

▲图 16-11　选择要加入文件的项目名称

（2）在 **New Android XML File** 对话框中，**Resource Type** 字段选择 **Values**，**File** 字段输入文件名"strings.xml"，点击 **Next** 按钮继续。如图 16-12 所示。

（3）在左方字段选择 **Language** 后点击 按钮，**Language** 字段设置"zh"表示中文，如图 16-13 所示。

（4）在左方字段选取 **Region** 后点击 按钮，**Region** 字段输入"CN"表示简体，点击 **Finish** 按钮完成创建文件夹及文件。如图 16-14 所示。

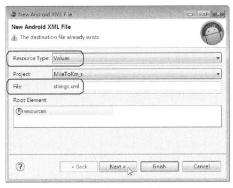

▲图 16-12　新建 XML 文件

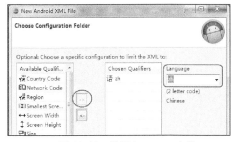

▲图 16-13　设置 Language 字段

由 PackageExplorer 可看到系统在<res>中已创建<values-zh-rCN>文件夹，内含<strings.xml>文件，文件内容已创建好<resources>标签，开发者可直接加入字符串程序代码，如图 16-15 所示。

▲图 16-14　设置 Region 字段

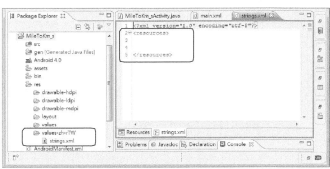

▲图 16-15　创建好<resources>标签

273

16.1.4　示例：计算大联盟球速多语言版

本示例延续前一示例，将显示改为简体中文及英文多语言，若语言设置为其他语言则以简体中文显示，如图 16-16 所示。

▲简体中文　　　　　　　▲英文

▲图 16-16　中英文分别显示

导入项目并以 Package Explorer 查看文件夹结构

导入<MileToKm_m>项目，在 Package Explorer 查看文件夹结构如图 16-17 所示。

▲图 16-17　文件夹结构

字符串资源文件程序代码

默认<res/values/strings.xml>及简体中文<res/values-zh-rCN/strings.xml>字符串资源文件内容：

```
<MileToKm_m/res/values-zh-rCN/strings.xml>

<?xmlversion="1.0"encoding="utf-8"?>
<resources>
    <string name="hello">Hello World,MileToKmActivity!</string>
    <string name="app_name">MileToKm_m</string>
    <string name="str_mile">英里: </string>
    <string name="str_trans">转换</string>
    <string name="str_result1">时速=</string>
    <string name="str_result2">公里</string>
</resources>
```

英文<res/values-en/strings.xml>字符串资源文件内容：

```
<MileToKm_m/res/values-en/strings.xml>

<?xmlversion="1.0"encoding="utf-8"?>
<resources>
```

```
    <string name="hello">Hello World,MileToKmActivity!</string>
    <string name="app_name">MileToKm_m</string>
    <string name="str_mile">Miles: </string>
    <string name="str_trans">Transfer</string>
    <string name="str_result1">Speed=</string>
    <string name="str_result2">Kilometer</string>
</resources>
```

保存项目后，按 **Ctrl+F11** 组合键执行项目。你会发现在简体中文及英文的语言下，程序都能正确以所属的语言显示一样的程序内容。

16.1.5　支持各种屏幕分辨率

可安装 Android 系统的手机种类繁多，各种大大小小的屏幕分辨率都有，开发者不太可能为各种分辨率都编写适合其显示的布局配置。Android 系统在 1.6 以后的版本提供了 "support-screens" 声明，只需在<AndroidManifest.xml>文件中做少许设置，就能在绝大部分不同分辨率屏幕上正常显示。

开发者苦心编写的应用程序，当然希望能在所有 Android 系统的手机上执行，可在该应用程序的<AndroidManifest.xml>文件中加入下列程序代码：

```
<support-screens>
    android:smallScreens="true"
    android:normalScreens="true"
    android:largeScreens="true"
    android:xlargeScreens="true"
    android:anyDensity="true"
</support-screens>
```

可别忘了加入啊！

用户在 Google Play 商店搜索可用的应用软件时，系统会根据手机分辨率显示该分辨率可使用的软件，加入以上的设置，当应用程序发布到 GooglePlay 商店（发布方法将在下一节说明）后，无论用户的手机屏幕是何种规格，都会显示在搜索结果中。

不过，开发者需注意，加入以上支持各种分辨率的声明，只是 "宣布" 应用程序可以在各种分辨率中显示，但是否真的一定可以执行无误，由于程序千变万化，Android 系统无法保证。开发者应创建各种分辨率的模拟器，在发布之前一一测试，才能确保应用程序的正确性，如图 16-18 所示。

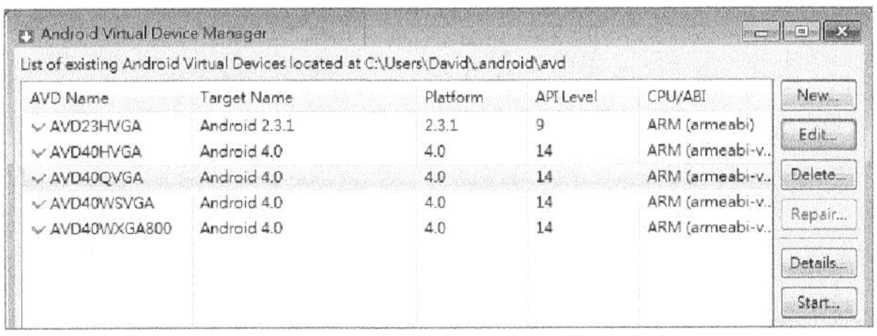

▲图 16-18　创建各分辨率的模拟器

选择测试的 AVD 模拟器

一旦创建的 **AVD** 模拟器多了，项目如何选择测试使用的模拟器呢？

（1）由 Eclipse 菜单的 **Run/Run Configurations..**进入对话框。

（2）在左方选择要执行的项目后，在右方选择 **Target** 标签，选择 **Automatic** 时再选择要使用的 AVD 模拟器后点击 **Apply** 按钮确定，或点击 **Run** 按钮执行。如图 16-19 所示。

▲图 16-19　选择模拟器

16.2　将应用发布到 Google Play 商店

　　每一个应用程序都是开发者花费不少时间精力的心血结晶,如果不能让他人使用就太可惜了,如果能利用编写的应用程序赚些"零花钱"就更美好了! Google 公司创建了 Google Play 商店,供 Android 应用程序开发者将其应用发布给所有人使用,开发者若认为应用程序具有商业价值,可列为付费软件与 Google 公司分成,或以附挂广告方式获取广告费。

16.2.1　安装应用程序到实体机

　　开发窗口应用程序时,必须将开发项目编译成扩展名为".exe"形式的执行文件,才能在窗口环境中执行;同样地,Android 项目也必须编译成扩展名为".apk"的安装文件,才能在实体手机上安装并执行。

　　Android 项目包含非常多文件夹及文件,系统编译项目的安装文件时,会将项目中的布局配置、各种资源(图形、字符串等)、程序等全部包装成一个安装文件,开发者只要将此安装文件发布出去,用户就能轻易的安装在自己的手机上。

　　Android 系统为了能保证应用程序的安全性,因此规定在产生安装文件时,必须经过"签署密钥"的过程。前面章节在开发时,为了测试应用程序执行结果,会先编译项目,然后在模拟器中执行,并没有进行签署密钥过程,为什么可以顺利在模拟器中执行并查看结果?那是因为 Eclipse 集成开发环境在编译时会自动签署一个名称为"debug"的密钥,好让开发中的应用程序可以在模拟器上执行,如图 16-20 所示。

▲图 16-20　自动签署密钥

1. 获取项目发布的安装文件

　　要将编译完成的 apk 文件安装在实体手机上,首先要把 apk 文件复制到手机的 SD 卡上,再使用 Android 应用程序安装软件来安装。

这里以录音程序 Record 项目为例，在模拟器中执行项目时，编译完成的 apk 文件会保存在项目根目录的<bin>文件夹中，文件名与项目名称相同。连接手机与计算机后，复制<Record.apk>到 SD 卡上，如图 16-21 所示。

▲图 16-21　复制安装文件到 SD 卡

2. 下载安装软件

Google Play 商店中有非常多 Android 应用程序，用户可任意选择一种使用。这里以下载安装 Apk Installer 应用程序为例。

（1）在手机上应用程序桌面点击 **Play** 商店应用程序，出现 Google Play 商店网页后点击右上角搜索 按钮（手机必须在网络联机状态），如图 16-22 所示。

▲图 16-22　打开 Google Play 商店网页

（2）搜索字符串输入"apkinstaller，"点击右方 按钮就会显示搜索结果，可以选择任一软件，这里选择第一项 **Apk Installer**，如图 16-23 所示。

▲图 16-23　搜索应用程序

（3）在工具类页面连续选择安装及接受并下载就会开始下载应用程序及安装在手机中，如图 16-24 所示。

（4）安装完成后会在应用程序桌面创建 **ApkInstaller** 图标，点击执行后，**ApkInstaller** 会自动搜索 SD 卡中所有 apk 文件并以列表显示，选择 apk 文件就会安装在手机上，如图 16-25 所示。

▲图 16-24　下载安装程序

▲图 16-25　ApkInstaller 自动搜索 apk 文件

16.2.2　应用程序产生私人密钥

一般在 AVD 模拟器上测试的项目，会自动产生本机的"debug"密钥，所以产生的 apk 文件可以安装在设备实体机上执行，但不能上传到 GooglePlay 商店。GooglePlay 商店是一个公开的场所，安全性需有更严格的标准，要上传到 GooglePlay 商店的应用程序，必须产生私人密钥，如图 16-26 所示。

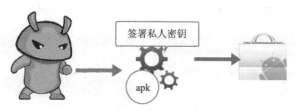

▲图 16-26　签署私人密钥

1．申请私人密钥

如果尚未申请过私人密钥，可使用任意项目来创建私人密钥，下面以 MileToKm_m 项目为例。

（1）在 Eclipse 的 Package Explorer 中的 MileToKm_m 项目名称点击鼠标右键，在快捷菜单中点击 Android Tools/Export Signed Application Package，如图 16-27 所示。

▲图 16-27　创建私人密钥

（2）**Project** 字段已自动填入项目名称，也可点击右方 **Browse** 按钮改变项目，点击 **Next** 按钮继续。如图 16-28 所示。

（3）由于是新建私人密钥，选择 **Create new keydtore**。**Location** 字段为私人密钥的保存路径，此处输入 "C:\android2011\android.keystore，" **Password** 及 **Confirm** 字段为密码，都输入 "123456"，点击 **Next** 按钮继续，如图 16-29 所示。

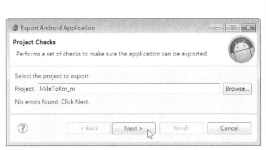

▲图 16-28　填入项目名称

▲图 16-29　新建 keystore

（4）**Password** 及 **Confirm** 字段为密码，都输入 "123456"。**Alias** 字段为别名，**Valicity** 字段为有效年限，至少要填 50 年以上，**First and Last Name** 字段为姓名，以上都为必填字段。其余可选择性填写，然后点击 **Next** 按钮继续，如图 16-30 所示。

（5）**Destination APK file** 字段输入产生的 apk 文件保存路径，点击 **Finish** 按钮完成，如图 16-31 所示。

▲图 16-30　填写密钥信息

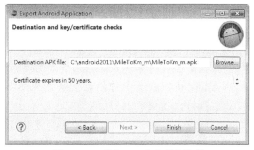

▲图 16-31　输入 apk 文件保存路径

这样产生的 apk 文件就加入了私人密钥，可以上传到 Google Play 商店了！

2. 使用已存在的私人密钥

密钥的产生是与开发者的机器相关的，并不是项目。所以如果曾经在本机上创建一次私人密钥，就可使用该私人密钥文件为其他项目来创建私人密钥，下面以 MileToKm_s 项目为例。

（1）于 Eclipse 的 **Package Explorer** 中，在 **MileToKm_s** 项目名称点击鼠标右键，在快捷菜单中选择 **Android Tools/Export Signed Application Package**。选择 **Use existing keystore**。**Location** 字段为已存在私人密钥文件路径，这里输入 "C:\android2011\android.keystore，" **Password** 字段输入密码 "123456，" 点击 **Next** 按钮继续。如图 16-32 所示。

（2）选择 **Use existing key**。**Alias** 字段由下拉式选单中选择 **android** 别名，**Password** 字段输入密码 "123456，" 点击 **Next** 按钮继续，如图 16-33 所示。

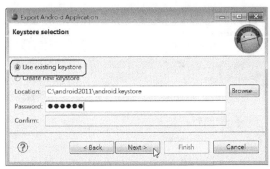

▲图 16-32　使用已存在的私人密钥　　　　　　　　▲图 16-33　选择 Alias 字段

（3）**Destination APK file** 字段输入产生的 apk 文件保存路径，点击 **Finish** 按钮完成，如图 16-34 所示。

▲图 16-34　输入 apk 文件保存路径

只要创建一次私人密钥文件后，再使用已存在的 keystore 私人密钥就方便多了！

注意应用程序发布的 SDK 版本

在本书的示例项目创建时，默认的 SDK 最小版本是 14，所以发布后的执行环境必须 Android 4.0。如果你的设备实体机的环境是 Android 2.3，甚至是更低的版本，是无法正常执行发布好的程序。

所以在发布前，可以根据要安装的设备环境来设置 SDK 版本。修改时只要编辑项目中的<AndroidManifest.xml>文件，修改 minSdkVersion 的属性即可。例如如果执行的机器为 Android2.3，其 SDK 版本为 9，<AndroidManifest.xml>中属性的更改如下即可：

```
<uses-sdkandroid:minSdkVersion="9"/>
```

16.2.3 发布应用程序到 Google Play 商店

Google 公司提供 Google Play 网站让 Android 应用程序开发者有一个发布应用的场所，可将应用程序上传到 GooglePlay 商店供人下载。Google Play 商店程序是内建于所有 Google 授权的 Android 系统设备中，通过设备的 Play 商店应用程序图标就可直接连接上网站，查询各种应用程序，并下载安装使用。

如果用户下载付费软件，开发者可获得 70% 款项，其余 30% 做为 Google 公司管理费用、电信运营商、电子收费商等费用。

开发者必须注册为"Google Play Developer"才能上传应用程序到 Google Play 商店，而注册时要收取 25 美元的费用。收取费用的目的，是为了维护 GooglePlay 商店中应用程序的质量，同时也鼓励开发者多编写付费软件，这样开发者可以收回注册费用，Google 公司也可以多些收入。

注册 Google Play Developer

要注册成为 Google Play Developer，需使用 Google 账号登录 https://play.google.com/apps/publish 网站。大部分用户应该都有 Google 账号，如果没有就请到 Google 网站免费申请一个账号。然后在 https://play.google.com/apps/publish 网站按照提示操作可以完成，完成注册后，就可以将自己编写的应用发布到 Google Play 商店，当有用户下载就能赚钱了。详细情况请读者自行完成，这里不做详细介绍了。

🏮 扩展练习

1. 创建将体重单位从"公斤"转换为"英磅"的应用程序：输入单位为公斤的体重，点击转换按钮后会显示以"英磅"为单位的体重，执行结果如 Ex1。必须将"请输入体重（公斤）："、"转换"、"体重（英磅）="字符串抽离到 XML 文件中。

2. 创建多国语言应用程序：接续前一题，将应用程序改为具备简体中文及英文两国语言显示。

▲Ex1

▲Ex2

第 17 章　Google 地图应用程序

执行 Google 地图应用程序，必须创建 Google APIs 类型的应用程序，并配合 Google APIs 模拟器才能执行，同时也要申请 Google 地图的 API Key。

Google 地图程序应用范围很广，除了单纯的显示地图位置、标记之外还能切换不同的显示模式。搭配上不同的应用信息，对于日常生活，甚至商务应用都能有所发挥。

学习重点

- Google 地图应用程序准备工作
- 创建 Google APIs 应用程序的模拟器
- 获取现在的位置
- 模拟定位
- 在地图上加标记

17.1　Google 地图应用程序准备工作

"Google 地图"提供一系列的 API，可以以街道和卫星模式显示地图，同时也可以将地图缩放和拖曳，也可以获取目前所在的位置，或是在地图上加标记，并为每一个标记加上具有地区特色的图标和景点信息。

要执行 Google 地图应用程序，必须创建 Google APIs 类型的应用程序，并配合 Google APIs 模拟器才能执行，同时也要向 Google 申请 Google 地图的 API Key。

17.1.1　安装 Google APIs

创建 Google APIs 类型的应用程序前，先确定 Android 系统是否已安装 Google APIs。

1. 检查是否已经安装 Google APIs

在 Android 系统中，要开发 Google 地图，必须先安装 Google APIs，利用 Eclipse 主菜单的 **Window/Android SDK Manager**，打开 Android SDK Manager 窗口，选择 **Repository** 可以了解是否已安装 Google APIs，如果看到 "Google APIs by Google Inc,Android API（数字）,revision（数字）" 就表示已经安装，如图 17-1 所示。

2. 安装 Google APIs

如果未安装 Google APIs，可以选择需要操作的 "Google APIs by Google Inc." 的版本后点击 **Install package** 按钮，接着在 Choose Packages to Install 窗口中选择 Accept all 后点击 install 按钮即会开始安装选择的包。建议先关闭防病毒软件和防火墙，以免发生意想不到的错误，如图 17-2 所示。

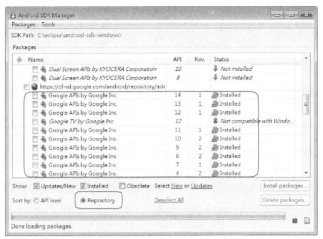

▲图 17-1　检查是否已安装 Google APIs

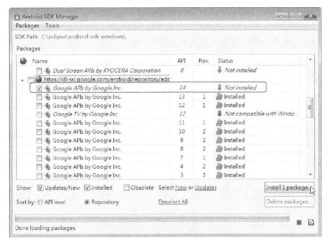

▲图 17-2　安装 Google APIs

17.1.2　创建 Google APIs 应用程序的模拟器

执行 Google APIs 应用程序，必须配合 Google APIs 模拟器才能执行，创建 Google APIs 模拟器的操作如下。

（1）点击主菜单的 **Window/AVD Manager**，打开 AVD Manager 界面，如图 17-3 所示。

▲图 17-3　打开 AVD Manager 界面

（2）点击 **New** 按钮打开如图 17-4 所示的窗口。

❶模拟器名称 **Name** 输入"GoogleApi40HVGA"。

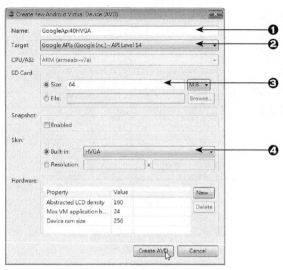

▲图 17-4　创建模拟器

❷**Target** 选择 "Google APIs(Google Inc.)-API Level14"。

❸**SDCard** 的 **Size** 输入 "64"。

❹**Skin** 的 **Built-in:**选择 "HVGA"，完成后点击 **Create AVD** 按钮。

（3）GoogleAPIs 模拟器创建完成的界面，如图 17-5 所示。

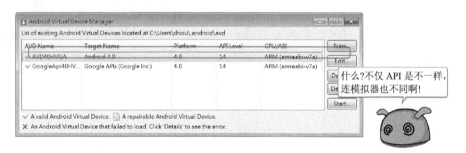

▲图 17-5　模拟器创建完成的界面

17.1.3　创建 Google APIs 应用程序

开发 Google APIs 应用程序，第二个重要的条件是必须创建 Google APIs 类型的项目。在创建项目时，在 **Select BuildTarget** 窗口中必须复选 **Google APIs**，版本可以根据实际需求。

例如下列为创建 "Google APIs4.0" 版本为 14 的界面，这个创建 Google APIs 应用程序的操作将在后面实现时详细说明，如图 17-6 所示。

17.1.4　查询经纬度

如果程序里会应用到地点查询时，就必须准备好将要使用的经纬度坐标。你可以利用一些工具来先行查询，例如我们在示例中将使用的："前门"地理位置的纬度、经度坐标为 "39.908666,116.397496"，"颐和园" 为 "40.000202,116.274018"，"长城" 为 "40.359757,116.020088"。

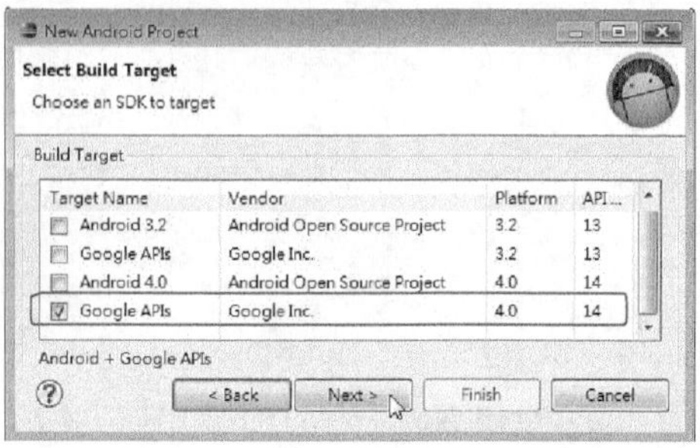

▲图 17-6　选择 Google APIs 的版本

17.1.5　申请本机执行 Google 地图的 API Key

最后一个重要的条件，那就是必须申请一个 GoogleMap 的 API Key。如果是使用模拟器执行，可以利用本机的 "debug" 密钥产生 MD5 码，然后利用这个 MD5 码向 Google 申请 API Key，操作步骤如下。

1. 查询本机密钥文件

在 Eclipse 的主菜单，选择 **Window/Preferences**，打开 Preferences 窗口，展开 Android 后选中 **Build**，右边的 **Default debug keystore** "C:\Users\用户账号\.android\debug.keystore" 即为 <debug.keystore> 的物理目录，如图 17-7 所示。

▲图 17-7　密钥文件的物理目录

2. 在命令行窗口执行 Keytool 程序

点击开始菜单，所有程序/附属应用程序/命令提示字符，打开命令行窗口。输入 "cd C:\Users\用户账号\.android" 切换目录至 <debug.keystore> 的物理目录，然后使用 <keytool.exe> 指令得到所需的 MD5 码，因为 <keytool.exe> 位于 <C:\ProgramFiles\Java\jre7\bin> 目录，因此必须以 path 设置其路径，并加上 <keytool.exe> 命令执行的参数，以下以用户账号为 "administrator" 操作，如图 17-8 所示。

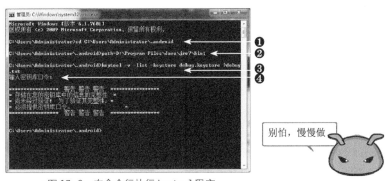

▲图 17-8　在命令行执行 keytool 程序

❶ "cd C:\Users\admistrator\.android"：输入后点击 **Enter** 键，切换目录至 <debug.keystore> 的物理目录。

❷ "path=C:\ProgramFiles\Java\jre7\bin;"：设置 <keytool.exe> 执行文件的路径。

❸ "keytool –v –list –keystore debug.keystore>debug.txt"：利用输出重定向将码输出到 <debug.txt> 文件中，在 jre7 版本，参数 "-v" 不可省略，否则只会输出 SHA1 码，无法输出 MD5 码。（如果是 jre6 版本，参数 "-v" 可以省略）。

❹ "输入密钥库密码:"可以忽略,点击 **Enter** 键即可。

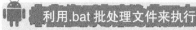

利用 .bat 批处理文件来执行

　　由于命令窗口的操作,命令输入时经常会不小心输入错误,可以将上面 2~3 的操作,写在一个 .bat 文件中,再通过 .bat 文件来重复执行上述 2~3 的操作。

　　例如:在<C:\Users\用户账号\.android>目录创建<mydebugkey.bat>,内容如下,创建后在文件管理器中双击<mydebugkey.bat>即可执行 1~4 的操作。

```
<C:\Users\用户账号\.android\mydebugkey.bat>
RemC:\Users\用户账号\.androidpath=C:\ProgramFiles\Java\jre7\bin;
keytool - v -list-keystore debug.keystore>debug.txt
Rem 点击 ( Enter ) 键
```

3. 打开 debug.txt 获取 MD5 码

打开输出重定向产生的<debug.txt>文件将会看到 MD5 的码。因为文件内容很乱,注意一下在"MD5:"后面那一串数字,这就是目前本机的 MD5 码,如图 17-9 所示。

▲图 17-9　MD5 码

4. 申请模拟器环境执行的 API Key

获取 Debug 模式的 MD5 码后,就可以用这个 MD5 码申请模拟器环境执行的 API Key。再次提醒,申请前必须有一组 Google 账号。

(1)进入申请页面:"https://developers.google.com/maps/documentation/android/v1/maps-api-signup?hl=zh-CN",复选同意使用项目及规定后粘贴 MD5 码,然后点击 **Generate API Key** 按钮,如图 17-10 所示。

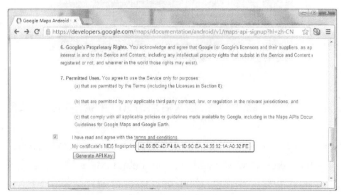

▲图 17-10　申请页面

（2）接着输入自己的 Google 账号、密码后会出现一组 API Key，如图 17-11 所示。

▲图 17-11　获得 API Key

将这个 API Key 复制保存起来，但是这个 API Key 仅适用于模拟器执行，无法在实体机上执行，而且也无法在其他计算机上使用。它只需要申请一次，以后同一台计算机的其他 Google APIs 的项目都可以共享此模拟器的 API Key。

所有 GoogleAPIs 的应用程序，执行前必须拥有自己的 API Key，别人的 API Key 是无法使用的，所以打开本章的示例执行前，都必须将原来的 API Key 换成自己申请的 API Key，否则无法正常显示 Google 地图。至于 API Key 怎么使用，在后面的实际示例中再来说明。

另外，通过上面办法申请的是 V1 版的密钥，目前 Google 建议使用 V3 版，大家可以在网上查阅相应资料，或是在 https://code.google.com/apis/console 自己查看详细信息。

17.2　创建 Google 地图应用程序

创建 Google 地图应用程序和一般的应用程序稍微不同，必须注意下列步骤。

17.2.1　创建 Google 地图应用程序的步骤

（1）新建项目时，在项目属性窗口的 Select Build Target 不可以选择 Android，而必须选择 Google APIs。

（2）在<main.xml>布局配置文件中，必须加入一个<com.google.android.map/MapView>组件，并在其中填入申请的 API Key。如下：

```
<com.google.android.maps.MapViewandroid:id="@+id/组件名称"android:layout_height="fill
_parent"
android:layout_width="fill_parent"
android:apiKey="(申请的模拟器 API Key)"/>
```

（3）将原继承的 Activity 类更改为 MapActivity，继承 MapActivity 后必须实现 isRouteDisplayed()方法读入地图，这里以 GoogleMap1Activity 主程序为例，结构如下：

```
public class GoogleMap1Activity extends MapActivity{
…
  @Override
  protected boolean isRouteDisplayed(){
    //TODO Auto-generated method stub
    return false;
  }
}
```

（4）在 onCreate()方法中，先使用 MapView 组件的 getController()获取控制地图缩放比例和定位的 MapController，然后使用 setZoom()控制地图缩放比例，使用 animateTo()设置地图的中心移动到指定坐标上。

```
public void onCreate(BundlesavedInstanceState){    ←————❶
…
map=(MapView)findViewById(R.id.map);//获取 googlemap 组件  ←————❷
MapControllermapController=map.getController();  ←————❸
mapController.setZoom(17);//设置缩放比例
    //设置地图坐标值:纬度,经度
    GeoPointTiamanmen=new GeoPoint(
        (int) (39.908666 * 1000000),(int) (116.397496 * 1000000));
mapController.animateTo(Tiamanmen);//指定地图中央点—前门  ←————❹
}
```

❶获取 MapView 组件。

❷使用 MapView 组件的 getController()获取控制地图的 MapController。

❸使用 MapController 的 setZoom()控制地图缩放比例。

❹使用 MapController 的 animateTo()将地图的中心移动到以 GeoPoint 对象定义的"纬度*1000000，经度*1000000"坐标上。

（5）在<AndroidManifest.xml>中加入下列的粗体文字。

```
<?xmlversion="1.0"encoding="utf-8"?>
<manifest…/>
    <application
android:icon="@drawable/ic_launcher"android:label="@string/app_name">
        <uses-library android:name="com.google.android.maps"/>  ←————❶
        <activity
            …
        </activity>
    </application>
<uses-permission android:name="android.permission.INTERNET"/>  ←————❷
</manifest>
```

❶ "<uses-libraryandroid:name="com.google.android.maps"/>" 是 MapView 组件库的位置，必须写在<application>标签中。

❷ "<uses-permissionandroid:name="android.permission.INTERNET"/>表示允许使用网络，必须写在<application>标签外部。

17.2.2　示例：新建 Google 地图应用程序

新建 Google 地图应用程序项目，设置地图的缩放比例为 17，显示中心点为"前门"。

1. 新建 Google APIs 项目

新建项目<GoogleMap1>，记得在项目属性窗口的 **Select Build Target** 中不可以选择 **Android**，而必须选择 **Google APIs**，本例选择"Google APIs4.0"版本为 14，如图 17-12 所示。

▲图 17-12　选择 Google APIs 的版本

2. 完成 main.xml 布局配置

在<main.xml>中必须加入一个<com.google.android.map/MapView>组件，组件名称自定义为"map"，并在 android:apiKey 中填入自己申请的 API Key：

```
<GoogleMap1/res/layout/main.xml>

<?xmlversion="1.0"encoding="utf-8"?>
<LinearLayoutxmlns:android="http://schemas.android.com/apk/res/android"
    android:orientation="vertical"
    android:layout_width="fill_parent"
    android:layout_height="fill_parent">

    <com.google.android.maps.MapViewandroid:id="@+id/map"
     android:layout_height="fill_parent"
     android:layout_width="fill_parent"
     android:apiKey="(申请的模拟器 APIKey)"/>

</LinearLayout>
```

3. 继承 MapActivity

打开<GoogleMap1Activity.java>将原继承的类更改为 MapActivity，并实现 isRouteDisplayed() 方法：

```
<GoogleMap1/src/GoogleMap1.com/GoogleMap1Activity.java>
public class GoogleMap1Activity extends MapActivity{
    /**Called when the activityisfirstcreated.*/
    @Override
    public void onCreate(BundlesavedInstanceState){
        super.onCreate(savedInstanceState);
        setContentView(R.layout.main);
    }

    @Override
    protected boolean isRouteDisplayed(){
        //TODO Auto-generated method stub
        return false;
    }
}
```

4. 控制地图缩放比例和定位点

在 onCreate()方法中，为加载的 GoogleMap 初始化。

```
<GoogleMap1/src/GoogleMap1.com/GoogleMap1Activity.java>
…略
9public class GoogleMap1Activity extends MapActivity{
10private MapView map;//声明 googlemap 对象
11private MapController mapController;//声明 googlemap 控制对象
12@Override
13public void onCreate(BundlesavedInstanceState){
14super.onCreate(savedInstanceState);
15setContentView(R.layout.main);
16
17map=(MapView)findViewById(R.id.map);//获取 googlemap 组件
18
19mapController=map.getController();
20mapController.setZoom(17);//设置放大倍率 1(地球)～21(街道)
21
22//设置地图坐标值:纬度,经度
23GeoPoint Tiananmen=new GeoPoint(
24(int)(39.908666 * 1000000),(int)(116.397496 * 1000000));
25mapController.animateTo(Tiananmen);//中心点–前门
26}
27
```

```
28@Override
29protected boolean isRouteDisplayed(){
30//TODO Auto-generated method stub
31return false;
32}
33}
```

- 第 17、19 行，获取 MapView 组件 map，再使用 map.getController()获取控制地图缩放比例和定位的 mapController。
- 第 20 行，使用 mapController 的 setZoom(17)控制地图缩放比例，setZoom(n)中的 n 由 1 到 21，1 最大表示地球全图，21 最小表示街道地图。
- 第 23~25 行，以 mapController 的 animateTo()将地图的中心移动指标坐标上，animateTo() 的坐标是以 GeoPoint 对象定义的"纬度*1000000，经度*1000000"坐标。

5. 声明 MapView 组件库的位置、使用网络的权限

参考上一节操作，在<AndroidManifest.xml>中加入下列的文字。

```
<uses-library android:name="com.google.android.maps"/>
<uses-permission android:name="android.permission.INTERNET"/>
```

6. 执行结果

保存项目后，按 **Ctrl+F11** 组合键执行项目，使用已经创建"GoogleApi40HVGA"的模拟器，执行后将会启动这个模拟器，如图 17-13 所示。

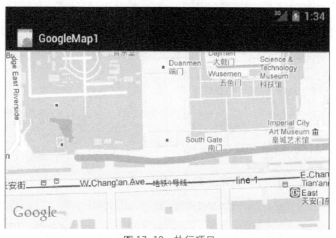

▲图 17-13　执行项目

17.3　加入 Google 地图控制功能

前一单元创建的 Google 地图应用程序并无法放大和缩小，也无法拖曳移动显示其他邻近的位置，同时也无法切换其他如卫星、街道等的显示格式。

17.3.1　地图的查看模式

MapView 类的 setTraffic()可以设置地图查看模式为一般地图，setSatellite()则设置为卫星地图。

（1）一般地图：setTraffic(true)为设置，setTraffic(false)则取消设置。

（2）卫星地图：setSatellite(true)为设置，setSatellite(false)为取消设置。例如：设置以卫星地图

显示。

```
map.setTraffic(false);//取消一般地图设置
map.setSatellite(true);//设置为卫星地图
```

17.3.2 地图的放大、缩小和拖曳

MapView 类的 setBuiltInZoomControls()可以加入地图缩放和拖曳的功能。这样当手指在地图上点击时，就会出现放大和缩小的图标。除此之外，地图也可以拖曳了。

```
map.setBuiltInZoomControls(true);//地图缩放和拖曳。
```

不过，在\<main.xml>中的 MapView 组件要加入"android:clickable="true""让 MapView 组件具有 Click 的动作。

```
<com.google.android.maps.MapViewandroid:id="@+id/map"
…略
android:clickable="true"/>
```

17.3.3 示例：设置 Google 地图的缩放、拖曳和查看模式

创建 Google 地图应用程序项目，默认以卫星地图显示，缩放比例为 17，显示中心点为"前门"。但具有地图的缩放、拖曳的功能，点击 **MENU** 选单可以选择以一般地图或卫星地图显示，也可以选择指定的地点包括"前门"、"颐和园"和"长城"，如图 17-14 所示。

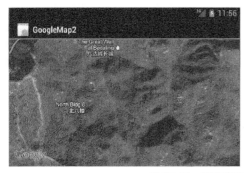

▲图 17-14 设置地图的缩放、拖曳和查看模式

1. 新建项目并完成布局配置

新建\<GoogleMap2>项目，在\<main.xml>中创建一个 MapView 组件，组件名称自定义为"map"，并在 android:apiKey 中填入自己申请的 APIKey。

```
<GoogleMap2/res/layout/main.xml>
```

```xml
<?xmlversion="1.0"encoding="utf-8"?>
<LinearLayout xmlns:android="http://schemas.android.com/apk/res/android"
    android:orientation="vertical"
    android:layout_width="fill_parent"
    android:layout_height="fill_parent">

    <com.google.android.maps.MapView
    android:id="@+id/map"
    android:layout_height="fill_parent"
    android:layout_width="fill_parent"
    android:clickable="true"
     android:apiKey="(申请的模拟器 APIKey)"/>

</LinearLayout>
```

2. 加入执行的程序代码

<GoogleMap2/src/GoogleMap2.com/GoogleMap2Activity.java>
```java
…略
11public class GoogleMap2Activity extends MapActivity{
12private MapView map;//声明 googlemap 对象
13private MapController mapController;//声明 googlemap 控制对象
14@Override
15public void onCreate(BundlesavedInstanceState){
16super.onCreate(savedInstanceState);
17setContentView(R.layout.main);
18
19map=(MapView)findViewById(R.id.map);//获取 googlemap 组件
20map.setBuiltInZoomControls(true);//地图缩放和拖曳
21map.setTraffic(false);//设置地图检示模式: 一般地图
22map.setSatellite(true);//卫星地图
23
24mapController=map.getController();
25mapController.setZoom(17);//设置放大倍率 1(地球)~21(街道)
26mapController.animateTo(Tiananmen);//中央点为前门
27}
28
29protected static final int MENU_Traffic=Menu.FIRST;
30protected static final int MENU_Satellite=Menu.FIRST+1;
31protected static final int MENU_Tiananmen=Menu.FIRST+2;
32protected static final int MENU_Yiheyuan=Menu.FIRST+3;
33protected static final int MENU_Changcheng=Menu.FIRST+4;
34//setmenu
35public boolean onCreateOptionsMenu(Menu menu){
36menu.add(0,MENU_Traffic,0,"一般地图");
37menu.add(0,MENU_Satellite,1,"卫星地图");
38menu.add(0,MENU_Tiananmen,2,"前门");
39menu.add(0,MENU_Yiheyuan,3,"颐和园");
40menu.add(0,MENU_Changcheng,4,"长城");
41return true;
42}
43
44//设置地图坐标值:纬度,经度
45GeoPoint Tiananmen=new GeoPoint(
46(int)(39.908666*1000000),(int)(116.397496*1000000));
47GeoPoint Yiheyuan=new GeoPoint(
48(int)(40.000202*1000000),(int)(116.274018*1000000));
49GeoPoint Changcheng=new GeoPoint(
50(int)(40.359757*1000000),(int)(116.020088*1000000));
51
52public boolean onOptionsItemSelected(MenuItem item){
53switch(item.getItemId()){
54case MENU_Traffic:
55map.setSatellite(false);//一般地图
56break;
57case MENU_Satellite:
58map.setSatellite(true);//卫星地图
59break;
60case MENU_Tiananmen://前门
```

```
61mapController.animateTo(Tiananmen);
62break;
63case MENU_Yiheyuan://颐和园
64mapController.animateTo(Yiheyuan);
65break;
66case MENU_Changcheng://长城
67mapController.animateTo(Changcheng);
68break;
69}
70return true;
71}
72
73@Override
74protected boolean isRouteDisplayed(){
75//TODO Auto-generated method stub
76return false;
77}
78}
```

- 第29～71行，定义5个菜单项。
- 第54～56行，显示一般地图。
- 第57～59行，显示卫星地图。
- 第60～68行，选择地点"前门"、"颐和园"和"长城"。

3～声明 MapView 组件库的位置、使用网络的权限

参考上一节操作，记得在<AndroidManifest.xml>声明<MapView>组件库的位置、使用网络的权限。

保存项目后，按 **Ctrl+F11** 组合键执行项目，使用已经创建"GoogleApi40HVGA"的模拟器，执行时该地图除了有缩放、拖曳的功能，点击 **MENU** 菜单可以选择以一般地图或卫星地图显示，也可以选择指定的地点包括"前门"、"颐和园"和"长城"，如图 17-15 所示。

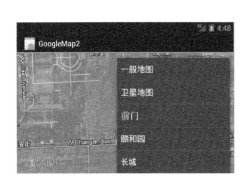

▲图 17-15　执行项目

17.4 获取当前位置的相关信息

如果要获取当前所在的位置，就必须加入定位的功能，这样就可以获取当前所在位置的相关资源，例如相关的景点、住宿、旅游、美食，让手机立即充满生命力。

17.4.1　Android 设备定位的方法

　　Android 提供设备定位的方法有 GPS 定位和网络联机定位，其中 GPS 定位较准确，但必须在户外卫星可接收到的地方才能使用。而网络联机准确度较差，但在室内只要具有网络即可以获取定位。

　　对开发者来说，获取设备位置信息的方法有两种，第一种方法是使用 LocationManager 对象，它可以设置参数自动判断最佳的定位服务来源，但是使用上较复杂。第二种方法是使用 MyLocationOverlay 对象，这种方式只要实现 MyLocationOverlay 对象的 runOnFirstFix()方法，使用上比较简单。

17.4.2　使用 LocationManager 对象定位

　　使用 LocationManager 对象可以设置参数如耗电量、精准度，以及是否可传回相对位置、速度和高度。也可以判断设备目前最佳获取位置的方式是 GPS 或网络定位，再从中选择最佳的定位方式。创建 LocationManager 对象定位的 Google 地图应用程序，有以下几点需要特别注意。

1．实现 LoctaionListener 类

　　Java 中的类只能从一个类继承，当需要多重继承时，需要通过接口来实现。在目前的情况下，Google 地图必须先继承 MapActivity 类来实现 isRouteDisplayed()方法。对于 LocationListener 类就必须通过 implements 来实现 LocationListener 接口里的方法。

　　这里以下面的<GPS1Activity>项目为例，完整的结构如下：

```
public clas sGPS1Activity extends MapActivityimplements ←───❶
    LocationListener{
    @Override
protected boolean isRouteDisplayed(){ ←───❷
        return false;
    }

    @Override
public void onLocationChanged(Location location){ ←───❸
    }

    @Override
public void onProviderDisabled(String provider){ ←───❹
    }

    @Override
public void onProviderEnabled(String provider){ ←───❺
    }

    @Override
public void onStatusChanged(String provider,int status,Bundle extras){ ←───❻
    }
}
```

　　❶与过去单类继承的语法不同，这里除了继承 MapActivity 类外，还要利用 implements 实现 LocationListener 接口的 onLocationChanged()、onProviderDisabled()、onProviderEnabled()、onStatusChanged()4 个方法。

　　❷继承 MapActivity 后，必须实现 isRouteDisplayed()方法。

　　❸onLocationChanged()是手机定位地点改变执行的方法，传入的参数"location"可以获取当前的位置。

　　❹onProviderDisabled()用来处理当 GPS 或网路定位功能关闭时，会使用 LocationManager 对

象的 removeUpdates()方法来停止定位。

❺onProviderEnabled()用来处理当 GPS 或网络定位功能打开时，会使用 LocationManager 对象的 requestLocationUpdates()启动定位。

❻onStatusChanged()用来处理当定位状态改变时，重新获取一个最佳的定位方式。

2. 利用 Criteria 对象获取最佳定位

我们可以利用 Criteria 对象获取最佳的定位方式，以<GPS1Activity>项目为例：

```
    public class GPS1Activity extends MapActivityimplements
    LocationListener{
private LocationManager locMgr;  ◀━━━❶
    String bestProv;

    @Override
    public void onCreate(BundlesavedInstanceState){
        …略
locMgr=(LocationManager)getSystemService(LOCATION_SERVICE);  ◀━━━❷
Criteria criteria=newCriteria();  ◀━━━❸
bestProv=locMgr.getBestProvider(criteria,true);//获取最佳定位方式  ◀━━━❹
    }
```

❶首先创建 LocationManager 类型的对象 locMgr。

❷使用 "getSystemService(LOCATION_SERVICE)" 可以获取 LocationManager 对象，参数 "LOCATION_SERVICE" 代表获取的是定位服务。

❸创建 Criteria 对象以获取最佳的定位方式，在本书的示例中，采用系统自动处理的方式，因此未设置 Criteria 对象的参数。

❹getBestProvider()方法可以获取最佳定位方式，"Criteria" 作为 LocationManager 对象提供的 getBestProvider()方法中的第一个参数，而第二个参数则填入 "true"，以获取最佳的定位方式，传回的字符串 bestProv 即为系统自动处理获取的最佳定位方式。

3. 定位服务的启停时机

在 LocationListener 接口的实现中虽然可以利用 onProviderDisabled()、onProviderEnabled()两个方法来启动或停止定位服务，但是在实际使用上如果使用的设备进入待机的状态时，启动的定位服务是不会因此而停止，这样容易造成资源消耗。

所以一般建议在主程序类的 onResume()和 onPause()加入启动定位和停止定位的动作，同时也在 onResume()中当应用程序启动时获取当前的定位点。以<GPS1Activity>项目为例：

```
    @Override
    protected void onResume(){
        super.onResume();
locMgr.requestLocationUpdates(bestProv,60000,1,this);  ◀━━━❶
    }
    @Override
    protected void onPause(){
        super.onPause();
    locMgr.removeUpdates(this);  ◀━━━❷
    }
```

❶加入启动定位，"requestLocationUpdates(bestProv,60000,1,this)" 必须传入四个参数。

第一个参数是由 "bestProv=locMgr.getBestProvider(criteria,true);" 根据 criteria 定义获取的最佳定位方式，本例是由系统自动选择。第二个参数是最短的更新时间，每 1000 为 1 秒钟，60000 即 1 分钟。第三个参数是最短通知的距离，单位为米。当移动速度较快时，设置最短通知的距离可避免程序误判。

　　第四个参数"this"代表调用的应用程序是主程序 GPS1Activity。我们将原来 onProviderEnabled() 用以处理当 GPS 或网络定位功能打开动作改写在 onResume()中，通常会在这时使用 LocationManager 对象的 requestLocationUpdates()启动定位。

```
protected void onResume(){
    locMgr.requestLocationUpdates(bestProv,60000,1,this);
}
```

　　❷将原来使用onProviderDisabled()来停止定位的动作改写在onPause()中，并使用LocationManager 对象的 removeUpdates()停止定位。

```
protected void onPause(){
    locMgr.removeUpdates(this);
}
```

4. 声明 MapView 组件库的位置、使用网络及定服务的权限

最后仍然要在<AndroidManifest.xml>中进行声明。

```
<manifest…>
    <application…>
      <uses-library android:name="com.google.android.maps"/>
      …
    </application>
    <uses-permission android:name="android.permission.ACCESS_FINE_LOCATION"/>
    <uses-permission android:name="android.permission.INTERNET"/>
</manifest>
```

声明<MapView>组件库的位置、使用网络的权限，不同的是新加入"uses-permissionandroid: name="android.permission.ACCESS_FINE_LOCATION""表示允许使用定位服务。

17.4.3　示例：使用 LocationManager 对象获取当前的位置

新建 Google 地图应用程序项目，使用 LocationManager 对象获取当前的位置，并设置地图的缩放比例为 17，地图显示模式为卫星地图，如图 17-16 所示。

▲图 17-16　使用 LocationManager 对象获取当前的位置

1. 新建项目并完成布局配置

新建<GPS1>项目，<main.xml>布局配置，和<GoogleMap2>示例相同。

<GPS1/res/layout/main.xml>

```
<?xmlversion="1.0"encoding="utf-8"?>
<LinearLayout xmlns:android="http://schemas.android.com/apk/res/android"
    android:orientation="vertical"
    android:layout_width="fill_parent"
    android:layout_height="fill_parent">

    <com.google.android.maps.MapView android:id="@+id/map"
    android:layout_height="fill_parent"
    android:layout_width="fill_parent"
    android:clickable="true"
    android:apiKey="0gitIYqazHhph8LdGfR0YLN-NF-PkFnH5gWAUdA"/>

</LinearLayout>
```

2. 加入执行的程序代码

（1）在 onCreate()中创建 LocationManager 对象：locMgr。再通过"locMgr.getBestProvider(criteria, true)"根据 criteria 对象获取最佳的定位方式。

```
<GPS1/src/GPS1.com/GPS1Activity.java>
…略
public class GPS1Activity extends MapActivity
        implementsLocationListener{
    priva teMapView map;
    private MapController mapController;
    private LocationManager locMgr;
    String bestProv;
    @Override
    public void onCreate(BundlesavedInstanceState){
        super.onCreate(savedInstanceState);
        setContentView(R.layout.main);

        map=(MapView)findViewById(R.id.map);//获取 googlemap 组件 map.setBuiltInZoom
        Controls(true);//地图缩放和拖曳 map.setSatellite(true);//设置地图显示模式：卫星地图

        mapController=map.getController();
        mapController.setZoom(17);//设置放大倍率 1(地球)～21(街道)
        locMgr=(LocationManager)getSystemService(LOCATION_SERVICE);

        Criteria criteria=new Criteria();
        bestProv=locMgr.getBestProvider(criteria,true);
}
```

（2）当位置改变时会执行 onLocationChanged(Locationlocation)方法，参数"location"为当前的坐标位置。

```
续：<GPS1/src/GPS1.com/GPS1Activity.java>

    @Override
    public void onLocationChanged(Location location){
GeoPoint gp=new GeoPoint(          ←————❶
        (int)(location.getLatitude()*1000000),(int)(location.getLongitude()*1000000));
mapController.animateTo(gp);//指定地图现在位置           ←————❷
    String x="纬="+Double.toString(location.getLatitude());
    String y="经="+Double.toString(location.getLongitude());
Toast.makeText(GPS1Activity.this,x+          ←————❸
        "\n\r"+y,Toast.LENGTH_LONG).show();
    }
```

❶以使用 location"参数的 getLatitude()和 getLongitude()方法获取坐标位置的纬度和经度。
❷在地图上显示目前的位置。
❸使用 Toast 显示目前的纬度和经度。
（3）接着要继续实现当系统暂停、系统重启及定位状态改变时的动作。

续：<GPS1/src/GPS1.com/GPS1Activity.java>

```
    @Override
    protected void onResume(){
        super.onResume();
locMgr.requestLocationUpdates(bestProv,60000,1,this);    ←——❶
    }

    @Override
    protected void onPause(){
        super.onPause();
locMgr.removeUpdates(this);    ←——❷
    }

    @Override
    public void onStatusChanged(String provider,int status,Bundle extras){
        Criteria criteria=newCriteria();
bestProv=locMgr.getBestProvider(criteria,true);    ←——❸
    }
```

❶将打开定位服务的动作改写在 onResume()中。

❷将停止定位服务的动作改写在 onPause()中。

❸在 onStatusChanged()处理当定位状态改变时，重新根据 criteria 的定义，再使用"bestProv= locMgr.getBestProvider(criteria,true)"重新获取一个最佳的定位方式。

（4）最后将 onProviderDisabled()、onProviderEnabled()和 isRouteDisplayed()未实现的方法列出，这里还是保留原来程序的结构，方便阅读。

续：<GPS1/src/GPS1.com/GPS1Activity.java>

```
    @Override
    public void onProviderDisabled(String provider){
    }
    @Override
    public void onProviderEnabled(String provider){
    }
    @Override
    protected boolean isRouteDisplayed(){
        return false;
    }
}//这是主程序结束的程序代码
```

3. 声明<MapView>组件库的位置、使用网络的权限

参考上一节操作，在<AndroidManifest.xml>声明<MapView>组件库的位置、使用网络和定义服务的权限。

保存项目后，按 **Ctrl+F11** 组合键执行项目，使用已经创建"GoogleApi40HVGA"的模拟器，设置地图的缩放比例为 17，地图显示模式为卫星地图。但是你会发一个问题，那就是在模拟器中是无法获取目前的定位点来显示。如果想要测试，就必须使用模拟定位的动作，以下将介绍如何在 Eclipse 设置坐标，让项目可以进行定位的功能。

17.4.4　进行模拟定位

要在模拟器上模拟定位功能，必须使用 DDMS 模式的 Emulator Control 窗口。通过 Emulator Control 窗口送出经、纬度来模拟。以下是执行时的步骤。

（1）首先启动 Google APIs 的模拟器。

（2）回 Eclipse，点击主功能上工具栏右上角的 Java 图示右边的 »图标，在出现的快捷菜单中选择 **DDMB**，即会打开 DDMB 窗口，如图 17-17 所示。

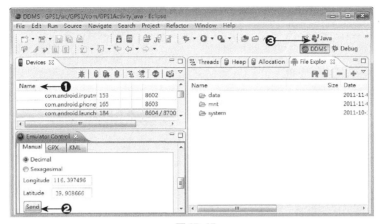

▲图 17-17

❶在 Device 中的 **Name** 窗口中单击。

❷在 **Emulator Control** 窗口中的 **Longtitude** 和 **Latitude** 字段分别输入经、纬度坐标，例如：前门（116.397496,39.908666）、颐和园（116.274018,40.000202）。输入前门坐标（116.397496, 39.908666）点击 **Send** 按钮，约 2 秒钟会在模拟器出现前门的卫星地图，如图 17-18 所示。

❸点击 Java 图标，可以回到应用程序中。

▲图 17-18　模拟定位

17.4.5　使用 MyLocationOverlay 对象定位

第二种定位方式是使用 MyLocationOverlay 对象。MyLocationOverlay 称为定位图层，它是放置在地图上的透明图层，用户能将定位点放在该图层上。使用上比较简单，只要实现 MyLocationOverlay 对象 runOnFirstFix()方法即可进行定位动作，具体步骤如下。

（1）新建项目时，项目属性窗口的 **Select Build Target** 必须选择 Google APIs。

（2）<main.xml>布局中，加入一个 MapView 组件，并填入申请的 API Key。

（3）继承 MapActivity 类，并实现 isRouteDisplayed()方法。

（4）在主程序类的 onCreate()方法中，创建 MyLocationOverlay 对象，并创建一个匿名的 Runnable 对象，当作 runOnFirstFix()方法的参数，然后实现 Runnable 对象的 run()方法获取目前的定位点。最后创建一个 Overlay 类型的列表对象，把当前的定位点加至 Overlay 的图层中。

```
private MyLocationOverlay LocationOverlay;          ←❶
  public void onCreate(BundlesavedInstanceState){
    map=(MapView)findViewById(R.id.map);//获取 googlemap 组件
    mapController=map.getController();
List<Overlay>overlays=map.getOverlays();//创建图层的 List 清单 LocationOverlay=new  ←❷
MyLocationOverlay(this,map);
```

```
    LocationOverlay.runOnFirstFix(newRunnable(){
    @Override
public void run(){
        mapController.animateTo(LocationOverlay.getMyLocation());    ←❸
    }
    });
```

```
overlays.add(LocationOverlay);//将定位图层的图标加入图层列表中    ←❹
    }
```

❶创建 MyLocationOverlay 对象和 Runnable 对象。利用 LocationOverlay=newMyLocation Overlay(this,map)创建定位图层 LocationOverlay，第一个参数"this"代表目前的主程序类，第二个参数"map"是使用的地图。

❷MyLocationOverlay 对象中必须创建一个匿名的 Runnable 对象，并实现 Runnable 对象的 run() 方法获取目前的定位点。

如图 17-19 所示。

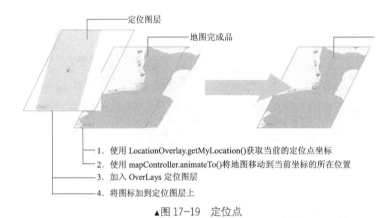

定位图层

地图完成品

1. 使用 LocationOverlay.getMyLocation()获取当前的定位点坐标
2. 使用 mapController.animateTo()将地图移动到当前坐标的所在位置
3. 加入 OverLays 定位图层
4. 将图标加到定位图层上

▲图 17-19　定位点

在 run() 方法中，使用 LocationOverlay.getMyLocation() 获取当前的定位点，并使用 mapController.animateTo()将地图移动到当前的定位点。

❸使用 List<Overlay>overlays=map.getOverlays()在目前的 MapView 上创建 Overlay 图层对象，系统默认是以泛型 List<Overlay>创建 Overlay 类型的 List 清单 overlays。

❹overlays.add(LocationOverlay)将定位点图标加至 Overlay 的图层中。

（5）在主程序类的 onResume()使用 enableMyLocation()方法加入启动定位动作，同时在 onPause()方法中以 disableMyLocation()加入停止定位的动作。

```
@Override
protected void onResume(){
    super.onResume();
    LocationOverlay.enableMyLocation();
}

@Override
protected void onPause(){
    super.onPause();
    LocationOverlay.disableMyLocation();
}
```

（6）<AndroidManifest.xml>声明<MapView>组件库的位置、使用网络和定位服务的权限。这样即可完成 MyLocationOverlay 对象定位的动作。

17.4.6　示例：使用 LocationOverlay 对象获取当前定位

创建 Google 地图应用程序项目，以 LocationOverlay 对象获取当前的定位点，并设置地图的缩放比例为 17，地图查看模式为卫星地图，如图 17-20 所示。

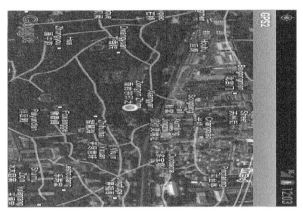

▲图 17-20　使用 LocationOverlay 对象获取当前定位

1.　新建项目并完成布局配置

新建<GPS2>项目，<main.xml>布局配置，和示例<GPS1>项目相同。

2.　加入执行的程序代码

```
<GPS2/src/GPS2.com/GPS2Activity.java>
…略
11public class GPS2Activity extends MapActivity{
12private MapView map;
13private MapController mapController;
14private MyLocationOverlay LocationOverlay;
15@Override
16public void onCreate(BundlesavedInstanceState){
17super.onCreate(savedInstanceState);
18setContentView(R.layout.main);
19
20map=(MapView)findViewById(R.id.map);//获取 googlemap 组件
21map.setBuiltInZoomControls(true);//地图缩放和拖曳
22map.setSatellite(true);//卫星地图
24mapController=map.getController();
25mapController.setZoom(17);//设置放大倍率
26
27      List<Overlay>overlays=map.getOverlays();//创建图层的 List 清单  ←━━❶
28
29      LocationOverlay=new MyLocationOverlay(this,map);  ←━❷
30      LocationOverlay.runOnFirstFix(new Runnable(){  ←━❸
31@Override
32public void run(){
33mapController.animateTo(LocationOverlay.
                  getMyLocation());
34}
35});
36      overlays.add(LocationOverlay);//将定位图层图标加入图层列表中  ←━━❹
37}
38
39@Override
40protected void onResume(){
```

```
41//TODO Auto-generated method stub
42super.onResume();
43LocationOverlay.enableMyLocation();  ⑤
44}
45
46@Override
47protected void onPause(){
48//TODO Auto-generated method stub
49super.onPause();
50LocationOverlay.disableMyLocation();  ⑥
51}
52
53@Override
54protected boolean isRouteDisplayed(){
55//TODO Auto-generated method stub
56return false;
57}
58}
```

❶创建图层的 List 清单。

❷创建定位图层。

❸实现 Runnable 对象的 run()方法获取当前的定位点。

❹将定位图层图标加入图层列表中。

❺启动定位。

❻停止定位。

保存项目后，按 **Ctrl+F11** 组合键执行项目，使用已经创建的"GoogleApi40HVGA"模拟器，要特别注意的是因为模拟器无法真正获取定位坐标，利用模拟定位来进行项目的测试。

17.5　在 Google 地图上加标记

如果想要在 Google 地图上加标记，可以使用 ItemizedOverlay 类创建标记图层，并为每一个标记加上自定义的图标。

17.5.1　创建继承 ItemizedOverlay 类的标记图层类

创建标记图层必须通过继承 ItemizedOverlay 类来产生，语法要特别注意。

1．创建标记图层类的标准语法

例如这里要继承 ItemizedOverlay 类来新增一个自定义的 LandMarkOverlay 标记图层类，它默认会产生下列结构的程序代码。

```
private class LandMarkOverlay extends ItemizedOverlay<OverlayItem>{  ❶
public LandMarkOverlay(Drawable defaultMarker){  ❷
                super(defaultMarker);
            }

            @Override
protected OverlayItem createItem(int i){  ❸
                return null;
            }

            @Override
        public int size(){  ❹
                return 0;
            }
    }
```

❶创建一个继承自 ItemizedOverlay 类的 LandMarkOverlay 标记图层类，ItemizedOverlay 是泛型类，它的类型是 OverlayItem。OverlayItem 是具有位置、标题、说明文字的标记对象，标记对象会在后面的单元中详细说明。

❷默认创建的构造函数。

❸默认创建的 createItem()，它的类型是 OverlayItem。

❹默认创建的 size() 方法。

2. 创建标记图层类完整的程序代码

在继承 ItemizedOverlay 类新增标记图层的标准语法中，除了重载默认的构造函数、createItem() 和 size() 方法，这里要再加入 draw()、addMyOverlayItem()、onTap() 方法和一个 OverlayItem 类型的列表对象 myOverlayItems，让功能更为完整。

```
private clas sLandMarkOverlay extends ItemizedOverlay<OverlayItem>{
private ArrayList<OverlayItem>myOverlayItems=newArrayList<OverlayItem>(); ◄——❶
public LandMarkOverlay(Drawable icon){ ◄——❷
        super(icon);
    }

    @Override
public void draw(Canvas canvas,MapView mapView,boolean shadow){ ◄——❸
        super.draw(canvas,mapView,false);
    }

public void addMyOverlayItem(OverlayItem overlayItem){ ◄——❹
        myOverlayItems.add(overlayItem);
        populate();
    }

    @Override
    protected OverlayItem createItem(int i){ ◄——❺
        return myOverlayItems.get(i);
    }

    @Override
public int size(){ ◄——❻
        return myOverlayItems.size();
    }

    @Override
protected boolean onTap(int pIndex){ ◄——❼
        Toast.makeText(GPS3Activity.this,
        myOverlayItems.get(pIndex).getTitle()+
        myOverlayItems.get(pIndex).getSnippet(),
    Toast.LENGTH_SHORT).show();
    return true;
    }
}
```

❶用来创建 OverlayItem 类型的 ArrayList 对象：myOverlayItems，功能是保存标记 OverlayItem 对象。

❷在 LandMarkOverlay 类中，默认创建的构造函数，并使用 Drawable 类型的 icon 初始化。

```
public LandMarkOverlay(Drawable icon){
super(icon);
}
```

这样在主程序中创建 LandMarkOverlay 对象时会在标记上显示图标。

```
LandMarkOverlay myMarkOverlay=newLandMarkOverlay(icon);
```

❸我们接着重载 draw()方法，使用父类的 "super.draw(canvas,mapView,false)" 在地图上使用 Canvas 画布画上 icon 的图标，并使用 false 取消阴影。

```
public void draw(Canvas canvas,MapView mapView,boolean shadow){
super.draw(canvas,mapView,false);
}
```

❹我们创建 addMyOverlayItem()方法，将 overlayItem 使用 add()方法加入 ArrayList 清单：myOverlayItems 中。最后以 populate()更新，完成将 OverlayItem 标记对象加入 ItemizedOverlay 标记图层中的动作。

```
public void addMyOverlayItem(OverlayItem overlayItem){
    myOverlayItems.add(overlayItem);
    populate();
}
```

❺createItem()使用 "return myOverlayItems.get(i)" 传回创建的标记对象。

❻size()方法使用 "return myOverlayItems.size()" 传回 ArrayList 的长度，也就是共有几个标记对象。

❼当点击标记图标即会执行 onTap()方法，使用 getPoint()、getTitle()和 getSnippet()分别可获取位置、标题、说明文字。

```
protected boolean onTap(int pIndex){
    Toast.makeText(GPS03Activity.this,
     myOverlayItems.get(pIndex).getTitle()+
      myOverlayItems.get(pIndex).getSnippet(),
     Toast.LENGTH_SHORT).show();
    return true;
}
```

3. OverlayItem 标记对象的格式

OverlayItem 是具有位置、标题、说明文字的标记对象，和 Overlay 是稍有不同的。创建 OverlayItem 标记对象的格式如下：

```
OverlayItem overlayitem=new OverlayItem(标记,标题,说明文字)
```

例如：创建前门的标记对象，标题是 "北京"、说明文字是 "前门"。

```
GeoPoint gp=new GeoPoint(
                 (int)(39.908666*1000000),(int)(116.397496*1000000));
OverlayItem overlayitem=newOverlayItem(gp,"北京","前门");
```

利用自定义的 addMyOverlayItem()方法，可以将 overlayItem 标记对象加入到 myOverlayItems 标记对象列表中。

例如：将 OverlayItem 标记对象加入 myOverlayItems 标记对象列表中。

真的有点难啊~

```
myMarkOverlay=new LandMarkOverlay(icon);//创建标记图层并显示图标
myMarkOverlay.addMyOverlayItem(overlayitem);//加入位置、标题、说明文字
…
public void addMyOverlayItem(OverlayItemoverlayItem){
    myOverlayItems.add(overlayItem);
    populate();
}
```

17.5.2　创建标记图层对象

完成了标记图层类之后，就可使用它来创建标记图层对象并显示图标，主要的程序结构如下：

```
public class GPS3Activity extends MapActivity{
```

```
    public void onCreate(BundlesavedInstanceState){
List<Overlay>overlays=map.getOverlays();//创建图层的 List 清单  ←——❶
    //加入地点的图标
Drawable icon=getResources().getDrawable(图标文件);
    icon.setAlpha(80);//透明度(0~255)
    icon.setBounds(0,0,icon.getMinimumWidth(),icongetMinimumHeight()); ←——❷
    myMarkOverlay=newLandMarkOverlay(icon);//创建标记图层并显示图标
OverlayItemoverlayitem=new OverlayItem(位置,标题,说明文字);  ←——❸
myMarkOverlay.addMyOverlayItem(overlayitem);//将标记对象加入标记图层  ←——❹
overlays.add(myMarkOverlay);//将标记图层加入图层清单中  ←——❺
    }
}
```

❶创建 List 类型的对象 overlays，加入的图层可以是 MyLocationOverlay 创建的定位图层，也可以加入本例创建的 LandMarkOverlay 标记图层。

❷创建标记图层，创建时必须传入一个标记图标，上例先使用 icon 示意表示，通常会以 setAlpha()设置透明度，同时以 setBounds()设置显示的位置和大小，这个 icon 将会在 myMarkOverlay 创建时以 draw()方法显示出来。

❸创建标记对象，创建时必须传入位置、标题、说明文字。

❹将一个 overlayitem 标记对象加入 myMarkOverlay 标记图层中，这个 myMarkOverlay 标记图层是 Overlay 类型的图层，它和 overlayitem 是不同的，overlayitem 是 ItemizedOverlay 类型中，定义位置、标题、说明文字的一个标记对象。

❺将标记图层加入 List 清单 overlays 来管理，包括 MyLocationOverlay 定位图层也都是加入此 overlays 图层清单中。

17.5.3　示例：为地图显示标记

新建 Google 地图应用程序项目，使用标记图层分别在前门、颐和园和长城设置标记，并自定义定位图标。点击 **MENU** 可以从选项中选择景点进行显示，在景点的图标点击会以 Toast 显示当前景点的信息，如图 17-21 所示。

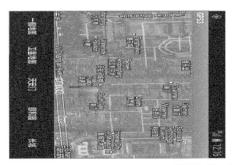

▲图 17-21　为地图显示标记

1. 新建项目并完成布局配置

新建<GPS3>项目，<main.xml>布局配置，和示例<GPS1>项目相同。

2. 加入执行的程序代码

```
<GPS3/src/GPS3.com/GPS3Activity.java>
…略
20public class GPS3Activity extends MapActivity{
21private String[] locTitle={"北京: ","北京: ","北京: "};
22private String[] locSnippet={"前门","颐和园","长城"};
23private Double[][] locPoint={
```

```
24{39.908666,116.397496},{40.000202,116.274018},{40.359757,116.020088}};
25
26private MapView map;
27private MapController mapController;
28private MyLocationOverlay LocationOverlay;
29private LandMarkOverlaymyMarkOverlay;
30int[] resIds=new int[]{R.drawable.onebit_01,
        R.drawable.onebit_02,R.drawable.onebit_03};
31@Override
32public void onCreate(BundlesavedInstanceState){
33super.onCreate(savedInstanceState);
34setContentView(R.layout.main);
35
36map=(MapView)findViewById(R.id.map);//获取 googlemap 组件
37map.setBuiltInZoomControls(true);//地图缩放和拖曳
38map.setSatellite(true);//卫星地图
39
40mapController=map.getController();
41mapController.setZoom(17);//设置放大倍率
42
43List<Overlay> overlays=map.getOverlays();//创建图层的 List 清单
44
45LocationOverlay=new MyLocationOverlay(this,map);
46LocationOverlay.runOnFirstFix(new Runnable(){
47@Override
48public void run(){
49mapController.animateTo(LocationOverlay.getMyLocation());
50}
51});
52overlays.add(LocationOverlay);//将定位图层加入图层清单中
53
54//创建标记图层并显示图标
55Drawable icon=getResources().getDrawable(resIds[0]);
56icon.setAlpha(120);//透明度(0~255)
57icon.setBounds(0,0,icon.getMinimumWidth(),
                  icon.getMinimumHeight());
58myMarkOverlay=new  LandMarkOverlay(icon);
59//加入标记对象
60for(inti=0;i<3;i++){
61double dLat=locPoint[i][0];//纬度
62double dLon=locPoint[i][1];;//经度
63GeoPoint gp=newGeoPoint((int)
                     (dLat*1e6),(int)(dLon*1e6));
64OverlayItem overlayitem=new
                     OverlayItem(gp,locTitle[i],locSnippet[i]);
65myMarkOverlay.addMyOverlayItem(overlayitem);
                  //标记对象加入位置、标题、说明文字
66}
67overlays.add(myMarkOverlay);//将标记图层加入图层清单中
68}
```

- 第 55~57 行，创建标记图层的图标。

- 第 58 行，创建标记图层 myMarkOverlay 并显示图标。

- 第 60~66 行，使用 for 循环加入 3 个标记对象到 myMarkOverlay 标记图层中。

- 第 61~64 行，创建标记对象，每个标记对象的位置、标题、说明文字（分别由 locPoint、locTitle、locSnippet 数组中获取）。

- 第 65 行，使用 addMyOverlayItem()将标记对象加入 myMarkOverlay 标记图层中。

- 第 67 行，将标记图层 myMarkOverlay 加入 List 清单类型的 overlays 图层清单中。

续：<GPS3/src/GPS3.com/GPS3Activity.java>

```
70@Override
71protected boolean isRouteDisplayed(){
72return false;
73}
```

```
74
75@Override
76protected void onResume(){
77super.onResume();
78LocationOverlay.enableMyLocation();
79}
80
81@Override
82protected void onPause(){
83super.onPause();
84LocationOverlay.disableMyLocation();
85}
86
87protected static final int MENU_Traffic=Menu.FIRST;
88protected static final int MENU_Satellite=Menu.FIRST+1;
89protected static final int MENU_Tiananmen=Menu.FIRST+2;
90protected static final int MENU_Yiheyuan=Menu.FIRST+3;
91protected static final int MENU_Changcheng=Menu.FIRST+4;
92//创建菜单
93public boolean onCreateOptionsMenu(Menu menu){
94menu.add(0,MENU_Traffic,0,"一般地图");
95menu.add(0,MENU_Satellite,1,"卫星地图");
96menu.add(0,MENU_Tiananmen,2,"前门");
97menu.add(0,MENU_Yiheyuan,3,"颐和园");
98menu.add(0,MENU_Changcheng,4,"长城");
99returntrue;
100}

102//设置地图坐标值:纬度,经度
103GeoPoint Tiananmen=new GeoPoint(
104(int)(39.908666*1000000),(int)(116.397496*1000000));
105GeoPoint Yiheyuang=new GeoPoint(
106(int)(40.000202*1000000),(int)(116.274018*1000000));
107GeoPoint Changcheng=new GeoPoint(
108(40.359757*1000000),(int)(116.020088*1000000));
109
110public boolean onOptionsItemSelected(MenuItem item){
111switch(item.getItemId()){
112case MENU_Traffic:
113map.setSatellite(false);//一般地图
114break;
115case MENU_Satellite:
116map.setSatellite(true);//卫星地图
117break;
118case MENU_Tiananmer://广场
119mapController.animateTo(Tiananmer);
120break;
121case MENU_Yiheyuan://颐和园
122mapController.animateTo(Yiheyuan);
123break;
124case MENU_Changcheng://长城
125mapController.animateTo(Changcheng);
126break;
127}
128returntrue;
129}
```

- 第 87～129 行，定义 MENU 的菜单，分别在 "前门"、"颐和园" 和 "长城" 设置标记。

续: <src/GPS3.com/GPS3Activity.java>

```
131private class LandMarkOverlay extends ItemizedOverlay<OverlayItem>{
132      private ArrayList<OverlayItem>          ❶
           myOverlayItems=new ArrayList<OverlayItem>();  ❷
133      public LandMarkOverlay(Drawable icon){
134super(icon);
135}
136
137@Override
```

```
138        public void draw(Canvas canvas,MapView mapView,boolean shadow){    ◀──❸
139super.draw(canvas,mapView,false);
140}
141
142        public void addMyOverlayItem(OverlayItem overlayItem){    ◀──❹
143myOverlayItems.add(overlayItem);
144populate();
145}
146@Override
147        protected OverlayItem createItem(int i){    ◀──❺
148return myOverlayItems.get(i);
149}
150
151@Override
152        public int size(){    ◀──❻
153return myOverlayItems.size();
154}
155
156@Override
157        protected boolean onTap(int pIndex){    ◀──❼
158Toast.makeText(GPS3Activity.this,
159myOverlayItems.get(pIndex).getTitle()+
              myOverlayItems.get(pIndex).getSnippet(),
160Toast.LENGTH_SHORT).show();
161return true;
162}
163}
164}
```

❶创建 OverlayItem 类型的 ArrayList 对象 myOverlayItems，用于保存标记 OverlayItem 对象。

❷默认创建的构造函数，并使用 Drawable 类型的 icon 初始化。

❸重载 draw()方法，在地图上使用 Canvas 画布画上 icon 的图标。

❹将 OverlayItem 标记对象加入 myOverlayItems 列表中。

❺使用 "return myOverlayItems.get(i)" 传回创建的标记对象。

❻传回 ArrayList 的长度，也就是共有几个标记对象。

❼当点击标记图标即会执行 onTap()方法，使用 myOverlayItems.get(pIndex)根据索引 pIndex 获取选择的标记对象，再使用 getPoint()、getTitle()和 getSnippet()分别可获取标记位置、标题、说明文字。

保存项目后，按 **Ctrl+F11** 组合键执行项目。

为每个标记创建不同的图标

在刚才的示例中是在一个标记图层里加入 3 个标记对象，这 3 个标记对象的图标都是相同的。如果希望每个标记对象都拥有自己的图标，就必须为每个标记对象创建独立的标记图层，最后再将标记图层加入图层清单中。

例如：这里要创建 3 个标记图层并使用 resIds 数组获取个别的图标，最后将每个标记图层加入各自的标记对象。

```
private String[] locTitle={"北京: ","北京: ","北京: "};
private String[] locSnippet={"前门","颐和园","长城"};
privateDouble[][] locPoint={

{39.908666,116.397496},{40.000202,116.274018},{40.359757,116.020088}};
int[] resIds=new int[]{R.drawable.onebit_01,
  R.drawable.onebit_02,R.drawable.onebit_03};

private LandMarkOverlaymy MarkOverlay;
private ArrayList<OverlayItem> myOverlayItems=new
    ArrayList<OverlayItem>();

//创建标记图层并显示各自的图标
```

```
for(inti=0;i<3;i++){
    Drawable icon=getResources().getDrawable(resIds[i]);//获取不同的图标
    LandMarkOverlay myMarkOverlay=new
        LandMarkOverlay(icon);//创建标记图层并显示图标
    double dLat=locPoint[i][0];//纬度
    double dLon=locPoint[i][1];;//经度
    GeoPoint gp=newGeoPoint((int)(dLat*1e6),(int)(dLon*1e6));

    //创建标记对象
    OverlayItem overlayitem=new OverlayItem(gp,
        locTitle[i],locSnippet[i]);
    //将标记对象加入标记图层中
    myMarkOverlay.addMyOverlayItem(overlayitem);
    //将标记图层加入图层清单中
    overlays.add(myMarkOverlay);
}
```

17.6 发布能在实体机执行的 **Google** 地图应用程序

　　Google 地图应用程序在模拟器上仍有些功能并不能完全发挥出来，接下来我们要说明如何在实体机上安装并测试 Google 地图的应用程序。这里将以<GPS1>项目为例来说明如何发布能在实体机执行的 Google 地图应用程序。

17.6.1　申请实体机执行的 API Key

1. 准备应用程序的私人密钥

　　在第 16 章中，为了要将应用程序上传到 Google Play，我们已经产生过一次应用程序的私人密钥：<C:\android2011\android.keystore>。在之前我们使用本机密钥文件<debug.keystore>申请了一次 Google 地图的 API Key，让 Google 地图应用程序可以在模拟器上执行。但是如果想要让 Google 地图应用程序在实体机上执行，甚至上传到 Google Play 供人下载，就必须利用应用程序的私人密钥，使用 keytool 指令产生实体机执行的 MD5 码，再进行 Google 地图的 API Key 的申请。

2. 在命令行窗口执行 Keytool 程序

　　点击开始菜单，所有程序/附属应用程序/命令提示字符，打开命令行窗口，如图 17-22 所示。

▲图 17-22　打开命令行窗口

　　❶输入"cd C:\adroid2011"点击 **Enter** 键后切换到<android.keystore>的物理目录。

　　❷输入"path=D:\ProgramFiles\Java\jre7\bin;"点击 **Enter** 键设置<keytool.exe>执行文件的路径。

　　❸输入"keytool–v–list–keystoreandroid.keystore>androidkey.txt"点击 **Enter** 键将结果输出到<androidkey.txt>文件中。

　　❹"输入密钥库密码："可以忽略，点击 **Enter** 键即可。

3. 打开 androidkey.txt 获取实体机的 MD5 码

打开输出重导产生的<androidkey.txt>文件将会看到 MD5 的码。因为文件内容很乱，注意一下在"MD5:"后面那一串数字，这就是实体机的 MD5 码，如图 17-23 所示。

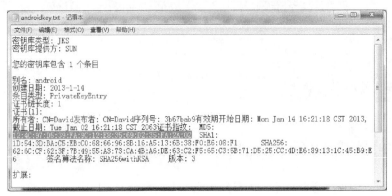

▲图 17-23　获取实体机的 MD5 码

4. 申请实体机执行的 API Key

获取实体机的 MD5 码后，即可以此 MD5 码申请实体机上执行的 API Key。再次提醒，申请前必须有一组 Google 账号。

（1）进入申请页面："https://developers.google.com/maps/documentation/android/v1/maps-api-signup?hl=zh-CN"，复选同意使用项目及规定后贴上 MD5 码，然后点击 **Generate API Key** 按钮。

（2）接着请输入自己的 Google 账号、密码后会出现一组 API Key。

将这个 API Key 复制保存起来，它只需要申请一次，以后同一台计算机的其他 Google APIs 的项目都可以共享此实体机的 API Key 来进行发布。要注意的是申请的这组 API Key 仅可用在实体机上执行，无法在模拟器的环境执行。

5. 在项目中安装实体机的 API Key

将申请的 API Key 加入 MapView 组件的手机执行的 API Key 标签中。

```
<res/layout/main.xml>

<?xmlversion="1.0"encoding="utf-8"?>
    <com.google.android.maps.MapView android:id="@+id/map"
    android:apiKey="(申请的实体机 APIKey)"/>
</LinearLayout>
```

6. 确定应用程序的最低版本

<AndroidManifest.xml>文件中 minSdkVersion 属性是设置可使用此应用程序的最低 Android SDK 版本，也就是新建项目时 MinSDKVersion 字段所设置的版本。默认创建的版本是 android:minSdkVersion="14"，也就是 4.0 版，将它更改为实体机可执行的版本，例如："7"，也就是使用此应用程序的最低版本是 Android SDK2.1。

```
<manifestxmlns:android="http://schemas.android.com/apk/res/android"
    <uses-sdk android:minSdkVersion="7"/>
</manifest>
```

17.6.2　使用实体机的 API Key 发布 apk 文件

在完成实体机的 API Key 申请并在 MapView 组件加入实体机执行的 API Key 标签，此时即可发布能在实体机上执行的 Google 地图应用程序 apk 文件。

（1）在 Eclipse 中在项目名称上右键单击，在快捷菜单中点击 **Android Tools/Export Signed Application Package**，进行 **apk** 文件的发布。

（2）在 **Select the project to export** 的 **Project** 默认的"GPS1"。

（3）在 **Keystore selection** 选择 **Use Exiting Keystore**，**Location** 保存文件的位置为 <C:\android2011\android.keystore>，密码输入发布项目时设置的密码"123456"后，点击 **Next** 按钮，如图 17-24 所示。

▲图 17-24　保存文件的位置

（4）在 **Key alias selection** 选择 **Use existing key**，在下拉选单中选发布时创建的 Alias 名称"android"并输入密码。

（5）最后点击 **Finish** 按钮进行发布的动作，完成后将会产生<C:\android2011\GPS1\GPS1.apk>文件。

发布后产生<GPS1.apk>文件，然后将这个文件通过 USB 联机复制到手机上，安装后执行，也可以根据 Google Play 的规定，将这个应用上传分享。

感动吧!如果你已在手机上看到美丽的 Google 地图，心里面一定有着些许的激动，赶快感谢父母吧，感谢他们赐给自己灵光的脑袋，同时也让好友分享您的成果吧!

17.6.3　Google 地图应用程序发布错误时的处理

如果不小心手机仍然未显示 Google 地图，也不要灰心，毕竟这是一个较难的单元，同时，再按照下列提示耐心的检查一次。

（1）是否创建的是 Google APIs 应用程序项目。

（2）是否是继承 MapActivity。

（3）是否已完成实体机的 API Key 申请，并加入<main.xml>的 android:apiKey 标签中。

（4）<AndroidManifest.xml>是否正确加入 MapView 组件库的位置声明，是否允许使用网络和定位服务的功能，应用程序 SDK 最低版本（android:minSdkVersion）是否符合实体机使用的环境。

（5）手机是否可联机上网，并启动 GPS 的功能。

（6）是否是在<main.xml>文件中加入实体机的 API Key 后，再发布产生的 apk 文件。

> **应用程序尚未安装的消息**
>
> 在实体机安装<GPS1.apk>文件，重复安装时有可能遇到应用程序尚未安装的消息，可以使用设置/应用程序/管理应用程序，先将原来的<GPS1.apk>文件卸载，然后再重新安装。

🌐 扩展练习

（1）创建 Google 地图应用程序项目，使用卫星地图显示，并具有地图缩放、拖曳的功能，缩放比例为 17。输入经纬度后，点击定位按钮，即会以位置点为中心显示地图。

▲Ex1

（2）同上例，输入经纬度后，点击定位按钮，即会以位置点为中心显示地图，同时也可以自动获取目前的位置点并显示位置点图标。

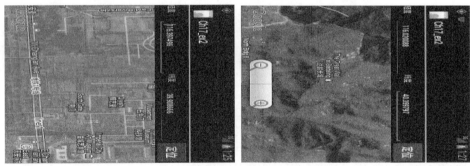

▲Ex2